电气工程新技术丛书

磁共振无线充电应用技术

沈锦飞　编著

机械工业出版社

电磁共振式无线电能传输技术在无线充电领域应用广泛，本书从应用和设计的角度，介绍电磁共振式无线充电系统基本组成和类型，磁耦合谐振器无线电能传输原理与特性、补偿电路、互感模型、传输线圈的设计和补偿电容的选择，电磁共振式无线电能传输电路的类型，电磁共振式无线充电控制系统分析，电磁共振式无线充电系统设计等内容。

本书可供高等院校自动化、电气工程及其自动化、电子信息工程等专业师生阅读，也可供从事电源技术、电子技术、无线电能传输研究和设计的科技人员参考。

图书在版编目（CIP）数据

磁共振无线充电应用技术/沈锦飞编著 .—北京：机械工业出版社，
2019. 10（2024. 5 重印）
（电气工程新技术丛书）
ISBN 978-7-111-64055-4

Ⅰ.①磁… Ⅱ.①沈… Ⅲ.①电磁场-磁共振-无导线输电-充电
Ⅳ.①TM910.6

中国版本图书馆 CIP 数据核字（2019）第 230583 号

机械工业出版社（北京市百万庄大街 22 号　邮政编码 100037）
策划编辑：汤　枫　责任编辑：汤　枫
责任校对：王　欣　责任印制：郜　敏
北京富资园科技发展有限公司印刷
2024 年 5 月第 1 版第 5 次印刷
184mm×260mm · 17 印张 · 421 千字
标准书号：ISBN 978-7-111-64055-4
定价：79.00 元

电话服务　　　　　　　　网络服务
客服电话：010-88361066　机 工 官 网：www.cmpbook.com
　　　　　010-88379833　机 工 官 博：weibo.com/cmp1952
　　　　　010-68326294　金 书 网：www.golden-book.com
封底无防伪标均为盗版　机工教育服务网：www.cmpedu.com

出 版 说 明

近年来，电气工程领域的研究有了长足的发展，为促进电气工程学科的发展和人才培养，现机械工业出版社会同全国在电气工程领域具有雄厚师资和技术力量的高等院校及科研机构，组成阵容强大的编委会，组织长期从事科研和教学的学者编写这套学术水平高、学科内容新、具备一定规模的"电气工程新技术丛书"，并将陆续出版。

这套丛书力求做到：学术水平高、学科内容新，能够反映国内外电气工程研究领域的最新成果和进展，具有科学性、准确性、权威性、前沿性和先进性；选题覆盖面广、深度适中，不仅体现电气工程领域的最新进展，而且注重理论联系实际。

这套丛书的选题是开放式的。随着电气工程学科日新月异的发展，我们将不断更新和补充选题，使这套丛书及时反映电气工程领域的新发展和新技术。我们也欢迎在电气工程领域中有丰富科研经验的教师及科技人员积极参与这项工作。

由于电气工程领域发展迅速，而且涉及面非常宽，所以这套丛书的选题和编审中如有缺点和不足之处，诚请各位老师和专家提出宝贵意见，以利于今后不断改进。

"电气工程新技术丛书" 编委会

前　言

近年来，随着电力机车、城市电车、工矿用车、电动汽车、物流电动小车、电动无人机、电动水下潜航器等移动电动设备对无线充电的实际需求，人们对于无线电能传输的研究与无线充电设备的开发给予了极大的关注，同时，功率器件、集成电路、微处理器和新型电路拓扑的发展，为无线充电技术的发展奠定了良好的基础。

无线电能传输技术实现了供电电源与用电设备之间的完全电气隔离，具有安全、可靠、灵活等诸多优点。无线电能传输技术是多学科多领域交叉的技术，其研究已有100多年的历史，特别是进入21世纪以来，无线电能传输技术促进了大量新型应用技术的产生。伴随着智能电网和能源互联网的发展，无线充电技术将极大地促进移动电动设备产业的发展。在军事领域，无线供电可以有效地提高军事装备和器械的灵活性和战斗力。

电动汽车无线充电方式可以使充电过程简单、安全、灵活、高效，无须占地建设专门的充电站，还可以对电动汽车进行动态无线充电，从而降低对电池容量的需求，降低整车重量和成本。机器人无线供电由于机器人重复运动使电缆连接点易受到损坏，从而导致可靠性、安全性低的缺点。水下设备（深海潜水装置和海底钻井等）无线供电可克服电缆金属接头易受海水腐蚀、设备工作区域受限、不灵活、供电效率低等困难和缺点。无人机无线充电可以让无人机自动返回降落到地面的无线充电平台上进行自动充电，无须人员干预。无线充电系统通过智能互联网的连接可以实现高度充电自动化，具有实际应用意义。

磁共振无线电能传输因其良好的中距离传输特性被认为是解决无线充电的有效方案之一。磁共振无线电能传输由电能发射装置和电能接收装置组成，当两个装置调整在一个特定的频率上共振时，就可以通过空间传输电能。磁共振无线电能传输技术在短短的十多年时间内获得了突破性的发展，取得了许多阶段性的成果，在一些领域和产品方面也已有实际的应用，具有广阔的市场前景。

磁共振无线充电技术包括电源变换技术、磁耦合谐振技术、储能装置充电技术和无线电能传输系统控制技术。本书共7章，第1章电磁共振式无线充电系统，主要介绍电磁共振式无线充电系统基本组成和类型；第2章磁耦合谐振器，主要内容包括磁耦合谐振器无线电能传输原理与特性、补偿电路、互感模型、传输线圈的设计和补偿电容的选择；第3章电磁共振式无线电能传输电路，主要内容包括电磁共振式无线电能传输电路的类型，电能传输变换电路，串-串联谐振式、串-并联谐振式、并-串联谐振式、并-并联谐振式、LCL-LCL谐振式和LCC-LCC谐振式无线电能传输电路；第4章电磁共振式无线充电控制系统设计，主要内容包括单闭环无线充电控制系统设计、双闭环无线充电控制系统设计、双独立单闭环无线充电控制系统设计等；第5章单相供电电磁共振式无线充电系统设计，主要内容包括单相供电电磁共振式无线充电系统组成、具有PFC的对称半桥逆变无线充电系统设计、具有PFC的不对称半桥逆变无线充电系统设计、具有PFC的全桥逆变无线充电系统设计、具有PFC的 *LCC - LCC* 磁耦合谐振式无线充电系统设计等；第6章三相供电电磁共振式无线充电系统设计，主要内容包括三相供电电磁共振式无线充电系统类型、三相四线和三相三线交流输入全桥逆变无线充电系统设计、具有无源滤波器的三相供电不对称半桥逆变和全桥逆变无线充电系统设计、具有无源滤波器的三相供电倍频全桥逆变无线充电系统设计、具有三相有源滤波器的三相供电无线充电系统设计；第7章电磁共振式无线充电控制电路设计，主要介绍开关管驱动电路设计、锁相环频率跟踪电路设计、逆变桥控制电路设计和辅助电源等。

本书由江南大学沈锦飞教授编写，在编写过程中得到了无锡市百会源科技有限公司的大力支持，特别要感谢万海松工程师在无线充电系统实验验证方面给予的帮助。

编　者

目　录

绪　　论

无线电能传输（Wireless Power Transfer，WPT）指的是电能从电源到负载的一种没有经过电气直接接触的能量传输方式。无线电能传输一直是人类的梦想，通过无线电能传输可以使得用电设备摆脱线缆的束缚，避免由于金属触点的插拔引起的电弧和磨损，在工业自动化生产线、水下及矿井设备、电动交通工具、植入式医疗器械、家用电器及消费类电子产品等诸多重要应用中有着独特的优势。无线电能传输技术已经发展了一百多年，近年来，随着电力电子控制技术及半导体功率器件和磁性元件性能的不断提升，无线电能传输已应用于无线充电领域，其功率和效率已经接近传统的有线充电方式。

0.1　无线电能传输的类型

无线电能传输主要有以下几种方式：电磁感应式、电磁共振式、微波辐射式、激光式和无线电波式。

1. 电磁感应式无线电能传输

早在20世纪80年代，E. Abel和S. M. Third就提出了非接触式功率传输概念，以替代利用碳刷或拖线获取电能的方式。非接触电能传输利用现代电力电子能量变换技术、磁场耦合技术，借助于现代控制理论和微电子控制技术，实现了从静止电源系统向移动用电设备以非接触方式的电能传输。

电磁感应式无线电能传输系统主要由传输变换器、松耦合变压器的一次回路和二次回路三部分组成，其中传输变换器包括整流电路和高频逆变电路，一次回路包括一次侧补偿装置和松耦合变压器的一次绕组，二次回路包括松耦合变压器的二次绕组、二次侧补偿电路和负载等，如图0-1所示。其主要功能是将输入电源变换成高频电源，通过松耦合变压器传输到负载。

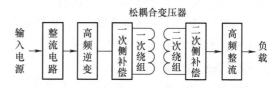

图 0-1　电磁感应式无线电能传输系统结构

图0-1中输入电源、整流电路和高频逆变、一次侧补偿电路与变压器的一次绕组属于固定不变部分，松耦合变压器二次绕组、二次侧补偿电路和负载等是可移动部分。

电磁感应式无线电能传输电路的基本特征就是将变压器的一次绕组和二次绕组分离，一次绕组与二次绕组之间有一段空隙，通过磁场耦合将一次电能传送到二次侧，这种结构称为松耦合变压器，如图0-2所示。

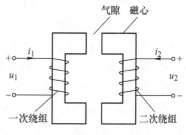

图 0-2　松耦合变压器

根据松耦合变压器一、二次侧之间所处的相对运动状态，其传输系统可分为分离式、移动式和旋转式三种，分别给相对于一次绕组保持静止、移动和旋转的电气设备供电。

电磁感应式无线电能传输的特点包括：①存在较大气隙，使得一、二次侧无直接电气接触，一次侧和二次侧的耦合关系属于松耦合，漏磁与励磁相当，甚至比励磁高。②传输距离较短，一般在厘米级甚至毫米级，一旦传输距离增加，系统效率迅速下降。③一次绕组与二次绕组的相对位置要求严格，当产生横向位移或角度发生变化时，系统效率下降明显。④如果金属异物进入能量传输空间，可能会导致局部升温，危害系统安全。

2. 电磁共振式无线电能传输

电磁感应式无线电能传输在大气隙条件下，松耦合变压器耦合效率可提高的空间十分有限，靠提高变压器耦合系数来进一步提高变压器和系统的效率比较困难。电磁共振式无线电能传输为低耦合系数下的高效能量传输提供了全新的思路。相对于电磁感应式无线电能传输，电磁共振式的传输距离更远，可达到几米，且可实现空间全方位的电能传输。与电磁感应式无线电能传输系统相比，"变压器"并非由磁心及绕组构成，而是由两个螺旋绕组组成，两绕组的谐振频率要求相同，以产生共振耦合。

电磁共振式无线电能传输系统采用两个相同频率的谐振回路来产生很强的相互耦合电磁场，能量在两个谐振回路间交互，利用传输线圈及补偿电容共同组成谐振回路，实现能量的无线传输。图0-3是电磁共振式无线电能传输示意图。

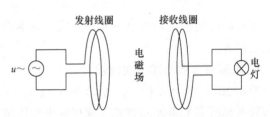

图 0-3 电磁共振式无线电能传输示意图

电磁共振式无线电能传输系统在实际使用中，往往需要一个发射线圈供给多个接收线圈电能，或多个发射线圈供给一个接收线圈电能。

电磁共振式无线电能传输的特点包括：①利用磁场通过近场传输，辐射小，具有方向性。②中等距离传输，传输效率较高。③能量传输不受空间非磁性障碍物影响。④传输的效率及频率与传输线圈几何结构关系密切。

3. 微波辐射式无线电能传输

微波辐射式无线电能传输系统的组成部分主要包括微波发射器、发射天线、接收天线、微波接收器。微波发射器包括整流电路和将直流变换到射频的微波变换器，发射天线则按定向控制方法的不同分为相控阵天线和具有定向功能的方向天线阵，通常采用抛物面天线结构实现其高聚焦能力。接收天线目前采用的是整流天线，将接收天线和微波接收器的功能组合在一起，即具有天线和整流器的功能，包括低通滤波器、整流二极管和直流滤波器，能够实现能量收集、谐波抑制和整流，它的简单形式包括一系列的整流天线元件，可以以串行或并行的方式连接在一起，并与负载匹配。图0-4是微波辐射式无线电能传输示意图。

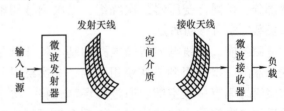

图 0-4 微波辐射式无线电能传输示意图

微波辐射式无线电能传输的工作原理：首先通过磁控管组成的微波发射器将直流电能转换成微波能量，并由发射天线聚焦后将微波能量发射到空间，微波能量经空间介质传播到接收天线，接收天线接收后由整流设备组成的微波接收器将微波能量经过整流滤波电路转换为直流电能提供给负载，如图0-5所示。

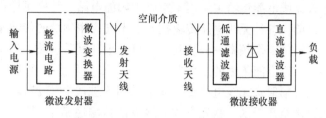

图0-5　微波辐射式无线电能传输的基本结构原理图

微波辐射式无线电能传输的特点包括：①传输距离越远，频率越高，传播的能量越大。②在大气中能量传递损耗很小，能量传输不受地球引力差的影响。③微波波长介于无线电波和红外线辐射的电磁波之间，容易对通信造成干扰。④能量束难以集中，能量散射损耗大，定向性差，传输效率低。

4. 激光方式无线电能传输

激光方式无线电能传输系统的基本结构原理如图0-6所示，主要包括激光发射部分、激光传输部分和激光-电能转换部分。激光发射部分由激光器和激光驱动器组成，激光传输部分由光学发射天线、光学接收天线和传输控制模块组成，激光-电能转换部分由光电转换器和整流稳压器组成。

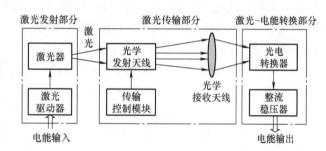

图0-6　激光方式无线电能传输的基本结构原理图

激光方式无线电能传输的工作原理：激光发射部分发出特定波长的激光，激光束通过光学发射天线进行集中，经整形处理后发射，并通过自由空间到达接收端，经过光学接收天线接收聚焦到光电转换器上完成激光-电能的转换。传输控制模块控制激光光束的发射方向，使光束与光伏电池板正入射，实现最高的光电转换效率。

激光方式无线电能传输的特点包括：①传输距离远，激光传输波长较短，不存在干扰通信卫星的风险。②激光不像微波那样可以闯过云层，障碍物会影响激光与接收装置之间的能量交换。③激光束能量可能中途丧失一半。

5. 无线电波式无线电能传输

无线电波也称为电磁波，现在的广播、电视等现代通信技术都采用无线电波技术作为基础，它同时能传输电能，特别是微波，其类似于早期使用的矿石收音机。无线电波电能传输系统主要由无线发射装置和无线接收装置组成，接收装置可以捕捉到无线电波能量，通过变换电路输出稳定的直流电压。

无线电波式无线电能传输的特点包括：①传送距离长。②由于磁通向空间全方位辐射，能够接收的功率很小，主要用途是在便携式终端中提供待机时消耗的功率。

以上几种无线电能传输技术中，电磁感应式和电磁共振式无线电能传输主要用于交通运输、水下作业、生物医学、消费电子设备以及一些特殊工业应用等领域的无接触电能传输。

微波辐射式无线电能传输主要用于空间太阳能电站、高空飞行器或无人飞机供电等领域。激光方式无线电能传输主要用于空间太阳能电站、特殊军用设备的无线供电等领域。

目前，各种无线电能传输技术在不同应用领域的传输水平也各不相同。电磁感应式无线电能传输的工作频率一般从几十千赫兹至几百千赫兹，传输距离从几毫米至十几毫米。电磁共振式无线电能传输的工作频率一般从几十千赫兹至几兆赫兹，传输距离从几厘米至几米。微波辐射式无线电能传输通常采用 S 波段和 C 波段进行微波能量传输，传输距离一般从几百米至几千米。激光方式无线电能传输通常采用波长为 800nm 的激光进行无线能量传输，传输距离从几十米至几千米。以上几种无线电能传输技术中，电磁感应式和微波辐射式起步早，技术研究与应用发展都较为成熟，电磁共振式起步较晚，近年来发展迅速，取得了不少突破性进展，而激光方式起步也较早，但目前关键技术仍不成熟。

0.2　特斯拉线圈电磁共振式无线电能传输

无线电能传输的研究基础可以追溯到 1820 年安培（André-Marie Ampère）提出的安培定理和 1831 年法拉第（Michael Faraday）提出的法拉第电磁感应定律，在此基础上，1864 年，麦克斯韦（James Clerk Maxwell）建立了电磁场方程，用数学的方法描述电磁辐射理论，同年赫兹（Heinrich Rudolf Hertz）证实了电磁辐射的存在。

1893 年，美国科学家尼古拉·特斯拉（Nikola Tesla）在哥伦比亚世博会上展示了利用无线电能传输原理，在没有任何导线连接的情况下点亮了灯泡，这是人类在无线电能传输初期的重要尝试，他对感应线圈的研究产生了一种叫作"特斯拉线圈"的装置。

1901 年，尼古拉·特斯拉获得金融家约翰·皮尔蓬·摩根（John Pierpont Morgan）的资助，在美国纽约长岛建立了约 57m 高的无线电能传输塔——沃登克里夫塔，如图 0-7 所示。在这之前，尼古拉·特斯拉曾在美国科罗拉多州进行实地试验，成功点亮了约 40km 外的 200 盏电灯。虽然此项目以失败告终，尼古拉·特斯拉本人也因此破产，但却不失为无线电能传输研究的创举。

图 0-7　沃登克里夫塔

1. 特斯拉线圈高压放电原理

特斯拉线圈是一种特殊的变压器，这种变压器通过多级耦合电路将普通交流电压提升到百万伏或者千万伏级别的电压，从而实现电能的无线传输。经过特斯拉线圈作用的放电终端电容上的电压特性为低电流、超高压、高频率。

基本的特斯拉线圈放电电路原理图如图 0-8 所示，特斯拉线圈放电电路运用两个 LC 谐振回路，将输入直流电压变换成高频高电压输出，产生相应频率的电磁波。特斯拉线圈的工作原理与普通变压器有较大不同，普通变压器的耦合系数 K 一般接近于 1，所以一次和二次电压基本成比例关系。而特斯拉线圈的耦合系数一般很小，工作时两级电压比例是变化的，不成线性关系。

特斯拉线圈放电电路的主体部分包括升压充电电路、一次谐振回路和二次谐振回路。一次谐振回路由一次绕组、主电容和打火器构成。二次谐振回路由二次绕组和放电顶端构成。电容和电感的参数必须保证两回路的谐振频率一致。

特斯拉线圈高压放电工作过程：高压直流电源要先通过充电开

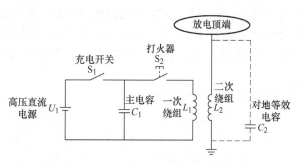

图0-8　基本的特斯拉线圈放电电路原理图

关 S_1 闭合给主电容 C_1 充电，当电压达到打火器 S_2 间隙的空气电离打火放电阈值时，空气被击穿，建立 L_1、C_1 一次谐振回路，通过一次谐振回路向 L_2、C_2 二次谐振回路传递电能，这时充电开关 S_1 断开，等待下一次充电。二次谐振回路接收电能，放电顶端的电压逐渐增大，并电离附近的空气，"寻找"放电路径，一旦与地面形成"通路"，"闪电"也就出现了。几个周期后，一次回路电能释放完毕。较大部分的电能都转移到二次回路上，一部分电能损耗在回路上。二次回路继续振荡，并反客为主，带动一次回路振荡，以相同的方式把刚才得到的电能还给一次回路，但有一部分电能损耗在回路上，如此反复，直到损耗掉大部分电能。当打火器 S_2 两端电压和电流都不足时，S_2 断开。下一步直流高压电源通过充电开关 S_1 再次给主电容 C_1 充电，重复以上过程。

特斯拉线圈放电最大的特点是电路始终处于动态过程，当电压一旦低于一定值的时候，主电容充电又开始。

2. 特斯拉线圈无线电能传输原理

利用特斯拉线圈可以将普通交流电压变换到高频高压范围，实现电力的无线传输，将电能输送到很远的地方。特斯拉线圈无线电能传输是将传输线圈的一端接到大地。

特斯拉线圈可做成圆柱形线圈或平面线圈。特斯拉线圈的圆柱形结构如图0-9所示。

做成圆柱形结构的特斯拉线圈无线电能传输系统包括发射部分和接收部分。发射部分由升压空心变压器 T_1 和电容 C_1 组成，其中 N_{11} 是升压变压器 T_1 的一次绕组，N_{12} 是二次绕组，N_{12} 一端接地，另一端和封闭电容 C_1 的表面连接，封闭电容 C_1 只有一个极，另一个极通过空气介质后到接地端，这样 N_{12} 的接地端和封闭电容 C_1 的接地端连接，形成升压变压器 T_1 的一次绕组 N_{12} 的等效电感 L_1 和电容 C_1 组成的 LC 谐振回路。接收部分由电容 C_2 和降压空心变压器 T_2 组成，其中 N_{21} 是降压变压器 T_2 的一次绕组，N_{22} 是二次绕组。同样，降压变压器 T_2 的一次绕组 N_{21} 一端接地，另一端和封闭电容 C_2 的

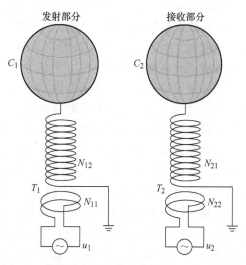

图0-9　特斯拉线圈无线电能传输的圆柱形结构

表面连接，封闭电容 C_2 也只有一个极，另一个极也是接地端，这样，降压变压器 T_2 的一次绕组 N_{21} 的接地端和封闭电容 C_1 的接地端连接，形成降压变压器 T_2 的一次绕组 N_{21} 的等效电感 L_2 和电容 C_2 组成的 LC 谐振回路。L_1 和 C_1 组成的 LC 谐振回路的谐振频率与 L_2 和 C_2 组成的 LC 谐振回路的谐振频率相同。电容 C_1 和 C_2 是球形或椭球形表面封闭的结构，表面是金属导电层。

特斯拉线圈的平面结构如图 0-10 所示，发射部分升压空心变压器 T_1 采用平面结构，其中 N_{11} 是升压变压器 T_1 的一次绕组，N_{12} 是二次绕组；接收部分降压变压器 T_2 也采用平面结构。电容 C_1 和 C_2 也是球形或椭球形表面封闭的结构，表面是金属导电层。

做成平面结构的特斯拉线圈的工作原理是高频输入电源 u_1 经过升压变压器 T_1 升压，二次绕组 N_{12} 的等效电感 L_1 和顶端封闭电容 C_1 谐振，在二次绕组 N_{12} 上产生谐振高电压。二次绕组 N_{12} 上的高电

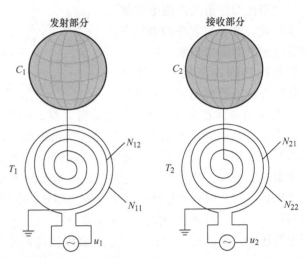

图 0-10　特斯拉线圈无线电能传输的平面结构

压实际上进行了两次升压，第一次升压是空心变压器的升压，升压值是 $(N_{12}/N_{11})u_1$，第二次升压是由 L_1 和 C_1 谐振产生的，电容 C_1 上的高频电压和 N_{12} 上的电压幅值相等，相位差为 $180°$，升压值是 $(N_{12}/N_{11})u_1Q$，$Q=1/R_L \sqrt{L_1/C_1}$ 是发射侧谐振回路的品质因数，其中 R_L 是顶端电容 C_1 到地的等效负载电阻，在等效负载电阻 R_L 产生的功率就是发射部分的发射功率，发射部分的电能是通过 C_1 发射的。接收部分通过顶端电容 C_2 接收电能，经过降压变压器 T_2 的一次绕组 N_{21} 的等效电感 L_2 和顶端封闭电容 C_2 谐振，在一次绕组 N_{21} 上产生谐振高电压，经降压变压器降压，在接收部分输出端得到高频交流电压 u_2，u_2 和 u_1 的频率相同。

特斯拉线圈无线电能传输电路包括电能发射部分和电能接收部分，发射部分和接收部分都为竖直放置，电容 C_1 和 C_2 都放置在顶端。图 0-11 是特斯拉线圈无线电能传输原理图。无线电能发射部分将输入交流电压 u 升压之后，通过整流电路 Bra 和滤波电容 C_z 得到较高的直流电压，通过电子管三点式谐振电路变为高频的交流电，通过空心共振变压器 T_1 组成的发射天线将高频交流电转换为高频强磁场发射电能，如图 0-11a 所示。无线电能接收部分通过接收天线和降压变压器 T_2 降压，变压器二次电感 L_2 和接收端电容 C_2 构成接收端的 LC 谐振电路，经高频整流电路 Brb 和 L_0C_0 滤波电路变换成直流电提供负载，如图 0-11b 所示。无线电能接收部分的 LC 谐振电路的振荡频率与发射天线发射出的高频强磁场的频率相同，即产生磁共振，从而接收端以较少的损耗接收并将磁场转换为电能。

在特斯拉线圈发明以后的 100 多年中，1961 年，布朗（William C. Brown）发表文章探讨微波功率传输的可能性。1968 年，美国航空工程师 Peter Glaser 提出了建立空间太阳能电站的概念，利用在外太空的卫星，收集太阳能并传输到地球表面上来。随后，美国和日本等主要发达国家相继开展了空间太阳能电站的研究，人类向无线电能传输的梦想前进了一大

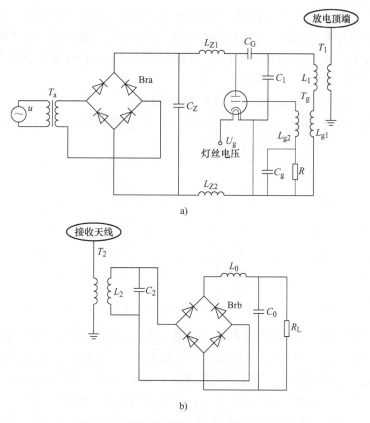

图 0-11　特斯拉线圈无线电能传输原理图

步。1971 年，新西兰奥克兰大学（The University of Auckland）奥托教授（Don Otto）开发出一个靠感应供电的小手推车。1988 年，约翰·包尔斯教授领导的电力电子小组开发出采用新的工程材料和电力电子技术的逆变器，能够实现感应电能传输。1990 年，约翰·包尔斯团队开发了一种新技术，可以让多个车辆运行在同一感应功率回路，并能提供独立的控制。2005 年，约翰·包尔斯改善了三相感应电能传输电路，在实验室中实现了通过无线方式给移动车辆供电。

0.3　螺旋线圈电磁共振式无线电能传输

特斯拉线圈无线电能传输系统需要将一端接地，通过大地形成闭合回路，适合远距离的无线电能传输。关于特斯拉的电能传输系统原理目前尚无准确说法，尼古拉·特斯拉在专利中的解释也不是很清晰，但尼古拉·特斯拉在多篇文章中指出，能量并不是以辐射电磁波的形式传输，而是以固定的路线传输，传输速度可以超过光速。

100 多年后的 2007 年，美国麻省理工学院的 Matin Soljacic 等人完成了一项实验，他们改进了特斯拉线圈的结构，线圈不需要接地，采用四个圆柱形螺旋线圈结构，用电磁共振原理成功地点亮了一个距离 2m 外的 60W 的电灯。2008 年 9 月，美国内华达州雷电实验室通过无线传输，将 800W 电能传输到 5m 远的距离。

圆柱形螺旋线圈不需要将线圈一端接地，但传输距离要比特斯拉线圈短。圆柱形螺旋线圈是最常用的一种传输线圈，通电后线圈周围产生的磁场均匀且方向性好，传输电能效率较高，一般用于高频几十兆赫兹、中距离无线电能传输的场合。圆柱形螺旋线圈无线电能传输是对特斯拉线圈无线电能传输应用的改进。螺旋形传输线圈结构根据传输距离分为两线圈结构、四线圈结构和中继线圈结构等形式。

1. 圆柱形四线圈结构电磁共振式无线电能传输原理

圆柱形四线圈螺旋线圈无线电能传输结构分成发射部分和接收部分，如图 0-12 所示。发射部分包括 C_1、L_1、L_a，接收部分包括 L_b、L_2、C_2。

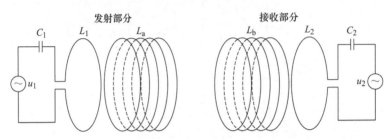

图 0-12 四线圈结构电磁共振式无线电能传输系统示意图

圆柱形四线圈结构无线电能传输的工作原理：发射部分高频输入电源 u_1 经电容 C_1 和第一发射线圈 L_1 组成 LC 谐振回路，通过谐振在 C_1 和 L_1 产生高频电压，L_1 上的高频电压通过感应耦合传送到第二发射线圈 L_a，由第二发射线圈 L_a 发射电能。接收部分第一接收线圈 L_b 接收电能，通过耦合传送到第二接收线圈 L_2，L_2 和 C_2 产生谐振，输出高频电压 u_2。图 0-12 中的 L_1 和 L_a 相当于特斯拉线圈中的升压变压器，L_1 相当于一次绕组，L_a 相当于二次绕组，L_2 和 L_b 相当于特斯拉线圈中的降压变压器，L_b 相当于一次绕组，L_2 相当于二次绕组。

四线圈结构在发射线圈前增加发射端环路线圈，将高频磁场能量感应到发射线圈，在接收线圈后增加负载端环路线圈，将接收线圈感应的能量供给负载，这两个环路线圈由单匝线圈构成。环路线圈的引入提供了低损耗、高比例的阻抗变换，实现阻抗匹配。

四线圈结构相比于两线圈结构，其优点在于能够进行电源匹配和负载匹配，实现隔离高频电源和负载对谐振线圈的影响。缺点是传输线圈需要四个线圈，使得传输线圈结构变得复杂，在应用上受到限制。

2. 圆柱形两线圈结构电磁共振式无线电能传输原理

两线圈结构由发射线圈和接收线圈组成，发射线圈与接收线圈之间通过空间磁场的谐振耦合实现电能的无线传输，如图 0-13 所示。

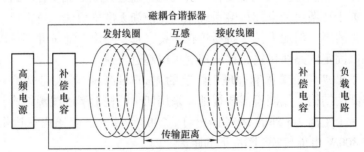

图 0-13 两线圈结构电磁共振式无线电能传输系统示意图

圆柱形两线圈结构无线电能传输的工作原理：发射部分高频电源经补偿电容和发射线圈组成 LC 谐振回路，由发射线圈发射电能。接收部分接收线圈和补偿电容谐振接收电能。发射部分补偿电容、发射线圈和接收部分接收线圈、补偿电容组合称为磁耦合谐振器。

3. 圆柱形中继线圈结构电磁共振式无线电能传输原理

为能够更加有效地提高传输性能和传输距离，可在发射线圈和接收线圈之间加入中继线圈，由此构成三线圈结构（如图 0-14a 所示）或五线圈结构（如图 0-14b 所示）。一般情况下，中继线圈、发射线圈、接收线圈的轴心在同一条水平线上，并相互平行。其工作原理是从发射线圈上产生的电能通过电磁共振的方式传输到中继线圈上，中继线圈再通过磁场耦合的方式将能量传送到接收线圈上，接收线圈接收之后，再将电能提供给负载。由于中继线圈的存在可提高两两线圈之间的耦合度，所以会大大提高系统的传输功率，增加传输距离，但中继线圈的安装位置在应用中受到限制。

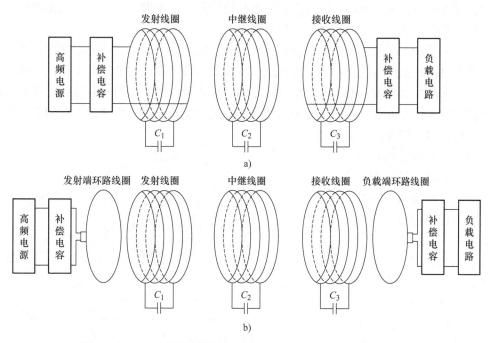

图 0-14 具有中继线圈结构电磁共振式无线电能传输系统示意图

圆柱形螺旋线圈结构传输距离一般在几米，线圈的安装位置要求沿线圈中心轴方向，线圈占用的空间比较大，在近距离应用场合受到限制。在近距离传输的情况下需要考虑传输线圈所占的体积，因此近年发展了平面螺旋线圈，平面螺旋线圈体积小且传输磁场能量大，更适合应用于无线充电领域。

0.4 电磁共振式无线电能传输应用

目前无线电能传输在无线充电领域主要有电磁感应式和电磁共振式两种无线充电方式。由于电磁感应式无线电能传输存在传输距离短、耦合系数低、磁通分布不均等问题，影响了其发展。电磁共振式无线电能传输技术打破了电磁感应式依赖于松耦合变压器耦合系数的传统思路，给无线充电技术带来了突破，在无线充电领域具有广阔的应用前景。

1. 电动汽车无线充电应用

当前，电动汽车主要以插电式混合动力和纯电动汽车为主，充电方式全部是接触式充电，充电设施主要包含分散式充电桩和集中式充换电站。

电动汽车有线充电主要存在的问题包括以下几个方面：①充电桩和充电站数量不足。与新能源汽车的爆发式发展相比，充电基础设施远远落后，快充需排队，慢充需要停车位，这种情况已阻碍电动汽车的发展。②接口标准难统一。如果没有统一的标准，每款车都需要配一个自己的充电桩，要换车就需要把充电桩一同换掉，这样充电桩无法通用，既制约了新能源汽车的普及，也增加了使用成本。③可充电的汽车数量有限。在快速充电中，多为直流充电，一次充电需要 10~20min，10min 把 35kW 的电池充电完成大约需要 250kW 的充电功率，是一个办公大楼用电负荷的 5 倍。④有线充电桩存在安全隐患。在实际使用中有很多的充电桩都是安装在露天环境的，露天环境就难免遭受风吹、雨淋、日晒，加上充电桩产品质量和标准的参差不齐，无形中都增加了安全隐患。

电动汽车采用无线充电可以解决接触式充电存在的问题。日本无线充电式混合动力巴士和日产魔方电动车采用电磁感应式充电方式，一次绕组埋入充电台的混凝土中，电动汽车开上充电台，车载二次绕组对准一次绕组后，车内的仪表板上的一个指示灯会亮，驾驶人按一下充电按钮就开始充电了。韩国电磁感应式无线充电观光车车载二次绕组，在铺有一次绕组的路面上行驶时，即可进行无线充电。

电动汽车无线充电示意如图 0-15 所示。高频变换电源将电网工频交流电源变换成高频电源，通过无线发射线圈发射，车载无线接收线圈接收电能，通过高频整流变换成直流电源对车载储能设备进行充电。

电动汽车采用无线充电的优点如下：①无线充电装

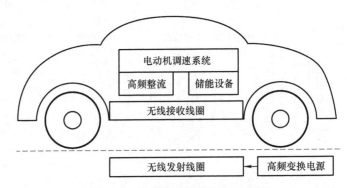

图 0-15　电动汽车无线充电示意图

置安装在停车位，电动汽车上安装无线电能接收部分，停车位地面下埋有无线发射线圈，高频变换电源安装在车侧面或埋在地下。对于家用电动汽车，可设定在晚上用电低谷点充电，可节约 36% 的电费。还可以在单位上班停车位上安装无线充电装置。②采用这种方案，高频变换电源可全封闭，变换电源和无线发射线圈之间的连线是埋在地面下的，电源进线也可以通过地下电缆连接，充电控制的操作在汽车上实现。对电动旅游观光车、电动公交车还可以实现区间站点快速充电技术，减小储能设备的容量（适用于可快速充电的储能设备）。

2. 立体车库无线充电应用

充电立体车库就是将充电功能与立体车库这两个看似无关的系统结合在一起，当电动汽车停放在立体车库内时，通过安装在立体车库上的充电系统给电动汽车充电，在解决停车难的同时还能给电动汽车进行充电。更为重要的是，充电立体车库可在电网负荷低谷时段给电动汽车进行常规充电，对电网起到"填谷"作用，达到节能减排的效果。

目前立体车库充电解决方案多为充电桩配合外部电网进行充电的简单形式，虽然充电桩的外形多种多样，但内部构造如出一辙，这样的充电方式无论在平面车位还是在立体车库中都属于比较初级的方式，走线复杂，每个单桩均需要单独布线，铺设成本高，安全性低，充电效率较差，更重要的是单管单控，不利于整个停车场的充电管理和人员管理。无线充电技术可代替现有通过直接接触的导体来传输电能的技术。对于垂直循环类机械式停车设备，其立体车库采用架式结构，吊车架和立体车库机架通过吊钩进行相对移动，其移动轨迹是椭圆形，因此吊车架和立体车库机架只在吊钩处有接触。如果采用滑环结构实现吊车架和立体车库机架之间的充电线路连接，则防水、稳定供电及电流控制较难实现。因此，采用无线电能传输方式实现垂直循环类机械式停车设备的新能源汽车充电是一种理想的选择。

3. 电动客车无线充电应用

电动客车包括电动公交客车、旅游观光电动客车和电动巴士客车。发展电动客车对于缓解城市交通压力、保证环境可持续发展具有战略意义。电动客车充电方法包括接触式充电和无线充电。接触式充电采用受电弓与电线接触来导电，无线充电是以电磁场为媒介实现电能传递，将发射线圈和接收线圈分置于车外和车内，通过高频磁场的耦合传输电能。

与接触式充电相比，无线充电使用方便、安全、无火花及触电危险、无积尘、无接触损耗、无机械磨损和无相应的维护问题，可适应多种恶劣环境和天气，且充电设施隐蔽，不影响城市景观。无线充电便于实现无人自动充电和移动式充电，在保证所需行驶里程的前提下，可通过频繁充电来大幅减少电动客车配备的储能设备容量，减轻车体重量，提高能量的有效利用率。因此，采用无线充电技术的超级电容纯电动城市客车，尤其适合定点、定线行驶的公交客车运输，在客流量大、乘客上下车时间长的站台处，可采用停车充电；在人流稀少、无须停车的路面，在铺设无线充电装置的路面缓慢行驶中即可实现快速充电，是对现有的受电弓接触有线充电技术的改善和技术提升。

电动公交客车无线电能传输充电中超级电容储能运行过程如图 0-16 所示。图中电动公交客车内部黑色方框代表车载无线充电接收装置，外部路面中黑色方框代表地面无线充电发射装置。假设电动汽车从 A 站点出发，行驶至下一站点，沿途每隔一定距离设置 B 到 M 若干充电站点，在经过每一站点时，如有需要就可以实现无线充电。超级电容储能容量可根据两个站点的距离决定，每个站点安装一个充电电源并通过无线发射，每个站点公交车停站时间内可以进行无线充电，这样超级电容的容量只要保证相邻两站距离的容量即可，实际可适当增加容量。

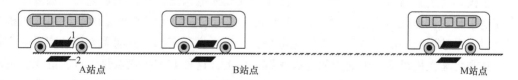

图 0-16　电动公交客车无线电能充电中超级电容储能运行过程
1—车载无线充电接收装置　2—地面无线充电发射装置

4. 物流电动车无线充电应用

电动引导车（Automatic Guided Vehicle，AGV）一般称为物流电动车，是以电池为动力源的一种自动操纵行驶的工业车辆，按物料搬运作业自动化、柔性化和准时化的要求，与自动导向系统、自动装卸系统、通信系统、电能传输系统等构成自动导向车系统（AGVS）。目前各种新型 AGV 被广泛地应用于各个领域，单元式 AGV 主要用于短距离的物料运输，并与自动化程度较高的加工设备组成柔性生产线，例如仓储货物的自动装卸和搬运；小型载货式 AGV 用于办公室信件的自动分发和电子行业的装配平台；多个载货平台式 AGV 组成移动式输送线，构成整车柔性装配生产线；小型 AGV 应用领域广泛，以长距离简单的路径规划为主。

物流电动车无线充电便于实现无人自动充电和移动式充电，还可以在保证储能设备可频繁充电的前提下，通过频繁充电来大幅减少物流电动车配备的储能设备容量，减轻车体重量，提高能量的有效利用率。超级电容器功率密度大，充放电时间短，大电流充放电特性好，寿命长，低温特性优于蓄电池，适合于频繁充电，这些优异的性能使它在物流电动车上有很好的应用前景，而减少储能设备容量可以降低物流电动车的初始购置成本。因此，采用无线充电技术的超级电容物流电动车可实现快速充电。

图 0-17 是物流电动车短时站点无线充电示意图。假设物流电动车从某站点出发，行驶至下一站点，沿途每隔一定距离设置若干充电站点，在经过每一站点时，如有需要就可以进行无线充电。超级电容储能容量可根据两个站点的距离决定，每个站点安装一个充电电源并通过无线发射，每个站点物流电动车停站时间内可以进行无线充电，这样超级电容的容量只要保证相邻两站距离的容量即可。

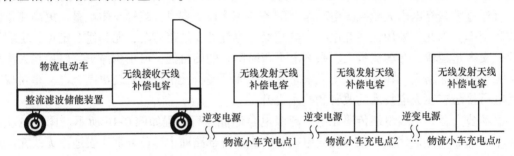

图 0-17　物流电动车短时站点无线充电示意图

5. 无人机无线充电应用

无人机的机载锂电池充电采用有线充电方式，需要通过人工频繁地插拔连接器进行充电，容易造成连接器部位的端子磨损氧化从而导致充电不良，若在潮湿或存在导电介质的环境中，也极容易引起插口短路。无人机定点平台无线充电系统包括在定点地面上放置的一个无线充电平台（内置无线充电发射端），以及无人机中内置的无线充电接收端，当无人机需要充电时，自动返回降落到地面的无线充电平台上进行自动充电。目前无人机定点平台无线充电方式是将无人机机载锂电池组放在起落脚平面上，这种方式的优点是无人机的无线电能接收线圈可以和地面发射线圈的距离很近，发射线圈和接收线圈的面积可以减小，系统的传输效率可以大大提高。缺点是机载锂电池组放在起落脚平面上，在无人机飞行时增加空气阻力，特别是高速飞行时尤为明显。如果无人机的起落架在飞行中需要收起，这种无线充电方式就不可用。

当无人机机载锂电池组放在机身内，无人机的无线电能接收线圈安装在无人机机身的底部，无人机降落在定点平台进行无线充电时，无人机机身底部的无线电能接收线圈和地面定点平台无线电能发射线圈的距离会增加，两个线圈的距离与无人机机身到地面的起落架高度有关。随着传输距离的增加，系统的电能传输效率是一个关键问题。可在发射线圈、接收线圈之间增加中继线圈，以解决传输距离、传输效率、复杂环境适应性和系统集成化等问题。在无人机降落在定点地面无线充电平台之前，中继线圈和地面发射线圈是靠紧的，如图 0-18a 所示。当无人机降落在定点地面无线充电平台上后，中继线圈自动升起，如图 0-18b 所示。研究表明，将中继线圈升到发射线圈和接收线圈的中间位置附近时，传输效率最高。当充电结束无人机起飞后，中继线圈自动降下到和发射线圈靠紧的位置。

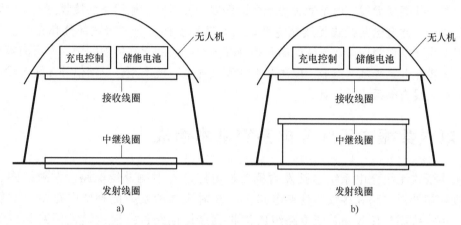

图 0-18 增加中继线圈的无人机无线充电示意图

6. 水下无人潜航器无线充电应用

进入 21 世纪以来，水下无人潜航器无线充电技术发展迅速，2001 年，美国研制的水下无人潜航器采用的水下无线充电技术为电磁感应式无线充电技术，充电效率为 79%，传输功率为 200W；2004 年，日本研制的水下无线充电系统使用电磁感应式无线充电技术，采用了特殊形状铁氧体磁心和锥形线圈，充电效率为 90% 以上，传输功率为 500W；2007 年，美国研制的水下无线充电系统工作间隙为 2mm，能量传输效率为 70% 以上，传输功率为 250W；2012 年，中国研制的水下设备无线充电系统，采用电磁感应式无线充电技术，工作间隙为 8mm，充电效率 75%，传输功率为 500W；2012 年，美国研制的水下无人航行器无线充电项目，充电功率为 450W，设计最大充电能力为 1.5kW/h；2017 年，美国研发了一种基于谐振式无线充电技术的水下无人潜航器无线充电技术，并研究了海水在 20kHz 频率下无线电能传导能力弱的问题。

无线充电在小功率范围还可适用于家用电器，包括手机、电视机、厨房电器等，可以用一个电源向多个设备供电，除此之外，还有在电动工具、机器人等中大功率设备上的应用，无线充电将成为众多充电领域的发展趋势。

第1章 电磁共振式无线充电系统

电磁共振式无线电能传输技术（Magnetic Coupling Resonant WPT，MCR-WPT）因其具有不受导线束缚，能够实现中等距离无线能量传输的优点，在无线充电等领域具有较广的应用前景。电磁共振式无线充电是通过磁耦合谐振器的发射侧谐振回路和接收侧谐振回路产生共振实现的，因此电磁共振式无线充电系统具有功率变换部分、谐振部分和充电控制部分等。对于无线充电控制还涉及系统的闭环控制和充电参数的无线传输问题。本章内容包括电磁共振式无线充电系统基本组成、电磁共振式无线充电系统类型、反馈信号无线传输技术和电磁共振式无线充电系统的控制。

1.1 电磁共振式无线充电系统基本组成

电磁共振式无线充电系统包括发射侧变换电路、发射侧补偿电路、发射线圈、接收线圈、接收侧补偿电路和接收侧变换电路等。发射线圈和发射侧补偿电路组成发射侧谐振回路，接收线圈和接收侧补偿电路组成接收侧谐振回路，发射侧谐振回路和接收侧谐振回路的组合称为磁耦合谐振器，如图1-1所示。

电磁共振式无线充电系统的基本工作原理：输入电源（包括交流电源或直流电源）经发射侧变换电

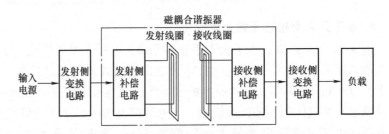

图1-1 电磁共振式无线充电系统基本组成

路变换成高频电源，高频电源的频率和发射侧谐振回路的谐振频率一致，使发射侧谐振回路工作在谐振状态。接收侧谐振回路的参数和发射侧谐振回路的参数相同，接收侧谐振回路也工作在谐振状态，这样发射侧谐振回路和接收侧谐振回路处于共振状态。接收侧变换电路将接收到的高频电源变换成负载需要的电源。

1. 发射侧变换电路的功能

发射侧变换电路的主要功能是将输入电源变换成和磁耦合谐振器同频率同相位的高频电源，使磁耦合谐振器产生共振，同时控制传输功率的大小，使发射功率和接收功率达到平衡。

交流输入的发射侧变换电路主要包括整流与谐波抑制电路，谐波抑制电路用于提高功率因数、减小电磁干扰；功率控制与逆变电路用于控制传输功率和跟踪磁耦合谐振器共振频率；直流输入的发射侧变换电路包括升压或降压DC/DC直流变换电路、功率控制与逆变电路。

功率控制与逆变电路有两种电路组合形式，第一种电路组合形式是功率和频率控制分两个电路实现，功率控制采用直流斩波 DC/DC 调压进行功率控制，逆变电路采用 DC/AC 变换电路实现直流-交流变换，同时进行频率跟踪控制；第二种是逆变电路同时独立完成两种功能，在进行 DC/AC 变换和频率跟踪的基础上，还要进行功率控制，控制方式主要包括：调频控制方式，通过改变逆变电路的输出频率来改变逆变电路输出电压和电流的相位角，实现频率控制和功率控制两种功能；PWM 脉宽调制控制方式，包括直接 PWM 脉宽控制和移相 SPWM 脉宽控制，在控制逆变电路输出电压脉宽的同时通过频率跟踪实现频率控制。PWM 脉宽调制控制方式实质上是控制逆变电路输出的平均电压，也是一种调压控制。

2. 磁耦合谐振器的功能

磁耦合谐振器包括发射侧谐振回路和接收侧谐振回路。谐振电路主要分为串联谐振、并联谐振和复合谐振等电路形式，由传输线圈自感 L、补偿电容 C 和回路等效电阻 R 组成。

磁耦合谐振器根据传输线圈的组合可分为两线圈结构、四线圈结构、带中继线圈的三线圈结构、五线圈结构以及多线圈结构等结构形式。两线圈结构可分成电磁发射部分和电磁接收部分，电磁发射部分由发射线圈和发射侧补偿电路组成，接收部分由接收线圈和接收侧补偿电容组成，发射线圈与接收线圈之间通过空间磁场的谐振耦合实现电能的无线传输。

磁耦合谐振器发射部分和接收部分的谐振电路有很高的品质因数，并且具有相同的谐振频率。当逆变电路输出的高频交流电流的频率与发射和接收部分谐振电路的谐振频率相同时，发射和接收部分的谐振电路中会产生很大的谐振电压或电流，发射和接收部分的谐振电感线圈通过谐振产生高频磁场的耦合来实现电能的传输。由于发射和接收部分谐振电路的品质因数很高，因此发射和接收部分谐振电路的内阻几乎不消耗能量。

3. 接收侧变换电路的功能

接收侧变换电路包括高频整流与变换电路、输出滤波电路等。接收侧变换电路也有两种形式，一种是接收侧只有高频整流电路，输出充电的控制由发射侧功率控制与逆变电路来完成；第二种是高频整流后加 DC/DC 变换电路，由接收侧直接控制输出充电电压和电流。

1.2 电磁共振式无线充电系统类型

电磁共振式无线充电系统的主要功能是将电网工频交流电变换成无线电能传输需要的高频电源，通过电磁共振式无线电能传输电路，将电能传输到储能装置。图 1-2 是电磁共振式无线充电系统组成框图。

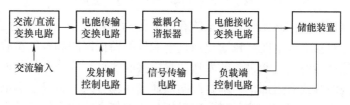

图 1-2　电磁共振式无线充电系统组成框图

图 1-2 中交流直流变换电路的功能是将交流电源变换成直流电源，交流/直流变换电路包括单相或三相整流电路，为了提高功率因数抑制谐波，单相输入的交流/直流变换电路中还要加入功率因数校正电路，三相输入的系统中加入无源滤波电路或有源滤波电路。

电能传输变换电路的功能是将直流电源变换成高频交流电源，根据充电系统电磁环境对人体影响的具体要求，高频交流电源频率一般在100kHz以下。电能传输变换电路有电压型半桥逆变电路、电压型全桥逆变电路及电流型逆变电路等。

磁耦合谐振器的功能是通过发射线圈、接收线圈和补偿电路组成电磁共振式无线电能传输电路进行电能传输，发射侧和接收侧具有相同的谐振频率，可以实现最大的传输效率。

电能接收变换电路的功能是将接收侧谐振回路接收到的高频交流电源变换成直流电源对储能装置进行充电。高频交流/直流变换电路包括高频整流滤波电路，或高频整流滤波加直流斩波电路等。

负载端控制电路的功能是根据储能装置充电过程要求对无线电能传输过程的电压/电流进行实时控制。负载端控制电路包括充电电压电流检测电路、充电控制电路、储能装置和控制电路之间的信号传输电路等。

信号传输电路是将接收侧的检测信号和控制信号通过无线的方式反馈到发射侧控制电路。

发射侧控制电路的功能是根据接收侧反馈的信号和发射侧本身的检测信号来实现充电电压/电流的闭环控制。

电磁共振式无线充电系统可以分为无线信号反馈单闭环控制无线充电系统、传输电压与充电过程独立控制无线充电系统、发射侧传输电流与接收侧充电过程独立控制无线充电系统等。

1.2.1 无线信号反馈单闭环控制无线充电系统

在电磁共振式无线电能传输系统中要求对输出电压或电流进行反馈控制，需要在系统的电能发射侧与接收侧之间建立通信机制，在完成电能传输的同时，实现反馈信号的传输。图1-3是无线信号反馈单闭环控制无线充电系统框图。

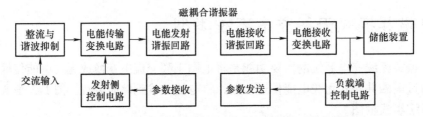

图1-3　无线信号反馈单闭环控制无线充电系统框图

无线信号反馈单闭环控制无线充电系统有电能传输通道与信号传输通道两个传输通道，这两个传输通道相对独立。电能传输通道通过电能发射谐振回路和电能接收谐振回路实现无线电能的传输，信号传输通道通过参数发送和参数接收实现反馈信号的传输。信号传输可以采用载波方式，载波方式有附加信号耦合线圈双通道传输方式、传输线圈电能和信号分时复用传输方式、注入式信号载波方式，还可以采用无线通信方式实现信号的无线传输。

1. 信号载波传送电磁共振式无线充电系统

信号载波传送通过增设信号耦合线圈的方式构建信号传输通道，如图1-4所示。负载端参数检测电路将充电电压/电流等参数通过接收侧载波电路进行发送，在发射侧经过载波解调，将接收侧参数反馈到充电过程控制电路完成充电闭环控制。在发射侧通过发射侧参数检测反馈形成发射侧内环控制。

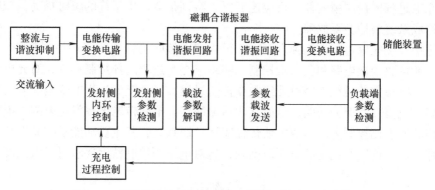

图 1-4　信号载波传送反馈单闭环控制无线充电系统框图

电能与信号并行载波传输技术通过添加信号传输相关电路，建立电能与信号并行传输系统，电能传输通道与信号传输通道对电能功率波和信号载波呈现不同的阻抗性质，保证在基本不影响电能传输稳定性的前提下，完成信号的实时双向传输。

2. 信号无线通信传送电磁共振式无线充电系统

信号传输通过无线收发模块实现发射侧和接收侧的数据交流。无线通信数据传输主要由三个部分组成，即数据发送端、数据传输信道和数据接收端。图 1-5 是信号无线通信传送反馈单闭环控制无线充电系统框图。无线通信模块将无线电技术与微处理器技术相结合来实现高性能短距离数据传输，一般选用性价比高的无线收发芯片，其发射功率低，ISM 频段，工作频率范围一般在几百兆赫兹至几吉赫兹，具有强抗干扰能力和低误码率。无线数字信号传输模块应用简单，兼容性好，在开阔视野条件下传输距离较远，更适用于点对多点数据信息采集。短距离无线通信常见的方式有 WiFi 技术、蓝牙技术、超宽带技术、NFC 技术和红外技术等。它们都有各自的应用特点，比如在传输速度、功耗、传输距离等方面有不同的技术指标。

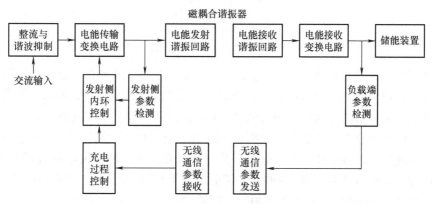

图 1-5　信号无线通信传送反馈单闭环控制无线充电系统框图

1.2.2　传输电压与充电过程独立控制无线充电系统

无线信号反馈单闭环控制无线充电系统采用发射侧直接控制充电过程的电压/电流，在反馈回路有无线数据传送过程。在无线数据传送过程中，无论是采用载波方式还是采用通信方式，都是采用串行数据传送方式，都有数据延时问题。反馈信号的延时造成控制的延时，从而造成充电过程的控制精度低、反应速度慢，特别是会产生系统的瞬时扰动，控制器来不及响应，造成系统失控甚至故障。

如果把接收侧充电过程控制独立开来，可以建立接收侧独立的闭环控制系统，如图1-6所示。由电能接收变换电路和负载端控制电路组成充电过程闭环控制系统，对充电过程进行单独控制，充电参数的反馈不经过无线数据传送过程，实现充电过程的快速控制。由电能传输变换电路、电能发射谐振回路、电能接收谐振回路、电能传输参数发送电路、电能传输参数接收电路和发射侧控制电路组成电能传输闭环控制系统，其主要功能是控制电能接收变换电路前的输入电压稳定在设定的电压范围内，这对电压的控制精度要求可以大大降低。

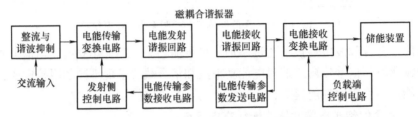

图1-6　传输电压与充电过程独立控制无线充电系统框图

电能接收变换电路可采用高频整流加直流斩波电路，由高频整流电路、直流斩波电路、电压/电流检测电路、控制电路和驱动电路等组成，如图1-7所示。

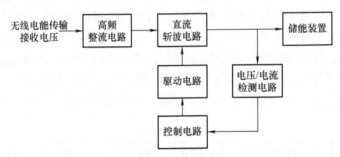

图1-7　接收侧充电控制闭环控制系统框图

高频整流采用高频二极管整流电路，以实现从高频交流到直流的变换，整流以后还要加上直流斩波器，以实现充电电压和电流的控制。直流斩波一般采用PWM脉宽控制方式，可将控制电路送来的调节信号转换成相应的PWM斩波信号。直流斩波电路中斩波功率器件都工作在大电流硬开关状态，增加了开关损耗，降低了电源效率。采用软斩波器实现PWM控制，可实现斩波功率器件的软开关，减小开关损耗。直流斩波软开关电路有零电流谐振式、零电压谐振式、零电流开关PWM变换式、零电压开关PWM变换式、零电流转换PWM变换式、零电压转换PWM变换式和有源无损直流斩波式等。

1.2.3　发射侧传输电流与接收侧充电过程独立控制无线充电系统

传输电压与充电过程独立控制无线充电系统中，虽然把充电过程控制独立出来，建立独立的闭环控制系统，但还有电能传输闭环控制系统需要无线数据反馈。

如果把发射侧电能传输也进行独立闭环控制，这样发射侧和接收侧单独闭环，建立两个独立的闭环控制系统。发射侧独立闭环控制无线充电系统中，通过发射侧谐振回路的电压/电流来辨识接收侧负载状况，从而决定发射侧需要的电能传输量，达到发射侧和接收侧的电能传输平衡。发射侧谐振回路的参数和负载之间是动态非线性关系，通过建立数学模型进行快速辨识，实现在发射侧和接收侧之间在没有数据交换的条件下无线电能的平衡传输。接收侧控制电路快速跟随传输电压变化，实现传输电能的快速平衡；通过和储能设备的充电管理接口连接，响应各种储能设备对充电过程的要求，完成充电过程。

发射侧传输电流与接收侧充电过程独立控制的电磁共振式无线充电系统如图1-8所示。图中，由电能传输变换电路、电能发射谐振回路、发射侧参数检测电路、电能传输模型和发射侧控制电路组成发射侧能量传输独立闭环控制系统，由电能接收变换电路和负载端控制电路组成充电过程闭环控制系统，对充电过程进行单独控制，充电参数的反馈不经过无线数据传送过程，实现充电过程的快速控制。发射侧传输电流与接收侧充电过程独立控制的电磁共振式无线充电系统中，解决的关键问题是要建立电能传输模型，传输模型反映了发射侧发射的电能（电压、电流）和接收侧接收到的电能（电压、电流）之间的传输关系，是一个非线性关系，这样可以通过电能传输模型和发射侧电能参数检测，在发射侧辨识接收侧的充电状态，从而控制传输能量的平衡。

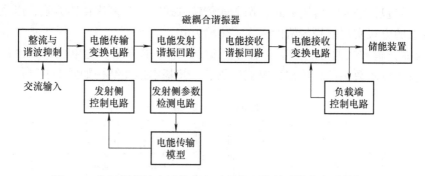

图1-8　发射侧传输电流与充电过程独立控制无线充电系统框图

1.3　反馈信号无线传输技术

信号传输方式有附加信号耦合线圈双通道传输方式、电能和反馈信号分时复用传输方式、注入式信号载波方式和通信方式等。

1.3.1　电能和反馈信号同步传输技术

电能和反馈信号同步传输技术通过添加信号传输相关电路建立电能与信号并行传输系统。

1. 双通道传输方式

电能和信号的传输不共用传输通道时称为双通道传输方式。双通道传输方式通过增设信号耦合线圈的方式构建信号传输通道，电能传输通道与信号传输通道相对独立，电能与信号分别经由发射线圈、接收线圈和信号传输耦合线圈形成的交变磁场完成传输，其结构如图1-9所示。

双通道传输方式的缺点是电能传输线圈与信号传输耦合线圈之间存在交叉耦合，电能传输过程与信号传输过程会发生相互串扰。为了最大限度地降低电能传输与信号传输之间的串扰，在设计系统的整体参数之前，往往需要针对具体的应用需求，

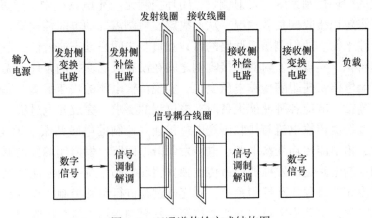

图 1-9 双通道传输方式结构图

对耦合线圈的结构、自感的大小等做出充分的考虑。

2. 共享通道传输方式

由于双通道传输方式的局限性，可利用同一耦合机构实现电能与信号传输。目前，较为常见的方式主要包括调幅式传输方式、调谐式传输方式、分时复用传输方式，以及通过注入高频信号载波的方式实现信号传输的注入式传输方式。

1）调幅式传输方式通过改变逆变电路直流输入电平的方式产生电能信息流，利用电能信息流将需要传输的数字信息传输到电能拾取端，其基本拓扑结构如图 1-10 所示。

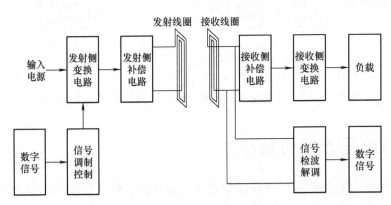

图 1-10 调幅式传输方式结构图

调幅式传输方式的数字信号、发射侧变换电路输出及电能信息流的波形如图 1-11 所示。

调幅式传输方式的缺点是系统输入电源的扰动、负载的变化以及传输耦合线圈的偏离都会造成电能信息流特征的改变，从而导致信号传输过程的可靠性难以保证。为了实现信号的传输而改变系统电能的

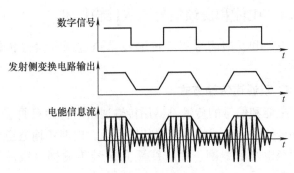

图 1-11 调幅式传输波形

传输，这在一定程度上降低了系统的电能传输稳定性，影响电能传输性能。

2）调谐式传输方式通过改变逆变电路的工作周期，产生电能信息流，利用电能信息流将需要传输的数字信息传输到电能拾取端，其基本拓扑结构如图 1-12 所示。

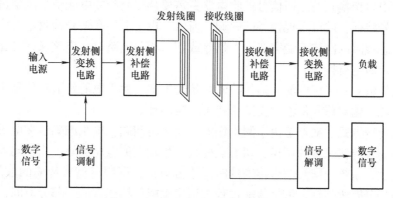

图 1-12　调谐式传输方式结构图

根据数字信号调节功率变换单元的工作频率，产生带有数字特征的电能信息流，实现信号的传输。由于系统的工作频率不同，电能信息流的幅值特征和频率特征都可以用来提取数字信号特征。

调谐式传输方式只需要改变逆变电路的工作频率，而不需要增设电能控制模块，即可实现电能与信号的同步传输，较之调幅式传输方式，调谐式传输方式更容易实现。其缺点是与调幅式信号传输方式一样，需要依靠电能信息流的特征（幅值、频率）来提取数字信号特征，信号传输过程的抗干扰能力较差；改变逆变电路的工作频率，会影响系统的性能；受系统电能传输稳定性的限制，一定程度上会限制信号的传输速率。

3）分时复用传输方式是在调谐式传输方式结构基础上，在电能传输回路与信号传输回路中添加功能切换开关，通过调节功能切换开关的开通时序，系统在电能传输方式与信号传输方式之间进行切换，实现电能与信号以复用耦合传输线圈的方式完成传输。分时复用传输方式的基本拓扑结构如图 1-13 所示。

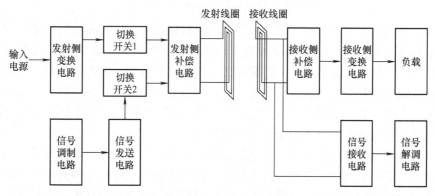

图 1-13　分时复用传输方式结构图

分时复用传输方式中，电能发送侧的电能传输回路以及信号发送电路都有切换开关，通过控制切换开关的开通时序，控制系统在电能传输方式与信号传输方式之间进行切换。由于二极管的单向导通性,一旦整流电路输入端的电压低于其输出端的电压,整流电路的整流二极管将不能导通。所以,只要保证切除电能传输回路后,拾取端拾取到的信号载波的幅值低于整流电路的输出端电压,就可以实现拾取端电能传输电路的自动切除。基于上述原因,在拾取端并没有引入切换开关。而信号接收电路只需要从接收到的电能信息流中过滤掉电能干扰,提取出信号特征,就可实现信号的解调。所以,也不需要在信号接收电路中再引入切换开关。由于电感线圈的电流不能突变,在切除或切入相关电路时,应该保证是在耦合传输线圈的电流过零点时进行操作。

分时复用传输方式采用电能与信号分时段传输方式,由于电能传输和信号传输不在一个时间段内,电能传输对信号传输的交叉干扰可忽略不计。

分时复用传输方式的缺点是由于测量误差以及延时问题,很难准确地在电流的过零点完成电能传输与信号传输过程的切换,切换点处会产生较大的电压尖峰。为了确保系统电能传输过程的稳定性,系统分配给信号传输的时间十分有限,限制了信号传输的数量以及速率。由于电能与信号分时段传输,信号传输过程占用了电能传输原有的一部分时间,系统传输电能的能力会受到一定的影响。

4)注入式信号传输方式通过向电能传输回路中注入高频信号载波,利用信号载波实现数字信号的传输,其基本拓扑结构如图1-14所示。

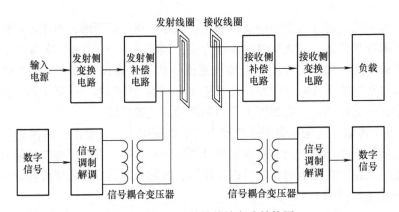

图1-14 注入式信号传输方式结构图

信号耦合变压器将调制后的信号载波注入电能传输回路,信号载波的传输过程与电能功率波的传输过程类似,利用电能耦合线圈实现信号载波的传输。由于信号载波可以双向传输,数字信号也可以实现双向传输,这就满足了信号反向传输的需求。而且,只需凭借从电能传输回路提取到的高频信号载波的特征,即可实现数字信号特征的提取,信号传输的稳定性与抗干扰能力也可以大大提高。此外,由于只需要在电能传输回路中接入信号耦合变压器,系统的电能传输功率以及效率受到的影响较小。

注入式信号传输方式的缺点是由于系统电能传输谐振补偿电路的滤波性质,信号载波在电能传输回路传输的过程中会受到一定的削弱;信号载波在电能传输回路传输的过程中,可能会在系统的电能传输模块上产生谐波干扰,降低系统的电能传输性能;信号耦合变压器并联在电能传输回路中,随着电能传输功率的加大,信号耦合变压器感应耦合到的电压干扰也会随之增加。一方面,信号提取过程受到的噪声干扰会增加,另一方面,干扰电压的增加也会影响信号载波的注入过程,增加信号加载电路的设计难度。

以上几种电能和反馈信号同步传输技术中，无论是双通道传输方式还是共享通道传输方式，都存在信号干扰问题，实现起来比较困难。

1.3.2 反馈信号通信方式传输技术

交互信号无线传输还可采用短距离无线通信方式。短距离无线数据通信传输系统主要由无线发射通信模块和无线接收通信模块两部分组成。一般的无线通信模块包含最基本的通信系统特征，即对信号进行信号编码、调制、传输、解调、信号解码和数据获取的全过程，如图 1-15 所示。由微控制器和集成射频芯片构成的短距离无线数据传输模块的特点是功耗小、成本低、传输距离较短、自组网、点对点或点对多点通信、无须申请无线频道、抗干扰强及应用方便等。

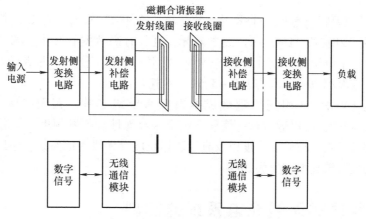

图 1-15　信号无线通信传输方式结构图

无线通信网络形式有无线局域网 WiFi、无线城域网 WiMAX、ZigBee、蓝牙、红外通信和 4G、5G 通信等技术。无线局域网 WiFi 技术是在互联网连接基础上安装无线访问点来实现短距离无线信号传输，一般覆盖 100m；无线城域网 WiMAX 能提供面向互联网的远距离高速连接，数据传输距离最远可达 50km；ZigBee 技术是一种近距离、低复杂度、低功耗、低速率、低成本的双向无线通信技术，主要用于短距离、功耗低、传输速率不高的电子设备之间进行数据传输；蓝牙是一种支持设备短距离通信的无线通信技术，一般覆盖 10m 内，能够有效简化设备之间的通信，使数据传输更加迅速高效，工作频率为 2.4GHz，数据传输速率为 1Mbit/s；红外通信技术利用 950mm 近红外波段的红外线作为传输数据的媒体，其实质就是对二进制数字信号进行调制与解调；4G 移动通信网络是采用第四代通信技术的网络，5G 移动通信网络是采用第五代通信技术的网络，能够实现数据快速传输。

nRF401 是挪威 Nordic 公司研制的单片无线收发芯片，工作在 433MHz 频段。它采用 FSK 调制解调技术，抗干扰能力强，并采用 PLL 频率合成技术，频率稳定性好，发射功率最大可达 10dBm，接收灵敏度最大为 –105dBm，数据传输速率可达 20kbit/s，工作电压为 3～5V。nRF401 无线收发芯片所需外围元件较少，并可直接连接单片机串口。nRF401 芯片内包含有发射功率放大器、低噪声接收放大器、晶体振荡器、锁相环、压控振荡器、混频器和解调器等电路。在接收模式中，nRF401 所接收的射频调制的数字信号被低噪声放大器放大，经混频器变换成中频，放大、滤波后进入解调器，解调后变换成数字信号输出。在发射模式中，数字信号经锁相环和压控振荡器处理后进入发射功率放大器射频输出。由于采用了晶体振荡和锁相环合成技术，频率稳定性好，抗干扰能力强。

nRF24L01 是挪威 Nordic 公司推出的单片 2.4GHz 无线收发一体芯片，工作频段为 2.4～2.5GHz。工作电压为 1.9～3.6V，功耗很低。最高传输速率为 2Mbit/s，可以有效地减少无线传输中的数据串扰现象。模块体积很小，它将射频、微处理器、九通道 12 位 ADC、外围元件、电感和滤波器全部集成到单芯片中，可以方便地安装于主控板上，适用于超低功耗无线通信应用。nRF24L01 支持多点间通信，而且比蓝牙具有更高的传输速度。它采用 SOC 方法设计，只需少量外围元件便可组成射频收发电路。与蓝牙不同的是，nRF24L01 没有复杂的通信协议，它完全对用户透明，同种产品之间可以自由通信。更重要的是，nRF24L01 比蓝牙产品更便宜。所以 nRF24L01 是业界体积最小、功耗最低、外围元件最少的低成本射频系统级芯片。

nRF24L01 的主要特点包括：①采用全球开放的 2.4GHz 频段，有 125 个频道，可满足多频及跳频需要。②速率（1Mbit/s）高于蓝牙，且具有高数据吞吐量。③外围元件极少，只需一个晶振和一个电阻即可设计射频电路。④发射功率和工作频率等所有工作参数可全部通过软件设置。⑤电源电压范围为 1.9～3.6V，功耗很低。

nRF24E1 是 2.4GHz 通用完整型低成本射频系统级芯片，其无线收发部分具有与 nRF24L01 相同的功能，可以通过软件编程来设定接收地址、收发频率、发射功率、无线传输速率、无线收发模式、校验和长度以及有效数据长度等无线通信参数。在掉电模式下，晶振停止工作时的电流消耗典型值为 2μA。

1.4 电磁共振式无线充电系统的控制

无线充电控制是根据储能设备的要求对充电过程进行实时控制。储能设备作为充电负载，包括锂电池、铅酸蓄电池和超级电容等。储能设备的充电要求有恒电压充电控制方式、恒电流充电控制方式和分段充电控制方式等。为了实现高效稳定的无线充电目标，实现充电时负载变化的快速响应和充电电压/电流的稳态精度，系统的控制策略尤为重要。无线充电控制系统包括输出电压/电流单闭环无线充电控制系统、传输电流和输出电压/电流双闭环无线充电控制系统、传输电压和输出电压/电流双单闭环无线充电控制系统、传输电压/电流双闭环输出电压/电流单闭环无线充电控制系统、传输电流和输出电压/电流独立单闭环无线充电控制系统等。

无线充电电压/电流单闭环控制系统如图 1-16 所示，其控制目标是稳定电压或稳定电流，实现储能设备的充电要求。控制系统包括输出给定量（充电电压或充电电流）、电压/电流调节器、电能传输变换电路、磁耦合谐振器（包括电能发射谐振回路和电能接收谐振回路）、电能接收变换电路、输出滤波电路和输出量检测电路（充电电压和充电电流检测）。输出量检测电路将充电电压和充电电流通过无线传送的方式反馈到发射侧，和输出给定量进行比较，形成闭环控制系统。

输出电压/电流单闭环无线充电控制系统没有考虑当输出电压或电流突变时，加上反馈信号延时，会造成发射侧逆变电流突变，导致逆变电流过电流而引起的故障。在发射侧增加逆变电流闭环控制内环，可以有效控制逆变电流的最大值，将逆变电流限制在给定的范围内。

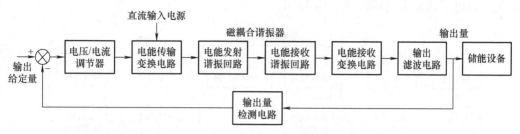

图 1-16　无线充电电压/电流单闭环控制系统

图 1-17 是具有逆变电流内环的无线充电双闭环控制系统。充电电压/电流负反馈无线充电单闭环控制系统，以稳定充电电压/电流为控制目标，在发射侧增加逆变电流闭环控制内环，是以有效控制逆变电流的最大值为控制目标，避免由于输出充电电压和电流的反馈参数延时，使系统调节时间增加而造成的控制器来不及响应、系统失控甚至故障等问题。发射侧逆变电流闭环控制必须要响应速度快，当接收侧负载突变，或充电负载出现开路或短路时，反映到发射侧是逆变电流突变升高，发射侧内环控制的传输电流调节器能迅速调节，限制逆变电流的升高。

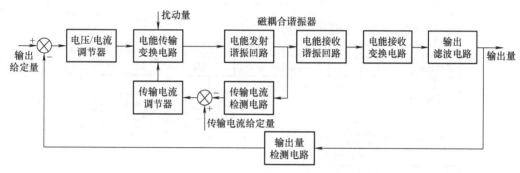

图 1-17　具有逆变电流内环的无线充电双闭环控制系统

如果把接收侧充电电压和电流进行单独闭环控制，可有效提高充电过程的电压和电流控制精度，避免产生充电过程中由于负载突变或系统扰动引起的充电过电压或过电流问题。磁耦合谐振器的传输电压在接收侧进行检测，形成传输电压独立闭环控制，这样需要建立两个独立的闭环控制系统，如图 1-18 所示。

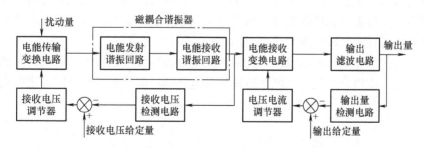

图 1-18　传输电压和输出电压/电流双单闭环无线充电控制系统

如果在传输电压单闭环系统中发射侧增加逆变电流内环，可以有效控制逆变电流的最大值，避免由于传输电压反馈参数延时而使逆变电流失控从而造成故障，如图 1-19 所示，接

25

收侧的充电电压或电流闭环和图 1-18 相同。

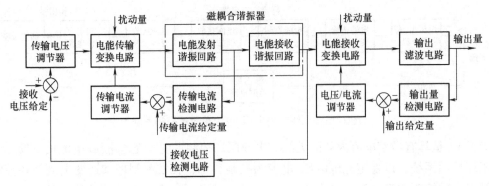

图 1-19 传输电压加逆变电流内环和输出电压/电流双独立闭环无线充电控制系统

如果传输电压不参与控制，这样可以省去了传输电压闭环，也就省去了无线信号传输反馈模块，发射侧逆变电流进行独立闭环控制，这样发射侧和接收侧形成两个单独闭环，中间省去了无线信号传输环节，避免由于无线信号反馈延时引起的系统调节时间长甚至失控的问题，但要在发射侧增加负载状态快速辨识模块，如图 1-20 所示。

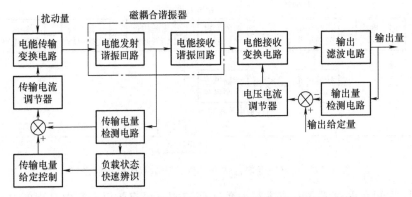

图 1-20 发射侧和接收侧独立双单闭环控制无线充电系统

在发射侧和接收侧独立双单闭环控制无线充电系统中，通过发射侧谐振回路的电压/电流来计算谐振回路的反射阻抗，反射阻抗反映了接收侧的负载状况，通过反射阻抗决定发射侧需要的电能传输量来控制逆变电流的大小，从而达到发射侧和接收侧的电能传输平衡。发射侧谐振回路的反射阻抗和接收侧的负载之间是动态非线性关系，可以通过建立数学模型进行预测，也可以通过实时检测发射回路电压/电流进行快速辨识。

电磁共振式无线充电系统的设计需要根据充电设备的要求，对闭环系统的结构形式、反馈信号传输方式、磁耦合谐振器、电能传输变换电路和电能接收变换电路等进行选择和设计计算。

第 2 章 磁耦合谐振器

电磁共振式无线电能传输系统利用电磁共振效应实现电能的无线传输，其原理是采用两个频率相同的谐振回路产生很强的相互耦合，谐振回路由发射侧线圈和接收侧线圈加补偿电路形成两个共振回路，称为磁耦合谐振器。本章介绍磁耦合谐振器无线电能传输原理与特性、磁耦合谐振器补偿电路、磁耦合谐振器互感模型、磁耦合谐振器传输线圈的设计和磁耦合谐振器补偿电容的选择。

2.1 磁耦合谐振器无线电能传输原理与特性

2.1.1 磁耦合谐振器无线电能传输原理

磁耦合谐振器分为发射侧和接收侧，通过发射侧谐振回路和接收侧谐振回路进行能量传输。任何两个电磁系统在相隔一定的距离下都会产生耦合现象，但由于距离、耦合和谐振频率等因素，使得其传递电能的效率很低。如果发射线圈和接收线圈工作在谐振状态，具有相同的谐振频率，此时发射侧和接收侧的回路阻抗为阻性，可以实现最高的传输效率。

磁耦合谐振器如图 2-1 所示，图中包括发射线圈 L_1、接收线圈 L_2、发射侧补偿电路、接收侧补偿电路，u_1 为发射侧传输输入交流电压，u_2 为接收侧传输输出交流电压。

磁耦合谐振器可以通过近场理论进行分析。电磁辐射由辐射源产生交变磁场，这个交变磁场按性质分为感应场和辐射场，感应场的电场滞后于磁场 $90°$ 相角。从能量上看，感应场的

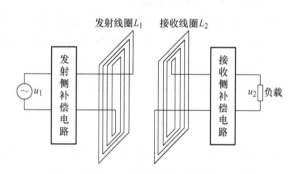

图 2-1 磁耦合谐振器组成

电磁振荡中，磁能与电能相互转换能量，并不对外辐射，而辐射场的能量则脱离辐射体向外辐射。感应场和辐射场按照距离辐射源的远近程度又称为远区场和近区场，两个场都存在辐射体的周围。远区场的特点是场强与距离成反比，在距离辐射源 n 个波长后，只需要考虑辐射场。与远区场相比，近区场比较复杂。根据近场的特性，电磁共振式这种能量传输方式的作用距离可按式（2-1）进行估算，能量传输的最大距离近似为近区场的最大作用距离，即

$$d = \frac{\lambda}{2\pi} = \frac{c}{2\pi f} \tag{2-1}$$

式中，λ 为波长；c 为光速；f 为传输线圈谐振频率。设传输线圈谐振频率为 10MHz，由式（2-1）可以得到能量传输距离大约为 4.78m。一个电感和电容组成的辐射源，随着远离辐射源的距离增加，电场强度与磁场强度将不断降低，其降低的形式非常复杂。经过对不同辐

射源的测量表明，在距离辐射源大约 $\lambda/2\pi$ 的地方，辐射场和感应场的强度相等，距离继续增加，感应场就迅速削弱。一般来说，小电流高电压的辐射体，其电场远大于磁场；大电流低电压的辐射体，其电场远小于磁场。电磁共谐振式无线电能传输系统即借助了具有非辐射特性的电磁场近场特性。在近区场电场完全被抑制，磁场被作为能量交换的介质。在负载需要能量的情况下，能量通过磁场传递，在负载不工作期间能耗为零，并不向外辐射能量。

2.1.2　磁耦合谐振器无线电能传输特性

磁耦合谐振器是非线性多参数交叉影响的耦合系统，任意一个参数的改变或偏移都有可能对系统的传输特性产生影响。磁耦合谐振器的特性涉及频率特性、距离特性、能效特性等几方面。

1. 频率特性

传输频率是影响磁耦合谐振器传输效率的关键因素之一，频率特性主要表现为系统的传输频率与谐振器的谐振频率之间的关系，只有在传输频率与谐振器的谐振频率相同的条件下，能量才能被最有效地传递。传输频率与谐振器谐振频率相同的条件也就是传输系统处于共振状态，若偏离共振状态，则能量传输会被较大幅度的衰减或者几乎不能被传递。因此系统的传输频率必须与谐振器的自谐振频率相同时才能实现能量的高效传输，其中任意一个频率不同都会导致系统工作效率的降低，因此在电磁共振式无线电能传输系统的设计中，要解决好系统传输频率的跟踪问题。

频率分裂是电磁共振式无线电能传输系统的一个重要现象，当谐振器耦合程度逐渐增强到某一临界值时，频率分裂现象即会出现，一般将出现频率分裂时的耦合点定义为临界耦合点。当耦合系数继续增大时，基于传输效率最优的谐振频率将会分裂为两个极大值点。频率分裂会导致系统在固有谐振频率处的传输性能显著下降，因此在传输系统设计时要考虑这些问题。

2. 距离特性

根据磁耦合谐振器无线电能传输原理，系统谐振频率是影响传输距离的最直接因素，谐振频率越高，发射的磁场越强，传输距离越远。传输距离是影响电磁共振式无线电能传输系统谐振器耦合程度的主要因素之一，传输距离的改变会影响耦合系数的大小，也有可能导致频率分裂现象的发生。随着传输距离的增加，电磁共振式无线电能传输系统由过耦合阶段过渡到欠耦合阶段，系统频率分裂现象消失，同时，随着传输距离的增加，系统的传输效率逐渐降低。因此，电磁共振式无线电能传输系统在中远距离下进行电能传输时，频率分裂现象一般不会出现，而带来的新问题是系统传输效率与负载接收功率的急剧衰减。通常采用提高系统谐振频率、减少谐振器自身损耗以及负载阻抗匹配等方法进行改善。

3. 效率特性

磁耦合谐振器的效率特性主要表现为传输频率影响特性、谐振器耦合影响特性以及负载匹配影响特性。一般情况下，提高传输线圈的共振频率，增大传输线圈间的互感，减小传输线圈的内阻是提高系统传输效率的主要方法。由于趋肤效应的原因，共振频率的提高会使线圈内阻变大，因此共振频率并非越大越好。

2.2 磁耦合谐振器补偿电路

磁耦合谐振器是通过发射线圈和接收线圈的耦合来传输电能。在电磁感应式无线电能传输中,松耦合变压器的耦合程度一般用耦合系数 k 来表示,而在电磁共振式无线电能传输中,传输线圈的耦合程度一般采用互感系数 M 来表示。

2.2.1 无补偿电路的传输线圈理想互感模型

1. 不考虑传输线圈内阻的互感模型

不考虑传输线圈内阻理想情况下的传输线圈互感等效电路如图 2-2 所示。图中,L_1 和 L_2 分别是发射线圈和接收线圈的自感;M 是两个线圈的互感;R_L 是负载电阻;u_1 和 u_2 分别是输入电压和输出电压。其传输原理为输入电压 u_1 在发射线圈回路产生电流 i_1,通过互感 M 耦合到接收线圈回路得到输出电压 u_2,从而产生电流 i_2,供给负载 R_L。

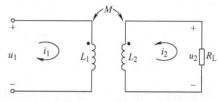

图 2-2　互感等效电路

传输线圈是互感线圈,是具有磁场联系和相互约束的两个电感元件,在电压和电流的参考方向对同名端一致的条件下,根据电磁感应定律,两互感线圈的互感模型为

$$\begin{cases} u_1 = L_1 \dfrac{\mathrm{d}i_1}{\mathrm{d}t} + M \dfrac{\mathrm{d}i_2}{\mathrm{d}t} \\[2mm] u_2 = M \dfrac{\mathrm{d}i_1}{\mathrm{d}t} + L_2 \dfrac{\mathrm{d}i_2}{\mathrm{d}t} \\[2mm] u_2 = -i_2 R_L \end{cases} \tag{2-2}$$

由于互感线圈是一个两端口元件,在输入、输出为正弦交流的情况下,两互感线圈的相量模型如图 2-3 所示。

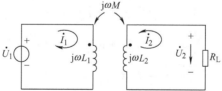

图 2-3　互感线圈相量模型

图 2-3 的网孔方程为

$$\begin{cases} \dot{U}_1 = \dot{U}_{11} + \dot{U}_{12} = \mathrm{j}\omega L_1 \dot{I}_1 + \mathrm{j}\omega M \dot{I}_2 = Z_{11}\dot{I}_1 + Z_{12}\dot{I}_2 \\[2mm] \dot{U}_2 = \dot{U}_{21} + \dot{U}_{22} = \mathrm{j}\omega L_2 \dot{I}_2 + \mathrm{j}\omega M \dot{I}_1 = Z_{21}\dot{I}_2 + Z_{22}\dot{I}_1 \\[2mm] \dot{U}_2 = -R_L \dot{I}_2 \end{cases} \tag{2-3}$$

式中,$Z_{11} = \mathrm{j}\omega L_1$;$Z_{12} = Z_{22} = Z_M = \mathrm{j}\omega M$;$Z_{21} = \mathrm{j}\omega L_2$。

解得发射端输入阻抗为

$$Z_i = \frac{\dot{U}_1}{\dot{I}_1} = Z_{11} + \frac{-Z_{12}Z_{22}}{R_L + Z_{21}} = Z_{11} + Z_f = j\omega L_1 + \frac{\omega^2 M^2}{R_L + j\omega L_2} \qquad (2\text{-}4)$$

式中，$Z_f = \dfrac{\omega^2 M^2}{R_L + j\omega L_2}$为反射阻抗。电流传输比为

$$\frac{\dot{I}_2}{\dot{I}_1} = \frac{-Z_{22}}{R_L + Z_{21}} = \frac{-j\omega M}{R_L + j\omega L_2} \qquad (2\text{-}5)$$

电压传输比为

$$\frac{\dot{U}_2}{\dot{U}_1} = \frac{Z_{22}R_L}{(R_L + Z_{21})(Z_{11} + Z_f)} = \frac{j\omega M R_L}{(R_L + j\omega L_2)\left(j\omega L_1 + \dfrac{\omega^2 M^2}{R_L + j\omega L_2}\right)} \qquad (2\text{-}6)$$

传输效率为

$$\eta = \left| \frac{\dot{U}_2}{\dot{U}_1} \frac{\dot{I}_2}{\dot{I}_1} \right| = \left| \frac{Z_{22}^2 R_L}{(R_L + Z_{21})^2(Z_{11} + Z_f)} \right| = \left| \frac{\omega^2 M^2 R_L}{(R_L + \omega L_2)^2\left(j\omega L_1 + \dfrac{\omega^2 M^2}{R_L + j\omega L_2}\right)} \right| \qquad (2\text{-}7)$$

由式(2-5)、式(2-6) 和式(2-7) 可以看出，电流传输比主要有输出端口阻抗 Z_{21}、负载 R_L 和互感阻抗 Z_M 决定；电压传输比和输入端口阻抗 Z_{11}、输出端口阻抗 Z_{21}、负载 R_L 及互感阻抗 Z_M 都有关联；传输功率很大一部分消耗在输入端口阻抗 Z_{11} 和输出端口阻抗 Z_{21} 上，一般情况下 Z_{11} 和 Z_{21} 远远大于 Z_M，所以传输效率很低。

2. 考虑传输线圈内阻的互感模型

在实际情况下，传输线圈存在内阻，考虑传输线圈内阻后的互感相量模型如图 2-4 所示。其中，R_1 为发射线圈内阻；R_2 为接收线圈内阻。

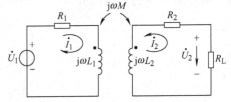

图 2-4　考虑传输线圈内阻的互感相量模型

图 2-4 的网孔方程为

$$\begin{cases} (R_1 + j\omega L_1)\dot{I}_1 + j\omega M \dot{I}_2 = \dot{U}_1 \\ j\omega M \dot{I}_1 + (R_2 + j\omega L_2)\dot{I}_2 = \dot{U}_2 \\ \dot{U}_2 = -\dot{I}_2 R_L \end{cases} \qquad (2\text{-}8)$$

或写成如下形式

$$\begin{cases} Z_{11}\dot{I}_1 + Z_M \dot{I}_2 = \dot{U}_1 \\ Z_M \dot{I}_1 + Z_{22}\dot{I}_2 = \dot{U}_2 \\ -R_L \dot{I}_2 = \dot{U}_2 \end{cases} \qquad (2\text{-}9)$$

式中，$Z_{11} = R_1 + j\omega L_1$；$Z_M = j\omega M$；$Z_{22} = R_2 + j\omega L_2$。解得发射端输入阻抗为

$$Z_i = \frac{\dot{U}_1}{\dot{I}_1} = Z_{11} + Z_f = R_1 + j\omega L_1 + \frac{\omega^2 M^2}{R_L + R_2 + j\omega L_2} \qquad (2\text{-}10)$$

式中，$Z_f = \dfrac{\omega^2 M^2}{Z_{22}}$ 为反射阻抗。电流传输比为

$$\frac{\dot{I}_2}{\dot{I}_1} = \frac{-Z_M}{Z_{22}} = \frac{-j\omega M}{R_L + R_2 + j\omega L_2} \tag{2-11}$$

电压传输比为

$$\frac{\dot{U}_2}{\dot{U}_1} = \frac{Z_M R_L}{(R_L + Z_{21})(Z_{11} + Z_f)} = \frac{j\omega M R_L}{(R_L + R_2 + j\omega L_2)\left(R_1 + j\omega L_1 + \dfrac{\omega^2 M^2}{R_L + R_2 + j\omega L_2}\right)} \tag{2-12}$$

传输效率为

$$\eta = \left|\frac{\dot{U}_2}{\dot{U}_1}\frac{\dot{I}_2}{\dot{I}_1}\right| = \left|\frac{Z_M^2 R_L}{(R_L + Z_{21})^2 (Z_{11} + Z_f)}\right| = \left|\frac{\omega^2 M^2 R_L}{(R_L + R_2 + j\omega L_2)^2\left(R_1 + j\omega L_1 + \dfrac{\omega^2 M^2}{R_L + R_2 + j\omega L_2}\right)}\right| \tag{2-13}$$

式（2-13）和式（2-7）相比，传输功率除了消耗在传输线圈感抗上之外，还消耗在传输线圈内阻上。

为了提高传输效率，必须采取三个主要措施：①增加 Z_M，也就是增大交流电源传输角频率 ω 和增加传输线圈的互感 M。②减小 Z_{11}，即减小发射线圈回路阻抗和回路内阻。③减小 Z_{21}，即减小接收线圈回路阻抗和回路内阻。

减小发射线圈和接收线圈回路阻抗不能采取减小线圈电感的方法，否则互感 M 也要减小，达不到提高效率的目的。

电磁共振式是基于近场谐振强耦合的概念，其基本传输原理是拥有相同谐振频率的两个线圈之间能够进行高效率的能量传输。式（2-13）说明了电能很大一部分消耗在线圈阻抗上，大大降低了传输效率。降低传输线圈的阻抗的方法，一般采用补偿电容与传输线圈电感产生谐振来降低传输线圈的回路阻抗，减小系统的无功功率。

2.2.2 磁耦合谐振器的补偿电路

电磁共振式无线电能传输电路大多数是基于线圈两端加补偿电容的形式。根据补偿电容的连接方式不同，分别是：a）发射侧和接收侧同时串联电容，称为串-串联谐振方式（S/S），如图 2-5a 所示；b）发射侧串联电容，接收侧并联电容，称为串-并联谐振方式（S/P），如图 2-5b 所示；c）发射侧和接收侧同时并联电容，称为并-并联谐振方式（P/P），如图 2-5c 所示；d）发射侧并联电容，接收侧串联电容，称为并-串联谐振方式（P/S），如图 2-5d 所示；e）发射侧和接收侧同时加 LC 补偿，称为 $LCL - LCL$ 谐振方式，如图 2-5e 所示；f）发射侧和接收侧同时加 LCC 补偿，称为 $LCC - LCC$ 谐振方式。如图 2-5f 所示。

补偿回路中存在电感和电容，当电源频率变化时，电路的感抗和容抗将随着频率变化，从而导致电路的工作状态随着频率变化。在含有电阻、电感和电容的交流电路中，传输电路的两端电压与其电流一般是不同相的，如果调节电路参数或电源频率，使电流与电压同相，则电路工作在谐振状态，电路呈电阻性。

发射侧串联补偿电容是串联谐振形式，发射线圈和补偿电容上的电压是谐振电压，是输入电压的 Q 倍，Q 是谐振回路的品质因数，发射线圈和补偿电容上流过的电流是有功电流。

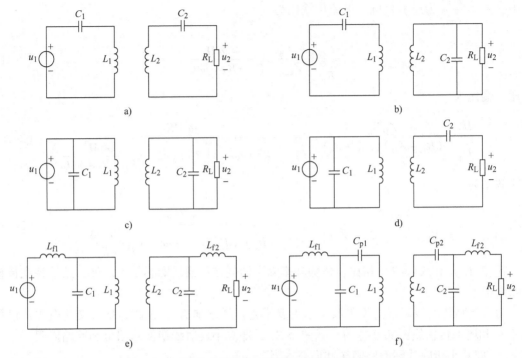

图 2-5 无线电能传输电磁共振电路拓扑结构

发射侧并联补偿电容是并联谐振形式，发射线圈和补偿电容通过的电流是谐振电流，是输入电流的 Q 倍，Q 是谐振回路的品质因数，发射线圈和补偿电容上的电压是有功电压。

同样，接收侧串联补偿电容是串联谐振形式，接收线圈和补偿电容上的电压是谐振电压，是输出电压的 Q 倍，Q 是谐振回路的品质因数，接收线圈和补偿电容上流过的电流是有功电流。

接收侧并联补偿电容是并联谐振形式，接收线圈和补偿电容通过的电流是谐振电流，是输出电流的 Q 倍，Q 是谐振回路的品质因数，接收线圈和补偿电容上的电压是有功电压。

发射侧串联谐振形式需要采用电压源供电，发射侧并联谐振形式需要采用电流源供电。接收侧串联谐振形式输出需要采用电容滤波，使输出是电压源；接收侧并联谐振形式输出需要采用电感滤波，使输出是电流源。

发射侧 LCL 补偿电路是串并联谐振形式，即谐振时并联部分相当于感性负载，并联电容的加入改变发射线圈串联谐振回路的等效电阻，从而影响发射线圈串联谐振回路的等效阻抗。

同样，接收侧 LCL 串联补偿电路也是串并联谐振形式，接收线圈回路仍工作于串联谐振状态，即谐振时并联部分相当于感性负载，并联电容的加入改变接收线圈串联谐振回路的等效电阻，从而影响接收线圈串联谐振回路的等效阻抗。

发射侧 LCC 补偿电路也是串并联谐振形式，发射线圈回路仍工作于串联谐振状态，即谐振时并联部分相当于感性负载，并联电容的加入改变发射线圈串联谐振回路的等效电阻，从而影响发射线圈串联谐振回路的等效阻抗。

同样，接收侧 LCC 串联补偿电路也是串并联谐振形式，接收线圈回路仍工作于串联谐振状态，即谐振时并联部分相当于感性负载，并联电容的加入改变接收线圈串联谐振回路的等效电阻，从而影响接收线圈串联谐振回路的等效阻抗。

1. 串联补偿原理

串联补偿谐振电路如图 2-6 所示，补偿电容 C 和传输线圈等效电感 L 串联，形成串联谐振电路，其中图 2-6a 为电路原理图，图 2-6b 为复频域等效电路图，图 2-6c 为电路参数矢量图，图 2-6d 为电路频率特性图。

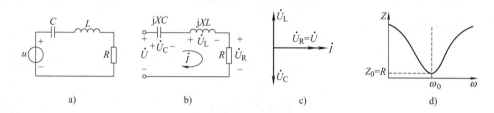

图 2-6　RLC 串联补偿电路

根据向量法，电路的输入阻抗 $Z(j\omega)$ 可表示为

$$Z(j\omega) = R + jX = R + j\left(\omega L - \frac{1}{\omega C}\right) \tag{2-14}$$

串联谐振的频率特性为

$$\varphi(j\omega) = \arctan\left(\frac{\omega L - \dfrac{1}{\omega C}}{R}\right) \tag{2-15}$$

$$|Z(j\omega)| = \frac{R}{\cos[\varphi(j\omega)]} \tag{2-16}$$

串联谐振电路存在电感 L 和电容 C，两者频率特性相反，电容 C 的容抗与 ω 成反比，电感 L 的感抗与 ω 成正比，而且两者电抗角相差 180°，所以一定存在着一个角频率 ω_0 使容抗与感抗相抵消，即：$X_L(j\omega_0) = X_C(j\omega_0)$，$\omega_0 = 1/\sqrt{LC}$，当 $\dot{I}(j\omega_0)$ 与 $\dot{U}_S(j\omega_0)$ 同相，容抗与感抗相互抵消，电路进入谐振状态。

串联谐振电路还有一个特点，电感上的电压和电容上的电压相位差为 180°，两个电压的相量和为零，即 $\dot{U}_L(j\omega_0) + \dot{U}_C(j\omega_0) = 0$，所以串联谐振又称为电压谐振，电感和电容上的电压是输入电压的 Q 倍，Q 为品质因数，其值为 $Q = \dfrac{\omega_0 L}{R} = \dfrac{1}{\omega_0 CR} = \dfrac{1}{R}\dfrac{1}{\sqrt{L/C}}$，电感上的电流和电容上的电流为 $\dot{I} = \dfrac{\dot{U}}{R}$。串联谐振补偿电路在谐振点电路的输入阻抗最小为 R，为纯电阻。

2. 并联补偿原理

并联补偿电路如图 2-7 所示，补偿电容 C 和传输线圈等效电感 L 并联，形成并联谐振电路，其中，图 2-7a 为电路原理图；图 2-7b 为复频域等效电路图；图 2-7c 为电路参数矢量图；图 2-7d 为电路频率特性图。

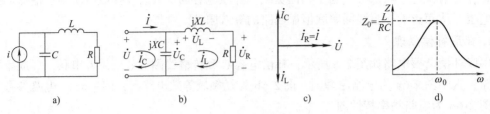

图 2-7　RLC 并联补偿电路

电路中各支路的电流为

$$\dot{I}_L = \frac{\dot{U}}{Z_1} = \frac{\dot{U}}{R + j\omega L} \tag{2-17}$$

$$\dot{I}_C = \frac{\dot{U}}{Z_2} = j\omega C \dot{U} \tag{2-18}$$

式中，Z_1 为 R 和 L 串联的支路阻抗；Z_2 为电容所在支路的阻抗。干路电流可表示为

$$
\begin{aligned}
\dot{I} &= \dot{I}_L + \dot{I}_C \\
&= \frac{\dot{U}}{R + j\omega L} + j\omega C \dot{U} \\
&= \frac{R + j\omega(\omega^2 L^2 C + R^2 C - L)}{\omega^2 L^2 + R^2} \dot{U}
\end{aligned}
\tag{2-19}
$$

并联电路的总阻抗为

$$Z = \frac{\dot{U}}{\dot{I}} = \frac{R}{(1 - \omega^2 LC)^2 + (\omega CR)^2} + \frac{j\omega[L(1 - \omega^2 LC) - CR^2]}{(1 - \omega^2 LC)^2 + (\omega CR)^2} \tag{2-20}$$

电路谐振时，输入导纳最小，式(2-20) 中虚部项为零，即

$$L(1 - \omega^2 LC) - CR^2 = 0 \tag{2-21}$$

由式(2-20) 可解得谐振时电路的角频率 ω 为

$$\omega = \frac{1}{\sqrt{LC}} \sqrt{1 - \frac{CR^2}{L}} \tag{2-22}$$

一般线圈电阻 $R \ll L$，$\dfrac{R^2}{L^2} \ll \dfrac{1}{LC}$，式(2-22) 可近似为 $\omega = \sqrt{\dfrac{1}{LC}}$。

将式(2-22) 代入式(2-20)，可得并联谐振时的输入阻抗为

$$Z = \frac{L}{CR} \tag{2-23}$$

输入阻抗由 RLC 决定，这样可以通过 RLC 组合改变输入阻抗的值。

并联谐振电路还有一个特点，电感上的电流和电容上的电流相位差为180°，两个电流相加为零，即 $\dot{I}_L(j\omega_0) + \dot{I}_C(j\omega_0) = 0$，所以并联谐振又称为电流谐振，电感和电容上的电流是输入电流的 Q 倍，Q 为品质因数。电容上的电压为输入电压 $\dot{U}$，电感上的电压加上电阻 R 上的电压也是输入电压 $\dot{U}$。并联谐振补偿电路在谐振点时其输入阻抗最大为 $Z_0 = \dfrac{L}{CR}$。

2.3　磁耦合谐振器互感模型

磁耦合谐振器传输模型可以分为如下三种类型。

1）耦合模理论模型。耦合模理论是一种基于微扰分量的物理场耦合理论，它可以在获取系统间能量模式运动方程的前提下，脱离系统本体去探讨能量的耦合流动。当电磁共振式无线电能传输系统通过磁场弱耦合谐振来进行能量传输时，可以将谐振器的发射侧与接收侧看作两个相互微扰的物体，因此，可用耦合模理论对系统的能量场进行分析，结果具有较高的准确性。

2）二端口网络模型。二端口网络不考虑网络中具体包含的元件或组成结构，将电路中的一部分或整体看作一个黑箱，以其输入、输出特性来描述二端口网络的功能。耦合模理论的模型和二端口网络的模型不涉及无线电能传输系统具体的参数，不能对系统的具体参数进行设计与获取。

3）电路理论模型。电路理论建模方法是基于互感理论实现的，通过对系统各元器件进行精确建模，运用电路知识对模型进行求解。

在上述三类模型中，电路理论模型是一种较为通用的理论模型，在实际的参数计算与系统的优化设计中应用较为广泛。

2.3.1　串-串联谐振电路（S/S）互感模型

将传输线圈的两个绕组各自串联补偿电容，组成串-串联谐振式无线电能传输系统，其互感模型如图 2-8 所示。图中，C_1 是发射侧谐振补偿电容；R_1 是发射回路等效电阻；C_2 是接收侧的谐振补偿电容；R_2 是接收侧等效电阻；R_L 是负载电阻；u_1 是发射侧输入电压；u_2 是接收侧输出电压；L_1 和 L_2 分别是发射线圈和接收线圈自感；M 是互感。

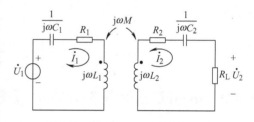

图 2-8　串-串联谐振式互感模型

图 2-8 的电路网孔方程为

$$\begin{cases} \dot{U}_1 = \left(R_1 + j\omega L_1 + \dfrac{1}{j\omega C_1} \right) \dot{I}_1 + j\omega M \dot{I}_2 \\ \dot{U}_2 = j\omega M \dot{I}_1 + \left(R_2 + j\omega L_2 + \dfrac{1}{j\omega C_2} \right) \dot{I}_2 = - R_L \dot{I}_2 \end{cases} \tag{2-24}$$

或写成如下形式：

$$\begin{cases} Z_{11} \dot{I}_1 + Z_M \dot{I}_2 = \dot{U}_1 \\ Z_M \dot{I}_1 + Z_{22} \dot{I}_2 = \dot{U}_2 \\ - R_L \dot{I}_2 = \dot{U}_2 \end{cases} \tag{2-25}$$

式中，$Z_{11} = R_1 + j\omega L_1 + \dfrac{1}{j\omega C_1}$；$Z_M = j\omega M$；$Z_{22} = R_2 + j\omega L_2 + \dfrac{1}{j\omega C_2}$。

当传输系统谐振时，有

$$\begin{cases} j\omega L_1 + \dfrac{1}{j\omega C_1} = 0 \\[2mm] j\omega L_2 + \dfrac{1}{j\omega C_2} = 0 \end{cases} \tag{2-26}$$

这样，式(2-24)可简化为

$$\begin{cases} \dot{U}_1 = R_1 \dot{I}_1 + j\omega M \dot{I}_2 \\[2mm] \dot{U}_2 = j\omega M \dot{I}_1 + R_2 \dot{I}_2 = -R_L \dot{I}_2 \end{cases} \tag{2-27}$$

由式(2-27)可解得输入回路等效阻抗为

$$Z_i = R_1 + Z_f \tag{2-28}$$

式中，$Z_f = \dfrac{\omega^2 M^2}{R_L + R_2}$ 为反射阻抗。电流传输比为

$$\frac{\dot{I}_2}{\dot{I}_1} = \frac{-j\omega M}{R_2 + R_L} \tag{2-29}$$

电压传输比为

$$\frac{\dot{U}_2}{\dot{U}_1} = \frac{j\omega M R_L}{(R_2 + R_L) R_1 + \omega^2 M^2} \tag{2-30}$$

传输效率为

$$\eta = \left| \frac{\dot{U}_2 \dot{I}_2}{\dot{U}_1 \dot{I}_1} \right| = \left| \frac{\omega^2 M^2 R_L}{(R_2 + R_L)\left[R_1 (R_2 + R_L) + \omega^2 M^2 \right]} \right| \tag{2-31}$$

2.3.2 串-并联谐振电路（S/P）互感模型

串-并联谐振电路是将发射线圈串联补偿电容，接收线圈并联补偿电容，其互感模型如图2-9所示。图中，C_1 是发射侧谐振补偿电容；R_1是发射回路等效电阻；C_2是接收侧的谐振补偿电容；R_2是接收侧等效电阻；R_L是负载电阻；u_1是发射侧输入电压；u_2是接收侧输出电压；L_1和 L_2分别是发射线圈和接收线圈自感；M是互感。

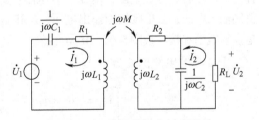

图2-9 串-并联谐振式互感模型

图2-9的电路网孔方程为

$$\begin{cases} \dot{U}_1 = \left(R_1 + j\omega L_1 + \dfrac{1}{j\omega C_1} \right) \dot{I}_1 + j\omega M \dot{I}_2 \\[4mm] \dot{U}_2 = j\omega M \dot{I}_1 + \dfrac{\dfrac{1}{j\omega C_2}(R_2 + j\omega L_2)}{\dfrac{1}{j\omega C_2} + R_2 + j\omega L_2} \dot{I}_2 \\[6mm] \dot{U}_2 = -R_L \dot{I}_2 \end{cases} \tag{2-32}$$

或写成如下形式：

$$\begin{cases} Z_{11}\dot{I}_1 + Z_M\dot{I}_2 = \dot{U}_1 \\ Z_M\dot{I}_1 + Z_{22}\dot{I}_2 = \dot{U}_2 \end{cases}$$
(2-33)

其中

$$\begin{cases} Z_{11} = R_1 + j\omega L_1 + \dfrac{1}{j\omega C_1} \\ Z_M = j\omega M \\ Z_{22} = \dfrac{\dfrac{1}{j\omega C_2}(R_2 + \omega L_2)}{\dfrac{1}{j\omega C_2} + R_2 + \omega L_2} = \dfrac{R_2 + j\omega L_2}{1 + j\omega C_2(R_2 + j\omega L_2)} \\ \quad = \dfrac{R_2}{(1 - \omega^2 L_2 C_2)^2 + (\omega C_2 R_2)^2} + \dfrac{j\omega[L_2(1 - \omega^2 L_2 C_2) - C_2 R_2^2]}{(1 - \omega^2 L_2 C_2)^2 + (\omega C_2 R_2)^2} \end{cases}$$
(2-34)

当传输系统谐振时，有

$$\begin{cases} j\omega L_1 + \dfrac{1}{j\omega C_1} = 0 \\ j\omega[L_2(1 - \omega^2 L_2 C_2) - C_2 R_2^2] = 0 \end{cases}$$
(2-35)

可解出 $\omega = \dfrac{1}{\sqrt{L_1 C_1}} = \dfrac{\sqrt{1 - C_2 R_2^2/L_2}}{\sqrt{L_2 C_2}}$，代入式（2-34）中可得 $Z_{22} = \dfrac{L_2}{C_2 R_2}$。这样式（2-32）可简化为

$$\begin{cases} \dot{U}_1 = R_1\dot{I}_1 + j\omega M\dot{I}_2 \\ \dot{U}_2 = j\omega M\dot{I}_1 + \dfrac{L_2}{R_2 C_2}\dot{I}_2 \\ \dot{U}_2 = -R_L\dot{I}_2 \end{cases}$$
(2-36)

由此，可解得输入回路等效电阻为

$$Z_i = R_1 + Z_f$$
(2-37)

式中，$Z_f = \dfrac{\omega^2 M^2}{R_L + \dfrac{L_2}{R_2 C_2}}$ 为反射阻抗。电流传输比为

$$\frac{\dot{I}_2}{\dot{I}_1} = \frac{-j\omega M}{R_L + \dfrac{L_2}{R_2 C_2}}$$
(2-38)

电压传输比为

$$\frac{\dot{U}_2}{\dot{U}_1} = \frac{j\omega M R_L}{\left(\dfrac{L_2}{R_2 C_2} + R_L\right)R_1 + \omega^2 M^2}$$
(2-39)

传输效率为

$$\eta = \left| \frac{\dot{U}_2 \, \dot{I}_2}{\dot{U}_1 \, \dot{I}_1} \right| = \left| \frac{\omega^2 M^2 R_{\mathrm{L}}}{\left(R_{\mathrm{L}} + \dfrac{L_2}{R_2 C_2}\right)\left[R_1\left(R_{\mathrm{L}} + \dfrac{L_2}{R_2 C_2}\right) + \omega^2 M^2\right]} \right| \tag{2-40}$$

2.3.3　并–串联谐振电路（P/S）互感模型

将发射线圈并联补偿电容，接收线圈串联补偿电容，组成并–串联谐振式无线电能传输系统，其互感模型如图 2-10 所示。图中，C_1 是发射侧谐振补偿电容；R_1 是发射回路等效电阻；C_2 是接收侧的谐振补偿电容；R_2 是接收侧等效电阻；R_{L} 是负载电阻；u_1 是发射侧输入电压；u_2 是接收侧输出电压；L_1 和 L_2 分别是发射线圈和接收线圈自感；M 是互感。

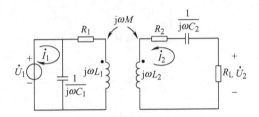

图 2-10　并–串联谐振式互感模型

参照串–并联谐振式互感模型推导方法，图 2-10 的电路网孔方程为

$$\begin{cases} \dot{U}_1 = \dfrac{\dfrac{1}{\mathrm{j}\omega C_1}(R_1 + \mathrm{j}\omega L_1)}{\dfrac{1}{\mathrm{j}\omega C_1} + R_1 + \mathrm{j}\omega L_1} \, \dot{I}_1 + \mathrm{j}\omega M \dot{I}_2 \\[4mm] \dot{U}_2 = \mathrm{j}\omega M \dot{I}_1 + \left(R_2 + \mathrm{j}\omega L_2 + \dfrac{1}{\mathrm{j}\omega C_2}\right)\dot{I}_2 = -R_{\mathrm{L}} \dot{I}_2 \end{cases} \tag{2-41}$$

或写成如下形式：

$$\begin{cases} Z_{11} \dot{I}_1 + Z_{\mathrm{M}} \dot{I}_2 = \dot{U}_1 \\[2mm] Z_{\mathrm{M}} \dot{I}_1 + Z_{22} \dot{I}_2 = \dot{U}_2 \end{cases} \tag{2-42}$$

其中

$$\begin{cases} Z_{11} = \dfrac{R_1}{(1 - \omega^2 L_1 C_1)^2 + (\omega C_1 R_1)^2} + \dfrac{\mathrm{j}\omega\left[L_1(1 - \omega^2 L_1 C_1) - C_1 R_1^2\right]}{(1 - \omega^2 L_1 C_1)^2 + (\omega C_1 R_1)^2} \\[4mm] Z_{\mathrm{M}} = \mathrm{j}\omega M \\[2mm] Z_{22} = R_2 + \mathrm{j}\omega L_2 + \dfrac{1}{\mathrm{j}\omega C_2} \end{cases} \tag{2-43}$$

当传输系统谐振时，有

$$\begin{cases} \mathrm{j}\omega\left[L_1(1 - \omega^2 L_1 C_1) - C_1 R_1^2\right] = 0 \\[2mm] \mathrm{j}\omega L_2 + \dfrac{1}{\mathrm{j}\omega C_2} = 0 \end{cases} \tag{2-44}$$

可解出 $\omega = \dfrac{1}{\sqrt{L_2 C_2}} = \dfrac{\sqrt{1 - C_1 R_1^2 / L_1}}{\sqrt{L_1 C_1}}$，代入式（2-43）可得 $Z_{11} = \dfrac{L_1}{C_1 R_1}$。式（2-41）简化为

$$\begin{cases} \dot{U}_1 = \dfrac{L_1}{R_1 C_1} \dot{I}_1 + j\omega M \dot{I}_2 \\[3mm] \dot{U}_2 = j\omega M \dot{I}_1 + R_2 \dot{I}_2 = -R_L \dot{I}_2 \end{cases} \tag{2-45}$$

由此可解得输入回路等效电阻为

$$Z_i = \frac{L_1}{R_1 C_1} + Z_f \tag{2-46}$$

式中，$Z_f = \dfrac{\omega^2 M^2}{R_2 + R_L}$ 为反射阻抗。电流传输比为

$$\frac{\dot{I}_2}{\dot{I}_1} = \frac{-j\omega M}{R_L + R_2} \tag{2-47}$$

电压传输比为

$$\frac{\dot{U}_2}{\dot{U}_1} = \frac{j\omega M R_L}{\dfrac{L_1}{R_1 C_1}(R_2 + R_L) + \omega^2 M^2} \tag{2-48}$$

传输效率为

$$\eta = \left| \frac{\dot{U}_2}{\dot{U}_1} \frac{\dot{I}_2}{\dot{I}_1} \right| = \left| \frac{\omega^2 M^2 R_L}{(R_L + R_2)\left[\dfrac{L_1}{R_1 C_1}(R_2 + R_L) + \omega^2 M^2 \right]} \right| \tag{2-49}$$

2.3.4 并–并联谐振电路（P/P）互感模型

将发射线圈和接收线圈同时并联补偿电容，组成并–并联谐振式无线电能传输系统，其互感模型如图 2-11 所示。图中，C_1 是发射侧谐振补偿电容；R_1 是发射回路等效电阻；C_2 是接收侧谐振补偿电容；R_2 是接收侧等效电阻；R_L 是负载电阻；u_1 是发射侧输入电压；u_2 是接收侧输出电压；L_1 和 L_2 分别是发射线圈和接收线圈自感；M 是互感。

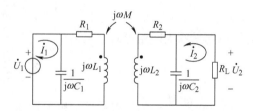

图 2-11　并–并联谐振式互感模型

参照串–并联和并–串联谐振式互感模型推导方法，图 2-11 的电路网孔方程为

$$\begin{cases} \dot{U}_1 = \dfrac{\dfrac{1}{j\omega C_1}(R_1 + j\omega L_1)}{\dfrac{1}{j\omega C_1} + R_1 + j\omega L_1} \dot{I}_1 + j\omega M \dot{I}_2 \\[6mm] \dot{U}_2 = j\omega M \dot{I}_1 + \dfrac{\dfrac{1}{j\omega C_2}(R_2 + j\omega L_2)}{\dfrac{1}{j\omega C_2} + R_2 + j\omega L_2} \dot{I}_2 \\[6mm] \dot{U}_2 = -R_L \dot{I}_2 \end{cases} \tag{2-50}$$

或写成如下形式：

$$
\begin{cases}
Z_{11}\,\dot{I}_1 + Z_M\,\dot{I}_2 = \dot{U}_1 \\
Z_M\,\dot{I}_1 + Z_{22}\,\dot{I}_2 = \dot{U}_2
\end{cases}
\tag{2-51}
$$

其中

$$
\begin{cases}
Z_{11} = \dfrac{R_1}{(1-\omega^2 L_1 C_1)^2 + (\omega C_1 R_1)^2} + \dfrac{j\omega\left[L_1(1-\omega^2 L_1 C_1) - C_1 R_1^2\right]}{(1-\omega^2 L_1 C_1)^2 + (\omega C_1 R_1)^2} \\
Z_M = j\omega M \\
Z_{22} = \dfrac{R_2}{(1-\omega^2 L_2 C_2)^2 + (\omega C_2 R_2)^2} + \dfrac{j\omega\left[L_2(1-\omega^2 L_2 C_2) - C_2 R_2^2\right]}{(1-\omega^2 L_2 C_2)^2 + (\omega C_2 R_2)^2}
\end{cases}
\tag{2-52}
$$

当传输系统谐振时，有

$$
\begin{cases}
j\omega\left[L_1(1-\omega^2 L_1 C_1) - C_1 R_1^2\right] = 0 \\
j\omega\left[L_2(1-\omega^2 L_2 C_2) - C_2 R_2^2\right] = 0
\end{cases}
\tag{2-53}
$$

由式（2-53）可解出 $\omega = \dfrac{\sqrt{1-\dfrac{C_2 R_2^2}{L_2}}}{\sqrt{L_2 C_2}} = \dfrac{\sqrt{1-\dfrac{C_1 R_1^2}{L_1}}}{\sqrt{L_1 C_1}}$，代入式（2-52）可得 $Z_{11} = \dfrac{L_1}{C_1 R_1}$，

$Z_{22} = \dfrac{L_2}{C_2 R_2}$。这样，式（2-50）简化为

$$
\begin{cases}
\dot{U}_1 = \dfrac{L_1}{R_1 C_1}\,\dot{I}_1 + j\omega M\,\dot{I}_2 \\
\dot{U}_2 = j\omega M\,\dot{I}_1 + \dfrac{L_2}{R_2 C_2}\,\dot{I}_2 = -R_L\,\dot{I}_2
\end{cases}
\tag{2-54}
$$

由此，可解得输入回路等效电阻为

$$
Z_i = \dfrac{L_1}{R_1 C_1} + Z_f
\tag{2-55}
$$

式中，$Z_f = \dfrac{\omega^2 M^2}{\dfrac{L_2}{R_2 C_2} + R_L}$ 为反射阻抗。电流传输比为

$$
\dfrac{\dot{I}_2}{\dot{I}_1} = \dfrac{-j\omega M}{R_L + \dfrac{L_2}{R_2 C_2}}
\tag{2-56}
$$

电压传输比为

$$
\dfrac{\dot{U}_2}{\dot{U}_1} = \dfrac{j\omega M R_L}{\dfrac{L_1}{R_1 C_1}\left(\dfrac{L_2}{R_2 C_2} + R_L\right) + \omega^2 M^2}
\tag{2-57}
$$

传输效率为

$$
\eta = \left|\dfrac{\dot{U}_2\,\dot{I}_2}{\dot{U}_1\,\dot{I}_1}\right| = \left|\dfrac{\omega^2 M^2 R_L}{\left(R_L + \dfrac{L_2}{R_2 C_2}\right)\left[\dfrac{L_1}{R_1 C_1}\left(\dfrac{L_2}{R_2 C_2} + R_L\right) + \omega^2 M^2\right]}\right|
\tag{2-58}
$$

比较以上四种补偿电路，电压型串-串联谐振式在负载阻值较小时更容易达到最大功率输出状态，电压型串-并联谐振式具有恒压输出特性，且不受负载与耦合系数的影响。串-串联谐振式传输效率主要和传输线圈内阻有关，如果没有传输线圈内阻，传输效率为100%。实际上，在线圈参数和距离一定的条件下，对式(2-31)求导，可得传输效率最大的条件为 $\dfrac{R_1(R_L^2 - R_2^2)}{R_2} = \omega^2 M^2$，如果 $R_1 = R_2 = R_0$，有 $(R_L^2 - R_0^2) = \omega^2 M^2$，即当负载 R_L 接近 ωM 时，传输效率最高。串-并联、并-串联、并-并联谐振式传输效率除了和传输线圈内阻有关，还和传输线圈的电感和补偿电容有关。由于 $\dfrac{L_2}{R_2 C_2} > R_2$，$\dfrac{L_1}{R_1 C_1} > R_1$，式(2-40)、式(2-49) 和式(2-58)得到的传输效率比串-串联谐振效率的式(2-31) 都要低。

2.3.5 LCL - LCL 谐振电路互感模型

通常情况下，为了得到更优的系统传输性能，传输线圈与补偿电容采用复合拓扑结构。

在串-串联补偿谐振中，当传输线圈的互感降低时，接收回路的反射阻抗也会减小，发射回路的谐振电流将随之增大。在没有接收线圈的极限情况下，发射回路的谐振电流将增大到无穷大。当然在实际中还存在谐振回路的内阻，主要是发射线圈内阻，谐振回路电流由输入电压和谐振回路的内阻决定，但依然会造成谐振回路过电流的情况。当发射侧采用 LCL 谐振补偿时，发射侧谐振回路表现出恒流特性，不随系统耦合程度及接收侧参数的变化而变化；当接收侧采用 LCL 谐振补偿时，接收侧负载中的电流保持恒定，这可应用于电池性负载的恒流充电中。

在发射侧并联谐振补偿的基础上加入附加谐振电感，组成 LCL - LCL 共振式无线电能传输系统，其互感模型如图2-12所示。图中 C_1 是发射侧谐振补偿电容，R_1 是发射回路等效电阻，L_{f1} 是发射侧附加谐振电感，R_{f1} 是发射侧附加谐振电感内阻，C_2 是接收侧的谐振补偿电容，R_2 是接收侧等效电阻，L_{f2} 是接收侧附加谐振电感，R_{f2} 是接收侧附加谐振电感内阻，R_L 是负载电阻，u_1 是发射侧输入电压，u_2 是接收侧输出电压，L_1、L_2 分别是发射线圈和接收线圈自感，M 是互感。

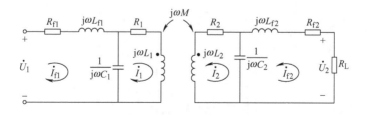

图 2-12 LCL - LCL 谐振式互感模型

当 $L_{f1} = L_1$、$L_{f2} = L_2$ 时，在完全谐振的情况下，有

$$\omega = \frac{1}{\sqrt{L_1 C_1}} = \frac{1}{\sqrt{L_{f1} C_1}} = \frac{1}{\sqrt{L_2 C_2}} = \frac{1}{\sqrt{L_{f2} C_2}} \tag{2-59}$$

参照并-并联谐振式互感模型推导方法，图2-12的电路网孔方程为

$$\begin{cases} \dot{U}_1 = (R_{f1} + j\omega L_{f1})\,\dot{I}_{f1} + (R_1 + j\omega L_1)\,\dot{I}_1 + j\omega M\,\dot{I}_2 \\[2mm] (R_1 + j\omega L_1)\,\dot{I}_1 + j\omega M\,\dot{I}_2 = \dfrac{1}{j\omega C_1}(\,\dot{I}_{f1} - \dot{I}_1) \\[2mm] \dot{U}_2 = (R_{f2} + j\omega L_{f2})\,\dot{I}_{f2} + (R_2 + j\omega L_2)\,\dot{I}_2 + j\omega M\,\dot{I}_1 \\[2mm] (R_2 + j\omega L_2)\,\dot{I}_2 + j\omega M\,\dot{I}_1 = \dfrac{1}{j\omega C_2}(\,\dot{I}_{f2} - \dot{I}_2) \\[2mm] \dot{U}_2 = -R_L\,\dot{I}_{f2} \end{cases} \tag{2-60}$$

由式（2-60）解出

$$\begin{cases} \dot{U}_1 = R_{f1}\,\dot{I}_{f1} - \dfrac{1}{j\omega C_1}\,\dot{I}_1 + \left(j\omega L_{f1} + \dfrac{1}{j\omega C_1}\right)\dot{I}_{f1} \\[3mm] \dot{U}_2 = R_{f2}\,\dot{I}_{f2} - \dfrac{1}{j\omega C_2}\,\dot{I}_2 + \left(j\omega L_{f2} + \dfrac{1}{j\omega C_2}\right)\dot{I}_{f2} \\[3mm] R_1\,\dot{I}_1 + \left(j\omega L_1 + \dfrac{1}{j\omega C_1}\right)\dot{I}_1 + j\omega M\,\dot{I}_2 = \dfrac{1}{j\omega C_1}\,\dot{I}_{f1} \\[3mm] R_2\,\dot{I}_2 + \left(j\omega L_2 + \dfrac{1}{j\omega C_2}\right)\dot{I}_2 + j\omega M\,\dot{I}_1 = \dfrac{1}{j\omega C_2}\,\dot{I}_{f2} \end{cases} \tag{2-61}$$

当 $L_{f1}C_1$ 和 $L_{f2}C_2$ L_{f1} 及 L_1C_1 和 L_2C_2 完全谐振时，有

$$\begin{cases} j\omega L_{f1} + \dfrac{1}{j\omega C_1} = 0 \\[3mm] j\omega L_{f2} + \dfrac{1}{j\omega C_2} = 0 \\[3mm] j\omega L_1 + \dfrac{1}{j\omega C_1} = 0 \\[3mm] j\omega L_2 + \dfrac{1}{j\omega C_2} = 0 \end{cases} \tag{2-62}$$

这样，式（2-61）可写为

$$\begin{cases} \dot{U}_1 = R_{f1}\,\dot{I}_{f1} - \dfrac{1}{j\omega C_1}\,\dot{I}_1 \\[3mm] \dot{U}_2 = R_{f2}\,\dot{I}_{f2} - \dfrac{1}{j\omega C_2}\,\dot{I}_2 \\[3mm] R_1\,\dot{I}_1 + j\omega M\,\dot{I}_2 = \dfrac{1}{j\omega C_1}\,\dot{I}_{f1} \\[3mm] R_2\,\dot{I}_2 + j\omega M\,\dot{I}_1 = \dfrac{1}{j\omega C_2}\,\dot{I}_{f2} \end{cases} \tag{2-63}$$

如果忽略发射侧附加谐振电感内阻 R_{f1}、发射回路等效电阻 R_1、接收侧附加谐振电感内阻 R_{f2}、接收回路等效电阻 R_2，式（2-63）可写为

$$\begin{cases} \dot{U}_1 = -\dfrac{1}{\mathrm{j}\omega C_1}\dot{I}_1 = \mathrm{j}\omega L_1\dot{I}_1 \\[2mm] \dot{U}_2 = -\dfrac{1}{\mathrm{j}\omega C_2}\dot{I}_2 = \mathrm{j}\omega L_2\dot{I}_2 \\[2mm] \mathrm{j}\omega M\dot{I}_2 = \dfrac{1}{\mathrm{j}\omega C_1}\dot{I}_{f1} = -\mathrm{j}\omega L_1\dot{I}_{f1} \\[2mm] \mathrm{j}\omega M\dot{I}_1 = \dfrac{1}{\mathrm{j}\omega C_2}\dot{I}_{f2} = -\mathrm{j}\omega L_2\dot{I}_{f2} \end{cases} \tag{2-64}$$

式（2-64）还可写为

$$\begin{cases} \dot{I}_1 = \dfrac{\dot{U}_1}{\mathrm{j}\omega L_1} \\[2mm] \dot{I}_2 = \dfrac{\dot{U}_2}{\mathrm{j}\omega L_2} \\[2mm] \dot{I}_{f1} = -\dfrac{M\dot{U}_2}{\mathrm{j}\omega L_1 L_2} \\[2mm] \dot{I}_{f2} = -\dfrac{M\dot{U}_1}{\mathrm{j}\omega L_1 L_2} \end{cases} \tag{2-65}$$

由式（2-60）和（2-65）可解得

$$\dot{U}_2 = -R_{\mathrm{L}}\dot{I}_{f2} = -\dfrac{\mathrm{j}\omega L_1 L_2}{M}\dot{I}_{f1} \tag{2-66}$$

解得电流传输比

$$\dfrac{\dot{I}_{f2}}{\dot{I}_{f1}} = \dfrac{\mathrm{j}\omega L_1 L_2}{MR_{\mathrm{L}}} \tag{2-67}$$

解得电压传输比

$$\dfrac{\dot{U}_2}{\dot{U}_1} = \dfrac{MR_{\mathrm{L}}}{\mathrm{j}\omega L_1 L_2} \tag{2-68}$$

解得发射侧输入电阻 R_{i} 为

$$R_{\mathrm{i}} = \dfrac{\dot{U}_1}{\dot{I}_{f1}} = \dfrac{\omega^2 L_1^2 L_2^2}{M^2 R_{\mathrm{L}}} \tag{2-69}$$

系统的传输功率为

$$P = \mathrm{Re}\left[\dot{U}_1\dot{I}_{f1}^*\right] = -\dfrac{MU_1 U_2}{\omega L_1 L_2}\sin\theta \tag{2-70}$$

当 $\dot{U}_2$ 滞后于 $\dot{U}_1$ 时，功率为正向传输。最大传输功率为

$$\left| P_{\max} \right| = \dfrac{MU_1 U_2}{\omega L_1 L_2} \tag{2-71}$$

由式(2-65) 可以看出，由于线圈电流只与本侧的激励电压有关，表现为独立电流源特性，因此在互感 M 降低乃至另一侧完全消失的情况下，线圈电流都将维持不变。而发射侧输入电流 $\dot{I}_{f1}$ 和接收侧输出电流 $\dot{I}_{f2}$ 则随互感 M 的降低而减小，这是 LCL 结构优于串–串谐振结构的一个重要特征，但和串–串谐振结构传输线圈相同参数条件下，LCL 结构的最大传输功率会大大降低。此外，LCL 结构还存在着直流磁化的问题，当激励电压中包含微弱直流分量时会导致直流偏置电流的累积。

另外，由式(2-65) 和 (2-68) 可以解得

$$\frac{\dot{I}_2}{\dot{I}_1} = \frac{\dot{U}_2}{\mathrm{j}\omega L_2}\frac{\mathrm{j}\omega L_1}{\dot{U}_1} = \frac{\dot{U}_2 L_1}{\dot{U}_1 L_2} = \frac{M R_L}{\mathrm{j}\omega L_2^2} \tag{2-72}$$

在式(2-60) 中的发射线圈回路方程，忽略电阻 R_1 可得

$$\mathrm{j}\omega L_1 \dot{I}_1 + \mathrm{j}\omega M \dot{I}_2 = \dot{U}_{C1} \tag{2-73}$$

由式(2-72) 和式(2-73) 可以解得发射线圈回路等效阻抗

$$Z_{1i} = \frac{\dot{U}_{C1}}{\dot{I}_1} = \mathrm{j}\omega L_1 + R_{1f} = \mathrm{j}\omega L_1 + \frac{R_L M^2}{L_2^2} \tag{2-74}$$

发射线圈回路等效反射电阻

$$R_{1f} = \frac{R_L M^2}{L_2^2} \tag{2-75}$$

2.3.6 LCC – LCC 谐振电路互感模型

在 LCL – LCL 发射侧发射线圈支路上串入隔直电容 C_{p1}，接收线圈支路上串入隔直电容 C_{p2}，组成 LCC – LCC 共振式无线电能传输系统，其互感模型如图 2-13 所示。

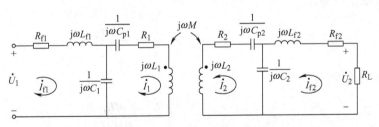

图中，L_{f1} 是发射侧附加谐振电感；R_{f1} 是发射侧附加谐振电感内阻；C_1 是发射侧

图 2-13 LCC – LCC 谐振式互感模型

谐振补偿电容；R_1 是发射回路等效电阻；C_{p1} 是发射侧隔直电容；C_2 是接收侧的谐振补偿电容；R_2 是接收侧等效电阻；C_{p2} 是发射侧隔直电容；L_{f2} 是接收侧附加谐振电感；R_{f2} 是接收侧附加谐振电感内阻；R_L 是负载电阻；u_1 是发射侧输入电压；u_2 是接收侧输出电压，L_1 和 L_2 分别是发射线圈和接收线圈自感；M 是互感。隔直电容 C_{p1} 和 C_{p2} 参与谐振，使得传输线圈电感与隔直电容串联之后等效于 LCL 拓扑中的线圈电感，即

$$\begin{cases} \omega L_1 - \dfrac{1}{\omega C_{p1}} = \dfrac{1}{\omega C_1} = \omega L_{f1} \\[3mm] \omega L_2 - \dfrac{1}{\omega C_{p2}} = \dfrac{1}{\omega C_2} = \omega L_{f2} \end{cases} \tag{2-76}$$

按照式（2-76）选择电路参数，可将图 2-13 简化为图 2-14。

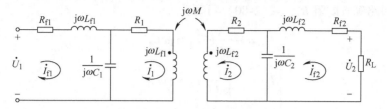

图 2-14　LCC – LCC 谐振式简化互感模型

参照互感模型推导方法，图 2-14 的电路网孔方程为

$$
\begin{cases}
\dot{U}_1 = (R_{f1} + j\omega L_{f1})\,\dot{I}_{f1} + (R_1 + j\omega L_{f1})\,\dot{I}_1 + j\omega M\,\dot{I}_2 \\[2mm]
(R_1 + j\omega L_{f1})\,\dot{I}_1 + j\omega M\,\dot{I}_2 = \dfrac{1}{j\omega C_1}(\,\dot{I}_{f1} - \dot{I}_1) \\[3mm]
\dot{U}_2 = (R_{f2} + j\omega L_{f2})\,\dot{I}_{f2} + (R_2 + j\omega L_{f2})\,\dot{I}_2 + j\omega M\,\dot{I}_1 \\[2mm]
(R_2 + j\omega L_{f2})\,\dot{I}_2 + j\omega M\,\dot{I}_1 = \dfrac{1}{j\omega C_2}(\,\dot{I}_{f2} - \dot{I}_2) \\[3mm]
\dot{U}_2 = -R_L\,\dot{I}_{f2}
\end{cases}
\tag{2-77}
$$

由式（2-77）可解出

$$
\begin{cases}
\dot{U}_1 = R_{f1}\,\dot{I}_{f1} - \dfrac{1}{j\omega C_1}\,\dot{I}_1 + \left(j\omega L_{f1} + \dfrac{1}{j\omega C_1}\right)\dot{I}_{f1} \\[3mm]
\dot{U}_2 = R_{f2}\,\dot{I}_{f2} - \dfrac{1}{j\omega C_2}\,\dot{I}_2 + \left(j\omega L_{f2} + \dfrac{1}{j\omega C_2}\right)\dot{I}_{f2} \\[3mm]
R_1\,\dot{I}_1 + \left(j\omega L_{f1} + \dfrac{1}{j\omega C_1}\right)\dot{I}_1 + j\omega M\,\dot{I}_2 = \dfrac{1}{j\omega C_1}\,\dot{I}_{f1} \\[3mm]
R_2\,\dot{I}_2 + \left(j\omega L_{f2} + \dfrac{1}{j\omega C_2}\right)\dot{I}_2 + j\omega M\,\dot{I}_1 = \dfrac{1}{j\omega C_2}\,\dot{I}_{f2}
\end{cases}
\tag{2-78}
$$

当 $L_{f1}C_1$ 和 $L_{f2}C_2L_{f1}$ 完全谐振时

$$
\begin{cases}
j\omega L_{f1} + \dfrac{1}{j\omega C_1} = 0 \\[3mm]
j\omega L_{f2} + \dfrac{1}{j\omega C_2} = 0
\end{cases}
\tag{2-79}
$$

式（2-78）可写为

$$
\begin{cases}
\dot{U}_1 = R_{f1}\,\dot{I}_{f1} - \dfrac{1}{j\omega C_1}\,\dot{I}_1 \\[3mm]
\dot{U}_2 = R_{f2}\,\dot{I}_{f2} - \dfrac{1}{j\omega C_2}\,\dot{I}_2 \\[3mm]
R_1\,\dot{I}_1 + j\omega M\,\dot{I}_2 = \dfrac{1}{j\omega C_1}\,\dot{I}_{f1} \\[3mm]
R_2\,\dot{I}_2 + j\omega M\,\dot{I}_1 = \dfrac{1}{j\omega C_2}\,\dot{I}_{f2}
\end{cases}
\tag{2-80}
$$

如果忽略发射侧附加谐振电感内阻 R_{f1}、发射回路等效电阻 R_1、接收侧附加谐振电感内阻 R_{f2}、接收回路等效电阻 R_2，式(2-80) 可写为

$$\begin{cases} \dot{U}_1 = -\dfrac{1}{j\omega C_1}\dot{I}_1 = j\omega L_{f1}\dot{I}_1 \\[2mm] \dot{U}_2 = -\dfrac{1}{j\omega C_2}\dot{I}_2 = j\omega L_{f2}\dot{I}_2 \\[2mm] j\omega M\dot{I}_2 = \dfrac{1}{j\omega C_1}\dot{I}_{f1} = -j\omega L_{f1}\dot{I}_{f1} \\[2mm] j\omega M\dot{I}_1 = \dfrac{1}{j\omega C_2}\dot{I}_{f2} = -j\omega L_{f2}\dot{I}_{f2} \end{cases} \qquad (2\text{-}81)$$

式(2-81) 还可写为

$$\begin{cases} \dot{I}_1 = \dfrac{\dot{U}_1}{j\omega L_{f1}} \\[2mm] \dot{I}_2 = \dfrac{\dot{U}_2}{j\omega L_{f2}} \\[2mm] \dot{I}_{f1} = -\dfrac{M\dot{U}_2}{j\omega L_{f1}L_{f2}} \\[2mm] \dot{I}_{f2} = -\dfrac{M\dot{U}_1}{j\omega L_{f1}L_{f2}} \end{cases} \qquad (2\text{-}82)$$

由式(2-77) 和 (2-82) 可得

$$\dot{U}_2 = -R_L\dot{I}_{f2} = -\frac{j\omega L_{f1}L_{f2}}{M}\dot{I}_{f1} \qquad (2\text{-}83)$$

解得电流传输比

$$\frac{\dot{I}_{f2}}{\dot{I}_{f1}} = \frac{j\omega L_{f1}L_{f2}}{MR_L} \qquad (2\text{-}84)$$

由式(2-82) 和式(2-83) 解得电压传输比

$$\frac{\dot{U}_2}{\dot{U}_1} = \frac{MR_L}{j\omega L_{f1}L_{f2}} \qquad (2\text{-}85)$$

解得发射侧输入电阻 R_i 为

$$R_i = \frac{\dot{U}_1}{\dot{I}_{f1}} = \frac{\omega^2 L_{f1}^2 L_{f2}^2}{M^2 R_L} \qquad (2\text{-}86)$$

由式(2-76) 可知，$L_1' = \left(\omega L_1 - \dfrac{1}{\omega C_{p1}}\right)\Big/\omega = L_{f1} < L_1$，$L_2' = \left(\omega L_2 - \dfrac{1}{\omega C_{p2}}\right)\Big/\omega = L_{f2} < L_2$，因此，可以在保持传输线圈电感和互感不变的情况下，增加最大传输功率。系统的传输功率为

$$P = \mathrm{Re}\left[\dot{U}_1\dot{I}_{f1}^*\right] = -\frac{MU_1U_2}{\omega L_{f1}L_{f2}}\sin\theta \qquad (2\text{-}87)$$

当 $\dot{U}_2$ 滞后于 $\dot{U}_1$ 功率正向传输时，最大传输功率为

$$|P_{\max}| = \frac{MU_1U_2}{\omega L_{f1}L_{f2}} \tag{2-88}$$

另外，由式（2-82）和（2-85）可以解得

$$\frac{\dot{I}_2}{\dot{I}_1} = \frac{\dot{U}_2}{j\omega L_2}\frac{j\omega L_1}{\dot{U}_1} = \frac{\dot{U}_2 L_{f1}}{\dot{U}_1 L_{f2}} = \frac{MR_L}{j\omega L_{f2}^2} \tag{2-89}$$

由式（2-77）中发射线圈回路，忽略电阻 R_1 可得

$$j\omega L_{f1}\dot{I}_1 + j\omega M \dot{I}_2 = \dot{U}_{C1} \tag{2-90}$$

由式（2-89）和（2-90）可以解得发射线圈回路等效阻抗

$$Z_{1i} = \frac{\dot{U}_{C1}}{\dot{I}_1} = j\omega L_{f1} + R_{1f} = j\omega L_{f1} + \frac{R_L M^2}{L_{f2}^2} \tag{2-91}$$

发射线圈回路等效反射电阻

$$R_{1f} = \frac{R_L M^2}{L_{f2}^2} \tag{2-92}$$

2.4 磁耦合谐振器传输线圈的设计

磁耦合谐振器设计内容包括传输线圈设计与补偿电容选择。在电磁共振式无线充电系统应用中，无线电能传输距离相对比较近，传输线圈一般采用平面螺旋线圈。平面螺旋线圈相当于将圆柱形螺旋线圈压扁，为了把高度降到最低，采用平面方式绕制。在外形上，平面螺旋线圈分成圆形平面螺旋线圈、矩形平面螺旋线圈和矩形圆角平面螺旋线圈等，在结构上分成无磁心平面螺旋线圈和有磁心平面螺旋线圈结构形式。

2.4.1 无磁心平面螺旋线圈结构形式

平面传输线圈结构根据传输距离有四线圈结构、两线圈结构、中继线圈结构、多线圈结构等形式。

1. 平面螺旋两线圈结构

为了缩小安装空间，平面螺旋传输线圈一般采用两线圈结构。圆形和矩形平面螺旋线圈两线圈结构如图 2-15 所示，其中，图 2-15a 是圆形平面螺旋两线圈，图 2-15b 是矩形平面螺旋两线圈，图 2-15c 是矩形圆角平面螺旋两线圈。

平面线圈的厚度很薄，几乎等于铺设的导线厚度，适合放置于便携式电子设备以及电动汽车的无线充电装置中。

当圆形平面螺旋线圈的直径等于矩形平面螺旋线圈的平均边长时，两者安装尺寸相似，而此时矩形平面螺旋线圈面积是圆形平面螺旋线圈的面积的 $4/\pi$ 倍，因此在大多数场合一般都采用矩形平面螺旋线圈。矩形圆角平面螺旋线圈是在矩形平面螺旋线圈的基础上，在每一匝线圈的转角处采用圆形结构，这样可以增加磁通量，而且可以减少边缘漏磁。

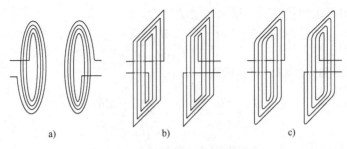

a)　　　　　　　　　b)　　　　　　　　　c)

图 2-15　平面螺旋两线圈结构

平面螺旋两线圈结构磁场分布如图 2-16 所示。

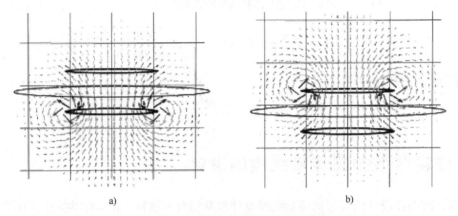

a)　　　　　　　　　　　　　　　　　b)

图 2-16　平面螺旋两线圈结构磁场分布

图 2-16a 为发射线圈在谐振电流的作用下产生的磁场分布图，即发射线圈产生的三维磁通密度分布图，图 2-16b 为接收线圈在发射线圈产生的交变磁场作用下生成谐振电流后产生的磁场分布图，即接收线圈产生的三维磁通密度分布图。

当平面传输线圈的传输距离为平面圆形线圈的半径长度或矩形平面线圈边长的 1/2 长度时，传输效率相对最高。

2. 平面螺旋中继线圈结构

磁耦合谐振式两线圈结构的无线电能传输距离和传输性能受到限制，加入中继线圈是增加传输距离，提升传输性能的一种有效的方法，如图 2-17 所示。

加入中继线圈就是在原来的两线圈基础之上，增加发射线圈和接收线圈之间的电能传输距离。中继线圈一般放置在发射线圈和接收线圈的中间位置，且三线圈的位置处于同轴平行。中继线圈回路同样加补偿电容，谐

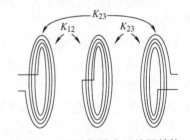

图 2-17　平面螺旋中继线圈结构

振频率与发射线圈和接收线圈保持一致，即三个线圈谐振回路都处在谐振状态。中继线圈不含有负载，只在寄生电阻上损耗一些能量。中继线圈只是作为能量传输的一个中转站，从发射线圈发出的交变磁场耦合到中继线圈上，然后中继线圈与接收线圈之间产生磁场耦合，并将能量传递给接收线圈，再经过变换电路提供给负载。

3. 平面螺旋多线圈结构

在实际使用中，往往需要一个发射线圈供给多个接收线圈或多个接收线圈供给一个发射线圈。图 2-18 是连续无线供电的电动车实时运行电磁共振式无线电能传输系统。电动车运行到如图 2-18 所示的瞬间，车载接收线圈 a2 接收来自地面发射线圈 b2 的电能，而车载接收线圈 a1 同时接收来自地面发射线圈 b1 和 b2 的电能，车载接收线圈 a3 同时接收来自地面发射线圈 b2 和 b3 的电能，这样 b2

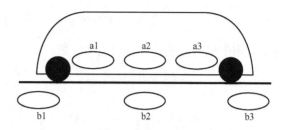

图 2-18　平面螺旋多线圈结构

发射线圈同时对车载接收线圈 a1 和 a3 传输电能。在图 2-18 所示的系统中，同时具备了一个发射线圈供给两个接收线圈和一个接收线圈接收多个发射线圈的功能。

2.4.2　无磁心平面螺旋线圈参数计算

无磁心平面传输线圈的主要参数有线圈自感 L、互感 M 和线圈内阻等，对两圆形平面螺旋线圈的互感系数 M，可以根据电磁场理论进行计算。根据互感和自感定义，有

$$
\begin{cases}
L_1 = \dfrac{N_1 \Phi_{11}}{i_1} \qquad L_2 = \dfrac{N_2 \Phi_{22}}{i_2} \\[3mm]
M_{21} = \dfrac{N_2 \Phi_{21}}{i_1} \qquad M_{12} = \dfrac{N_1 \Phi_{12}}{i_2}
\end{cases}
\tag{2-93}
$$

式中，N_1 和 N_2 分别是发射线圈和接收线圈的匝数；磁通 Φ_{11} 由发射线圈电流 i_1 产生；Φ_{22} 由接收线圈电流 i_2 产生。自感包括了漏感和励磁电感，而互感 $M_{21} = M_{12} = M$，如果两线圈匝数相等，即 $N_1 = N_2$，则有

$$
\frac{i_2}{i_1} = \frac{\Phi_{12}}{\Phi_{21}}
\tag{2-94}
$$

螺旋线圈参数计算基础是轴向螺旋线圈参数计算方法。下面介绍轴向螺旋线圈参数计算和平面螺旋线圈参数计算方法。

1. 轴向螺旋线圈参数计算

1）轴向螺旋线圈的互感计算

两个单匝线圈共轴且相互平行，半径分别为 r_1 和 r_2，距离为 h，由电磁场理论应用诺依曼公式得到计算公式

$$
M = \mu_0 \sqrt{r_1 r_2} f(k)
\tag{2-95}
$$

其中

$$
f(k) = \left(\frac{2}{k} - k \right) K(k) - \frac{2}{k} E(k)
\tag{2-96}
$$

$$
k = 2 \sqrt{\frac{r_1 r_2}{h^2 + (r_1 + r_2)^2}}
\tag{2-97}
$$

$K(k)$ 和 $E(k)$ 分别为第一类和第二类椭圆积分，它们分别等于

$$K(k) = \int_0^{\frac{\pi}{2}} \frac{\mathrm{d}\alpha}{\sqrt{1 - k^2 \cos^2\alpha}} \tag{2-98}$$

$$E(k) = \int_0^{\frac{\pi}{2}} \sqrt{1 - k^2 \sin^2\alpha}\, \mathrm{d}\alpha \tag{2-99}$$

在实际应用中也可以展开成下列无穷级数:

$$K(k) = \frac{\pi}{2}\left[1 + \left(\frac{1}{2}\right)^2 k^2 + \left(\frac{1 \cdot 3}{2 \cdot 4}\right)^2 k^4 + \left(\frac{1 \cdot 3 \cdot 5}{2 \cdot 4 \cdot 6}\right)^2 k^6 + \cdots\right] \tag{2-100}$$

$$E(k) = \frac{\pi}{2}\left[1 - \left(\frac{1}{2}\right)^2 k^2 - \left(\frac{1 \cdot 3}{2 \cdot 4}\right)^2 \frac{k^4}{3} - \left(\frac{1 \cdot 3 \cdot 5}{2 \cdot 4 \cdot 6}\right)^2 \frac{k^6}{5} - \cdots\right] \tag{2-101}$$

由式(2-95) 和式 (2-97) 可以看出,互感 M 和线圈半径及两线圈间的距离有关。

当多匝轴向发射线圈与平面接收线圈同轴放置时,发射线圈和接收线圈之间的互感近似为

$$M = \frac{\pi\mu_0 n_1 n_2 r_1^2 r_2^2}{2\left(d^2 + r_1^2\right)^{\frac{3}{2}}} \quad (r_1 \geqslant r_2) \tag{2-102}$$

式中,r_1 和 r_2 为发射线圈和接收线圈的平均半径;d 为发射线圈与接收线圈之间的距离。当发射线圈和接收线圈的平均半径和匝数相等时,互感近似为

$$M = \frac{\pi\mu_0 n^2 r^2}{2\left(d^2 + r_1^2\right)^{\frac{3}{2}}} \tag{2-103}$$

2) 轴向螺旋线圈的等效电阻参数计算

对于轴向螺旋线圈的等效电阻,其趋肤效应产生的电阻 R_{skin} 在各种电阻损耗中起决定性作用,其他电阻可忽略不计,R_{skin} 可用下式计算得

$$R_{\text{skin}} = \sqrt{\frac{\mu_0 \omega}{2\pi^2 \sigma}} \frac{n^2 r}{4\pi a} \tag{2-104}$$

式中,μ_0 为真空磁导率;$\omega = 2\pi f$ 为角频率;f 为通过线圈电流的频率;σ、n、r、a 分别是线圈的电导率、匝数、线圈半径和导线线径。

3) 轴向螺旋线圈的自感为

$$L = \mu_0 n^2 r\left[\ln\left(\frac{8r}{a}\right) - 2\right] \tag{2-105}$$

式中,μ_0 为真空磁导率;n、r、a 分别是线圈的匝数、线圈半径和导线线径。

2. 平面螺旋线圈参数计算

1) 平面螺旋线圈的等效电阻计算

$$R_{\text{ohm}} = \frac{\pi \sum r_i}{\sigma\xi\, a\delta_s} \tag{2-106}$$

$$\delta_s = \sqrt{\frac{2}{\omega\mu_r}} \tag{2-107}$$

式中,$\sum r_i$ 为平面螺旋线圈每层圆环半径之和;δ_s 是导线趋肤效应的透入深度;a 是所用导线的线径;ξ 是根据经验的电流拥挤系数,一般取 $\xi = 2$;σ 是电导率;μ_r 为磁导率;$\omega = 2\pi f$ 为角频率;f 为通过线圈电流的频率。

2）平面螺旋传输线圈自感计算

平面螺旋线圈的自感计算方法为

$$
\begin{cases}
L = \dfrac{\mu_0 n^2 r}{2} \left[\ln\left(\dfrac{c_1}{a} \right) + c_2 \alpha + c_3 \alpha^2 \right] \\
\alpha = \dfrac{d_{\text{out}} - d_{\text{in}}}{d_{\text{out}} - d_{\text{in}}}
\end{cases}
\tag{2-108}
$$

式中，d_{in} 和 d_{out} 是平面螺旋线圈的内直径和外直径；r 是线圈平均半径；n 是线圈的匝数；α 为填充率；c_1、c_2、c_3 是分布系数，是常数；μ_0 为真空磁导率。

3）平面螺旋传输线圈互感计算

当平面螺旋发射线圈和接收线圈同轴放置时，它们之间的互感近似为

$$
\begin{cases}
M = \dfrac{\pi \mu_0 n_1 n_2 \sqrt{ab}}{2} \psi(\gamma) \\
\psi(\gamma) = \sqrt{\gamma} \left\{ F_1\left(\dfrac{1}{2}; \dfrac{3}{2}; 2; \gamma \right) \right\} \\
\gamma = \dfrac{4ab}{(a+b)^2 + D^2}
\end{cases}
\tag{2-109}
$$

式中，D 为发射线圈与接收线圈之间的距离；a、b 是发射线圈和接收线圈的半径；n_1、n_2 是发射线圈和接收线圈的匝数；F_1 为超几何函数；μ_0 为真空磁导率。

3. 传输线圈的品质因数

在磁耦合谐振器中，有较大 Q 值的传输线圈所构成的传输电路的传输损耗较低。品质因数是电磁共振电路所储电能与有功电能之比的一种质量指标，其定义为

$$
Q = 2\pi \frac{W_{\text{S}}}{W_{\text{R}}}
\tag{2-110}
$$

式中，W_{S} 是电磁共振电路存储的电能；W_{R} 是有功电能。从式中可以看出，Q 值越大，电磁共振电路的储能效率越高，所以高品质因数对于无线能量传输是非常重要的。

4. 传输线圈的导线选择

在磁耦合谐振器中，高频交变电流流过传输线圈，在电磁感应作用下，导体表面电流呈不均匀分布状态，且在导体表面的电流密度更大，会导致传输线圈的等效电阻增大，这就是趋肤效应。趋肤效应的发生不仅会造成系统的功率损耗增大，效率降低，而且会由于导线表面升温带来安全隐患。为了削弱趋肤效应，高频电路中多使用多股相互绝缘的细导线编织成束来代替同样截面积的粗导线，通常采用利兹线削弱趋肤效应，降低传输线圈中的电阻，从而提高系统的电能传输效率。

2.4.3　具有磁心结构的平面线圈

无磁心结构由于其电感量小，便于小型化，因此往往应用于高频小功率场合。近距离无线电能传输一般采用平面螺旋线圈，为了降低损耗，提高传输效率，往往使系统工作在几十到几百千赫兹的中低频范围，传输线圈之间传输距离在几十厘米，且往往处于非对正位置，在此条件下要保证传输线圈有足够的互感系数。为了增加传输线圈的电磁耦合效果，一是可以增加线圈匝数，但是增加匝数受到线圈几何尺寸和导线直径的限制，线圈匝数不可能无限

增加，而且空心线圈受周围环境影响较大，涡流和磁滞损耗较大，其磁场向四周扩散，存在传输效率低和不可避免的漏磁等问题。为了有效提高线圈穿过的磁通量从而提高耦合效果，在线圈结构中增加磁心，使线圈能够在磁心结构下约束磁场分布，减小系统漏磁，降低环境影响，提高工作时的磁通密度。常用的平面磁心结构具有体积小、质量小、便于固定、成本低、性能稳定等优点。

传输线圈结构中增加磁心参考了感应式松耦合变压器的电磁结构。松耦合变压器在不同应用中，根据一次绕组与二次绕组相互运动的情况主要分为相对滑动性、相对静止型、相对转动型。松耦合变压器分为有磁心型和无磁心型，根据外形还有双 U 型和双 E 型，如图 2-19 所示。图 2-19a 采用双 E 型磁心结构，图 2-19b 采用双 U 型磁心结构。

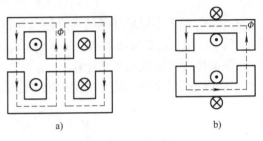

图 2-19　松耦合变压器类型

松耦合变压器绕组方式也会对松耦合变压器的耦合系数产生影响，并且绕组的位置及绕线方式也会对整个磁路造成影响。不同的变压器结构有不同的绕组方式，对 E 型和 U 型结构的绕组方式主要有如图 2-20a 和图 2-20b 所示的典型方式。

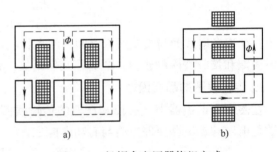

图 2-20　松耦合变压器绕组方式

松耦合变压器采用的磁心材料主要有铁氧体、硅钢片、铁粉芯、非晶合金等。铁氧体材料是复合氧化物烧结体，具有电阻率和磁导率高、磁感应强度中等、损耗少、价格便宜的特点，适合用于高频电路，作为松耦合变压器的磁心材料较适合；硅钢片电阻率低，一般用于低频电路；铁粉芯磁感应强度高，磁导率低，损耗少；非晶合金价格高，居里温度高，磁感应强度高。松耦合变压器一般选择铁氧体作为磁心材料。

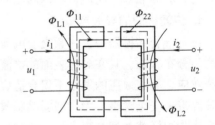

图 2-21　松耦合变压器的磁路

松耦合变压器的磁路如图 2-21 所示。设一次绕组电压为 u_1，二次绕组电压为 u_2，流经一次绕组与二次绕组的电流分别为 i_1 和 i_2，Φ_{11} 与 Φ_{22} 分别是电流 i_1 和 i_2 所产生的与绕组相交链的磁通，Φ_{L1} 与 Φ_{L2} 分别为一次绕组电流 i_1 和二次绕组电流 i_2 产生的漏磁通，Φ_m 为一次和二次绕组之间经闭合磁路产生的互感磁通，故有

$$\Phi_m = \Phi_{11} + \Phi_{22} \tag{2-111}$$

i_1 和 i_2 所产生的磁通分别为

$$\begin{cases} \Phi_1 = \Phi_{11} + \Phi_{L1} \\ \Phi_2 = \Phi_{22} + \Phi_{L2} \end{cases} \tag{2-112}$$

一次绕组和二次绕组相交链总磁通 $\Phi_{1\Sigma}$ 和 $\Phi_{2\Sigma}$ 的关系式为

$$\begin{cases} \boldsymbol{\Phi}_{1\Sigma} = \boldsymbol{\Phi}_1 + \boldsymbol{\Phi}_{22} \\ \boldsymbol{\Phi}_{2\Sigma} = \boldsymbol{\Phi}_2 + \boldsymbol{\Phi}_{11} \end{cases} \tag{2-113}$$

如果把松耦合变压器 E 形磁心的长度和宽度增加，高度减小，绕组采用平面绕制，这样松耦合变压器的结构向带有磁心结构的平面线圈变化，形成目前普遍采用的具有磁心结构的平面线圈。

平面线圈加磁心的结构又称为导磁体结构，导磁体有几种放置形式，第一种是采用平板型导磁体平面放置，如图 2-22 所示。

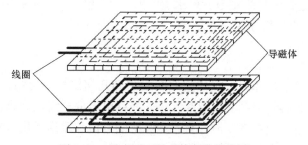

图 2-22　具有平面导磁体的传输线圈

图 2-22 中，线圈背面采用多片平板式导磁体拼接而成，导磁体的厚度根据传输电流的增加适当增加，线圈可以采用矩形圆角绕法，也可以采用圆形或椭圆形绕法，可根据实际应用确定。

第二种是采用 E 型导磁体拼接而成，也可以采用平面导磁体铺底，在线圈导体间黏结一层导磁体，形成 E 型导磁体形状，如图2-23所示。

图 2-23 中采用 E 型导磁体线圈和图 2-22中采用平板导磁体线圈的区别是，E 型导磁体线圈由于在线圈的导线两边增加了导磁体，可以将磁场集中导向一个方向，同时可以减少线圈周围磁场向外扩散，增加电能传输效率。

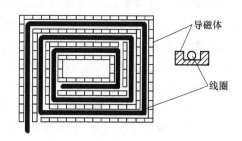

图 2-23　具有 E 型导磁体的传输线圈

平面螺旋传输线圈结构中增加的磁心材料要求高磁导率、高电阻率、低涡流损耗、较小的矫顽力和剩余磁感应强度。磁心的形状有平板型、E 型和罐型结构，平板磁心由于具有薄型化、传输功率密度高等特点，可以用于有磁性传输线圈的结构中。平板磁心可选用锰锌铁氧体，相对磁导率在 3000 左右，饱和磁通密度在常温 25℃下时为 530mT，居里温度点大于240℃，电阻率在常温 25℃下时大于 5Ωm。

在发射线圈和接收线圈背面加磁心以后，在相同几何尺寸、几何形状和传输距离的条件下，互感系数得到增加，同时还可以解决磁场扩散的问题，将电磁场控制在两线圈之间。

增加导磁体后的传输线圈等效磁路如图 2-24所示，与变压器的磁路相似，但气隙大大增加。

图 2-24 中，流经发射线圈与接收线圈的电流

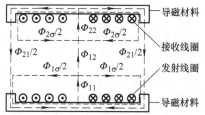

图 2-24　具有导磁体的传输线圈等效磁路

分别为 i_1 和 i_2、Φ_{11} 是电流 i_1 和发射线圈所产生的交链磁通；Φ_{22} 是电流 i_2 和接收线圈所产生的交链磁通；$\Phi_{1\sigma}$ 为发射线圈电流 i_1 和接收线圈产生的漏磁通；$\Phi_{2\sigma}$ 为接收线圈电流 i_2 和发射线圈产生的漏磁通。根据互感和自感定义，有

$$\begin{cases} L_1 = \dfrac{N_1 \Phi_{11}}{i_1} \quad L_2 = \dfrac{N_2 \Phi_{22}}{i_2} \\[3mm] M_{21} = \dfrac{N_2 \Phi_{21}}{i_1} \quad M_{12} = \dfrac{N_1 \Phi_{12}}{i_2} \end{cases} \tag{2-114}$$

式中，N_1 和 N_2 分别是发射线圈和接收线圈的匝数。自感包括了漏感和励磁电感。由于 $M_{21} = M_{12} = M$，如果两线圈匝数相等 $N_1 = N_2$，有

$$\frac{i_2}{i_1} = \frac{\Phi_{12}}{\Phi_{21}} \tag{2-115}$$

当传输线圈没有加导磁体时，在传输线圈距离和几何结构不变的情况下，互感 M 为常数。但是具有导磁体的传输线圈其自感和互感是线圈电流的非线性函数，这和两线圈的耦合程度有关。当传输线圈的电流变化时，自感和互感随电流和磁通变化呈非线性关系。

根据 12kW 电磁共振式无线电能传输系统实验，发射线圈和接收线圈为正方形平面线圈，平均边长 0.68m，线圈导线截面积 7.854mm²，发射线圈和接收线圈均为 10 匝，线圈背面导磁体平面平均边长 1m。在保持输入电流 30A 基本不变的条件下，随着传输距离 H 的增加，两线圈互感 M 减小，其变化曲线如图 2-25 所示。当接收线圈电流 i_2 减小时，磁通 Φ_{22} 减小，Φ_{12} 跟随减小，漏磁 $\Phi_{2\sigma}$ 增加，同时 Φ_{21} 跟随减小，Φ_{12} 和 Φ_{21} 减小比接收线圈电流 i_2 减小得要快，最后达到式（2-115）的平衡关系，所以互感

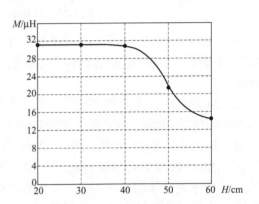

图 2-25　具有磁心结构的传输线圈互感随两线圈距离变化实验曲线

出现非线性下降的现象；磁通 Φ_{22} 由于漏磁 $\Phi_{2\sigma}$ 的增加而减小，比 i_2 减小得要缓慢，所以自感出现非线性增加。由于互感的非线性减小，传输效率减小，电流传输比减小，而电压传输比增加。由于自感的非线性增加，导致谐振频率呈下降趋势。

对于一个非磁心结构传输线圈组成的电磁共振式无线电能传输系统，其传输线圈电感 L 和补偿电容 C 是基本不变的，在谐振状态下谐振频率变化不大，传输线圈的互感 M 和传输距离基本成反比。而图 2-25 中曲线 M 说明，在有导磁结构传输线圈组成的电磁共振式无线电能传输系统中，传输线圈的互感 M 除了和传输距离成反比以外，还随负载电阻 R_L 的变化呈非线性正比变化。

在无线充电应用中，为了扩大充电区域，具有磁心结构的传输线圈可采用双矩形平面螺旋线圈结构，如图 2-26 所示。由于双矩形平面螺旋线圈采用平行场结构，两个线圈中流过的电流方向相反，磁通路径可以沿着铁氧体棒变得更窄。图 2-26a 是具有磁心结构的双矩形平面螺旋线圈结构图，图 2-26b 是双矩形平面螺旋线圈结构的等效磁路。

图 2-26b 双矩形平面螺旋线圈结构等效磁路和图 2-24 单矩形平面螺旋线圈结构等效磁

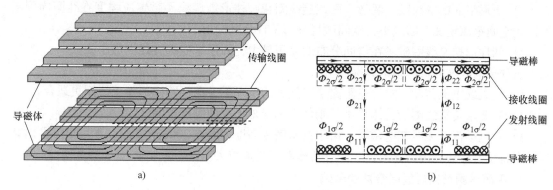

图 2-26 双矩形平面螺旋线圈结构

路相比，其磁路集中在中心区域，这样可增加传输线圈中心区域的磁通密度，可以有效延长传输距离，或在相同传输距离的条件下提高传输效率。

2.4.4 传输线圈的设计需要考虑的问题

无线电能传输线圈的设计关系到无线电能传输的效率，要从传输线圈的类型、传输线圈的结构、传输线圈的耦合程度、传输线圈的磁通分布均匀性、传输线圈的品质因数等几个方面进行选择。对于传输线圈自身还要从线圈形状、结构、匝数、匝间距、绕制方法、材料选择等方面考虑。

1. 传输线圈类型选择

按照传输线圈的分类，电磁共振式无线电能传输线圈主要采用圆柱形螺旋线圈、圆形平面螺旋线圈和矩形平面螺旋线圈（包括矩形圆角平面螺旋线圈）。

参考文献 [31] 对矩形平面螺旋线圈、圆形平面螺旋线圈和圆柱形螺旋线圈三种结构形式推导出在匝数都为4、匝间距都为2πcm、外径都为8πcm情况下，得出三种线圈结构形式的磁场传输空间面积大小依次为 $0.211\pi m^2$、$0.138\pi m^2$、$0.309\pi m^2$，最大为圆柱形螺旋线圈，其次为矩形平面螺旋线圈，最小为圆形平面螺旋线圈。三种结构的线圈磁场都随传输距离的增加不断减小。矩形螺旋形线圈磁感应强度大小随传输距离的增加始终比圆形螺旋形线圈的大。圆柱形螺旋线圈磁感应强度在传输距离为 $0.227m$ 之前都比矩形平面螺旋线圈和圆形平面螺旋线圈小，在传输距离 $0.227m$ 之后则大于圆形平面螺旋线圈，在传输距离为 $0.373m$ 后大于矩形平面螺旋线圈，当传输距离超过 1m 时，三者磁感应强度都较小，且大小相差很小。

三种传输线圈的无线电能传输相关特性如下：

1）磁场传输空间面积最大的为圆柱形螺旋线圈，其次为矩形平面螺旋线圈，最小为圆形平面螺旋线圈。

2）三种线圈磁感应强度大小随传输距离的增加不断减小，矩形平面螺旋线圈磁感应强度大小随传输距离的变化始终比圆形平面螺旋线圈大，圆柱形螺旋线圈磁感应强度在特定传输距离之前都比矩形平面螺旋线圈和圆形平面螺旋线圈小，之后将大于圆形平面螺旋线圈，后又大于矩形平面螺旋线圈，当传输距离超过一定值时，三者磁感应强度都较小，且大小相差很小。

三种传输线圈的特点如下：

1）矩形平面螺旋线圈、圆形平面螺旋线圈和圆柱形螺旋线圈磁感应强度在线圈周围较大，随空间距离增加不断减小，空间磁场分布呈现为椭圆形。

2）圆柱形螺旋线圈磁场在空间分布的面积最大，圆形平面螺旋线圈最小。

三种传输线圈的选择基本原则如下：

1）在无线电能传输要求传输距离尽可能远的情况下，选择圆柱形螺旋线圈更适合。

2）若要求传输线圈所占体积小，则优先选择矩形平面螺旋线圈。

3）在电动汽车无线充电领域，由于汽车底盘高度一般在200mm左右，采用矩形平面螺旋线圈将很有优势，因为它的体积小且传输磁场能量较大。

2. 平面线圈结构对线圈参数的影响

（1）线圈绕制方式对耦合系数的影响

在相同面积情况下，两个圆形平面螺旋线圈之间与两个矩形平面螺旋线圈之间的耦合强度差别不大。如果相同面积下一个线圈分成两个线圈绕制，两组传输线圈之间的耦合强度会急剧减小。另外，矩形平面螺旋线圈在拐角处电流密度分布不均匀，会增加线圈的漏磁损耗，可选择矩形圆角平面螺旋线圈结构。

（2）线圈排布宽度对耦合系数的影响

当传输线圈距离和半径固定时，传输线圈间的耦合系数随每匝线圈间距的增大而先增大后减小，即存在最优的线圈间距使传输线圈间的耦合强度最大。

（3）线圈半径对耦合系数的影响

传输线圈间的耦合强度随线圈半径增大而增大的速度逐渐减慢，传输距离也越大。

3. 磁心结构传输线圈设计

无线电能传输系统设计的目标是提高无线电能传输的效率。提高传输效率可采取的措施是：提高传输线圈间的耦合系数，解决传输线圈磁通分布不均匀的问题，使得不同位置的传输线圈均能得到有效的磁通耦合。

在实际制作具有平面导磁体的传输线圈时，需要在传输线圈正面增加一层线圈保护层，又称为UTZ托盘，这层保护层采用非金属材料，可以选择环氧板等材料。在保护层下放置圆角矩形平面螺旋线圈，线圈采用多股利兹线导线。再下面放置导磁体，导磁体采用平板结构或E型结构。在导磁体的背面加一层铝板，可以隔离电磁场向外扩散，如图2-27所示。为了提高导磁体背面的机械强度，可在铝板后再加一层环氧板等材料。

图2-27　具有平面导磁体的传输线圈结构

4. 电磁环境对人体的影响

传输线圈的电磁场会对人体健康造成不利影响。为了减小电磁场对人体的影响，在实际的电磁共振式无线电能传输系统设计中，工作频率设计要求低于100kHz，传输线圈增加导磁结构，外部的磁通密度会低于安全标准参考水平，并且磁通密度在远离传输线圈后快速消退。在这种情况下，最大电场强度只有人体磁暴露基本安全限制值的3.4%。此外铝制防护罩可用于减少漏磁，铝材料在工作频率为 85 ~ 150kHz 的情况下，其磁通密度分布是钢制材料的 1/3，很显然，铝制防护罩具有良好的磁场屏蔽效果。

2.5 磁耦合谐振器补偿电容的选择

在 2.2.2 节中分析了补偿电路的结构，可以归结为补偿电容和传输线圈电感串联或并联的两种基本结构，形成了串联谐振或并联谐振电路结构。串联谐振为电压谐振，电容上的电压是输入电压的 Q 倍，并联谐振为电流谐振，电容上的电流是输入电流的 Q 倍，因此补偿电容在谐振回路中要承担无功功率。串联谐振回路的补偿电容要选择高压电容，并联谐振回路的补偿电容要选择大电流电容，除此以外，还要根据谐振频率选择补偿电容。

补偿电容在磁耦合谐振器电路中工作在谐振状态，实现瞬时增压。补偿电容的参数包括额定电压、额定容量和工作温度等，工作温度要求在 −40 ~ 85℃，容量要求偏差在 ±5% ~ ±10%。

补偿电容主要有 CBB 系列薄膜电容、大功率聚丙烯中高频传导冷却电容、大功率聚丙烯中高频水冷却电容等。

薄膜电容的特点：无极性、绝缘阻抗高、频率特性好、介质损失很小。

薄膜电容根据制造工艺分为普通薄膜电容和金属化薄膜电容。普通薄膜电容是以金属箔为电极，以聚乙酯、聚丙烯、聚苯乙烯或聚碳酸酯等塑料薄膜为介质，卷绕成筒状或近似矩形状的电容。根据塑料薄膜的种类分为聚乙酯电容、聚丙烯电容、聚苯乙烯电容或聚碳酸酯电容等类型。金属化薄膜电容是将双面金属化的聚丙烯膜和非金属化聚丙烯膜进行卷绕或者叠层所组成的。

CBB 电容是聚丙烯电容的简称，常见电容量在 100pF ~ 10μF，常见额定电压为 63 ~ 2000V。主要特点：很好的高频绝缘性能，电容量和损耗在最大频率范围内与频率无关，且电容值随温度的变化很小。

通常的薄膜电容制法是将铝等金属箔当成电极和塑胶薄膜重叠后卷绕在一起制成。CBB 金属化薄膜制法是在塑胶薄膜上以真空蒸镀上一层很薄的金属作为电极，如此可以省去电极箔的厚度，缩小电容单位容量的体积，所以薄膜电容较容易做成小型、容量大的电容。金属化薄膜电容是无感式，用聚酯膜作为介质，以铝箔为电极，绕制而成，镀锡铜包钢线，用环氧树脂包封。

CBB 电容根据内部结构与用途分为多种类型，适用于补偿电容的型号有 CBB15、CBB16、CBB21、CBB90、CBB411 等。

CBB15 和 CBB16 型电容采用无感式特殊结构，采用环氧树脂密封。主要特点是过载能力强，寄生电感极小。额定电压为 AC500V，电容量范围为 4 ~ 20μF。

CBB21 型电容采用无感式特殊结构，用金属化聚丙烯薄膜作为电介质和电极，采用环氧树脂密封。主要特点是高频损耗小。额定电压为 AC 100 ~ 630V，电容量范围为 0.0033 ~ 6.8μF。

CBB411 型电容采用金属化聚丙烯薄膜串式结构。主要特点是能够承受高强脉冲与大电流。额定电压为 AC 400 ~ 3000V，电容量范围为 0.1 ~ 6.8μF。CBB 电容器的主要类型如图 2-28 所示。

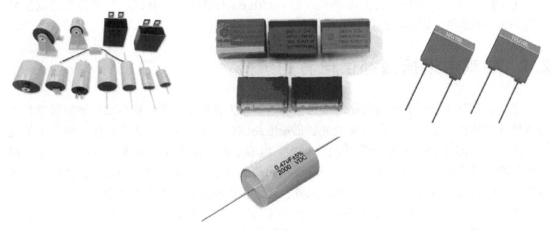

图 2-28　CBB 电容器主要类型

如图 2-29 所示为聚丙烯高频传导冷却 CSP、CSM 系列电容器，通过提供电气连接的相同母线连接传递散热，大大降低了每单位功率的电容器体积，容量范围为 150～1500kvar，最高频率可达 2MHz。

图 2-29　聚丙烯高频传导冷却电容器

如图 2-30 所示为聚丙烯中频传导冷却电容器，容量范围为 300～1500kvar，频率范围为 5～80kHz。

图 2-30　聚丙烯中频传导冷却电容器

如图 2-31 所示为聚丙烯电介质高频水冷电容器，容量范围为 200～1500kvar，最高频率可达 2MHz。

如图 2-32 所示为聚丙烯中频水冷电容器，容量范围为 500～1500kvar，频率范围为 5～80kHz。

补偿电容选择还要考虑耐高温、高压，因为在谐振电路环境中，补偿电容承担着其对电流和电压变化的作用，这样的环境下决定了对于补偿电容的选择必须考虑耐高温、高压和强电流的必要性。

热稳定性也是补偿电容选择时必须要考虑的一个方面。补偿电容对参数精度的要求一直

图 2-31 聚丙烯高频水冷电容器

图 2-32 聚丙烯中频水冷电容器

都是比较高的，其中一项指标就是要求热稳定性好，电容本身温度上升促进电解质蒸发加快，从而提高了电容阻抗进而导致发热量剧增，鉴于此问题存在的危险性，在选择谐振电容时一定要考虑其热稳定性能是否符合需求。

在高频交流的环境中，补偿电容必须有很好的耐压性能，因此选择补偿电容的时候也不能忽视了补偿电容在自愈性这方面的性能，应该尽量选择具备高频损耗小、温升低，又能承受高冲击强度的电容产品。除了以上几点之外，对于补偿电容选择的，还要考虑到产品的可靠性、阻燃性、频率特性等方面。

第3章 电磁共振式无线电能传输电路

电磁共振式无线电能传输电路的功能是将发射侧直流电源变换成高频交流电源，通过磁耦合谐振器进行无线电能传输，接收侧将接收到的电能通过变换电路，将交流高频电源变换成可控的充电电源。本章介绍串-串联谐振式无线电能传输电路、串-并联谐振式无线电能传输电路、并-串联谐振式无线电能传输电路、并-并联谐振式无线电能传输电路、$LCL-LCL$ 谐振式无线电能传输电路和 $LCC-LCC$ 谐振式无线电能传输电路等。

3.1 电磁共振式无线电能传输电路的类型

电磁共振式无线电能传输电路可分为串-串联谐振式、串-并联谐振式、并-串联谐振式、并-并联谐振式、$LCL-LCL$ 谐振式和 $LCC-LCC$ 谐振式等拓扑结构。

1. 串-串联谐振式无线电能传输电路

串-串联谐振式无线电能传输电路由输入滤波电容 C_d、电压型逆变器、C_1 和发射线圈等效电感组成的发射侧串联谐振回路，C_2 和接收线圈等效电感组成的接收侧串联谐振回路，高频整流器和输出滤波电容 C_o 等组成，如图 3-1 所示。

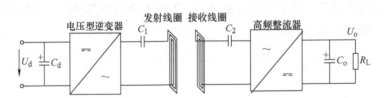

图 3-1 串-串联谐振式无线电能传输电路

系统工作原理：逆变器输入端直流电压 U_d 经输入滤波电容 C_d 和电压型逆变器变换成高频方波电压，输送给由谐振补偿电容 C_1 和发射线圈等效电感组成的发射侧串联谐振回路，通过电磁耦合，在接收侧由谐振补偿电容 C_2 和接收线圈等效电感形成串联谐振回路接收电能，经高频整流器、电容滤波电路变换成直流电压 U_o，提供给负载 R_L。

串-串联谐振式无线电能传输电路的特点是电压型逆变器采用电压源供电，电压型逆变器输出的是高频方波电压，发射侧谐振回路电流是正弦波电流，接收侧谐振回路输出电压是方波电压，谐振回路电流是正弦波电流，高频整流器输出采用电容滤波。

2. 串-并联谐振式无线电能传输电路

串-并联谐振式无线电能传输电路由输入滤波电容 C_d、电压型逆变器、C_1 和发射线圈等效电感组成的发射侧串联谐振回路，C_2 和接收线圈等效电感组成的接收侧并联谐振回路，高频整流器和由 L_o、C_o 组成的 LC 滤波器等组成，如图 3-2 所示。

系统工作原理：逆变器输入端直流电压 U_d 经输入滤波电容 C_d 和电压型逆变器变换成高频方波电压，输送给由谐振补偿电容 C_1 和发射线圈等效电感组成的发射侧串联谐振回路，

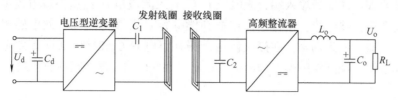

图 3-2 串-并联谐振式无线电能传输电路

通过电磁耦合，在接收侧由谐振补偿电容 C_2 和接收线圈等效电感形成并联谐振回路接收电能，经高频整流器、由 L_o、C_o 组成的 LC 滤波电路变换成直流电压 U_o，提供给负载 R_L。

串-并联谐振式无线电能传输电路的特点是电压型逆变器采用恒压源供电，电压型逆变器输出的是高频方波电压，发射侧谐振回路电流是正弦波电流，接收侧并联谐振回路输出电压是正弦波电压，输出电流是方波电流，高频整流器输出采用 LC 滤波，保证接收侧输出恒电流。

3. 并-串联谐振式无线电能传输电路

并-串联谐振式无线电能传输电路由输入滤波电感 L_d、电流型逆变器、C_1 和发射线圈等效电感组成的发射侧并联谐振回路，C_2 和接收线圈等效电感组成的接收侧串联谐振回路，高频整流器和输出滤波电容 C_o 等组成，如图 3-3 所示。

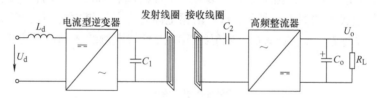

图 3-3 并-串联谐振式无线电能传输电路

系统工作原理：逆变器输入端直流电压 U_d 经输入滤波电感 L_d 变换成电流源，经电流型逆变器变换成高频方波电流，输送给由谐振补偿电容 C_1 和发射线圈等效电感组成的发射侧并联谐振回路，通过电磁耦合，在接收侧由谐振补偿电容 C_2 和接收线圈等效电感形成串联谐振回路接收电能，经高频整流器和滤波电容 C_o 变换成直流电压 U_o，提供给负载 R_L。

并-串联谐振式无线电能传输电路的特点是电流型逆变器采用电流源供电，电流型逆变器的输出电压是高频正弦波电压，输出电流是方波电流，接收侧谐振回路输出电压是方波电压，谐振回路电流是正弦波电流，高频整流器输出采用电容滤波。

4. 并-并联谐振式无线电能传输电路

并-并联谐振式无线电能传输电路由输入滤波电感 L_d、电流型逆变器、C_1 和发射线圈等效电感组成的发射侧并联谐振回路，C_2 和接收线圈等效电感组成的接收侧并联谐振回路，高频整流器和由 L_o、C_o 组成的 LC 滤波器等组成，如图 3-4 所示。

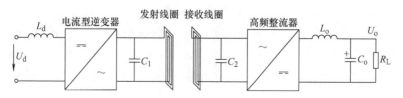

图 3-4 并-并联谐振式无线电能传输电路

系统工作原理：逆变器输入端直流电压 U_d 经输入滤波电感 L_d 变换成电流源，经电流型逆变器变换成高频方波电流，输送给由谐振补偿电容 C_1 和发射线圈等效电感组成的发射侧并联谐振回路，通过电磁耦合，在接收侧由谐振补偿电容 C_2 和接收线圈等效电感形成并联谐振回路接收电能，经高频整流器和由 L_o、C_o 组成的 LC 滤波器变换成直流电压 U_o，提供给负载 R_L。

并–并联谐振式无线电能传输电路的特点是电流型逆变器采用电流源供电，电流型逆变器的输出电压是高频正弦波电压，输出电流是方波电流，接收侧并联谐振回路输出电压是正弦波电压，输出电流是方波电流，高频整流器输出采用 LC 滤波，保证接收侧输出恒电流。

以上四种传输电路中，发射侧串联谐振在谐振点回路阻抗最小，因此用恒压源供电可得到最大输出功率；发射侧并联谐振在谐振点回路阻抗最大，因此用电流源供电可得到最大输出功率；接收侧串联谐振整流输出采用电容滤波，保证串联谐振输出为电压型负载；接收侧并联谐振整流输出采用 LC 滤波，保证并联谐振输出为电流型负载。

电压型逆变器包括对称半桥、不对称半桥、全桥等类型，电流型逆变器主要有全桥逆变器。

5. $LCL-LCL$ 谐振式无线电能传输电路

$LCL-LCL$ 谐振式无线电能传输电路由输入滤波电容 C_d，电压型逆变器，由 L_i、C_1、L_1 组成的发射侧 LCL 谐振回路，由 L_o、C_2、L_2 组成的接收侧 LCL 谐振回路，高频整流器和输出滤波电容 C_o 等组成，如图 3-5 所示。LCL 谐振电路是在并联谐振电路的基础上加入了额外的谐振电感 L_i，并使 $L_i = L_1$，$L_o = L_2$，发射线圈电流只与本侧的激励电压有关，表现为独立电流源特性。

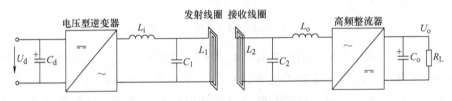

图 3-5 $LCL-LCL$ 谐振式无线电能传输电路

$LCL-LCL$ 谐振式无线电能传输电路的特点是在互感降低乃至另一侧完全消失的情况下，发射线圈电流维持不变。缺点是在和串–串联谐振式无线电能传输电路具有相同参数的条件下，$LCL-LCL$ 结构最大传输功率会大大降低，还存在着直流磁化的问题。

6. $LCC-LCC$ 谐振式无线电能传输电路

$LCC-LCC$ 谐振式无线电能传输电路由输入滤波电容 C_d，电压型逆变器，由 L_i、C_1、C_{p1}、L_1 组成的发射侧 LCC 谐振回路，由 L_o、C_2、C_{p2}、L_2 组成的接收侧 LCC 谐振回路，高频整流器和输出滤波电容 C_o 等组成，如图 3-6 所示。

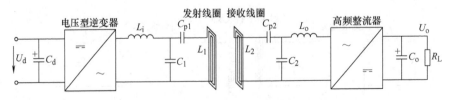

图 3-6 $LCC-LCC$ 谐振式无线电能传输电路

$LCC-LCC$ 谐振式无线电能传输电路在传输线圈支路上串入隔直电容 C_{p1} 和 C_{p2},并让其也参与谐振,使得传输线圈电感与隔直电容串联之后等效于 LCL 拓扑中的线圈电感。LCC 可以在保持传输线圈和互感系数不变的情况下,减小等效线圈电感并增大等效耦合系数,进而增大传输功率。在最大传输功率下,LCC 谐振电容上的电压比串-串联谐振式无线电能传输电路的谐振电容上的电压更低。LCC 结构继承了 LCL 结构的优点,同时很好地解决了 LCL 结构传输功率偏低以及直流磁化的问题。

如果将电感 L_i、L_o 和电容 C_{p1}、C_{p2} 分成两部分,在传输线圈两边的附加电感各为 $L_i/2$ 和 $L_o/2$,电容各为 $C_{p1}/2$ 和 $C_{p2}/2$,可以使传输线圈两边对称,如图 3-7 所示。

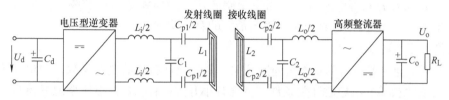

图 3-7 传输线圈两边对称的 $LCC-LCC$ 谐振式无线电能传输电路

7. 双向传输串-串联谐振式无线电能传输电路

双向传输串-串联谐振式无线电能传输电路如图 3-8 所示。系统包括电压型逆变器 1、双向串-串联谐振回路和电压型逆变器 2。其中电压型逆变器作为逆变器工作时,由驱动信号控制逆变器开关管,工作在逆变状态;当驱动信号为低电平时,开关管的反并联二极管组成整流桥,工作在整流状态。

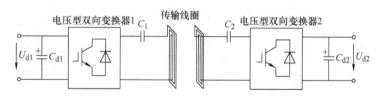

图 3-8 双向传输串-串联谐振式无线电能传输电路

当系统电能从 U_{d1} 传输到 U_{d2} 时,电压型逆变器 1 工作在逆变状态,电压型逆变器 2 工作在整流状态;当系统电能从 U_{d2} 传输到 U_{d1} 时,电压型逆变器 2 工作在逆变状态,电压型逆变器 1 工作在整流状态。

3.2 电能传输变换电路

发射侧电能传输变换电路采用逆变电路将直流电源变换成高频交流电源,接收侧电能变换电路将接收到的高频交流电源变换成直流电源对储能装置进行充电。

3.2.1 发射侧电能变换电路

发射侧电能变换电路一般采用电压型逆变器或电流型逆变器。

电压型逆变器的特点:输入端并联有大电容,逆变器由电容滤波提供恒电压,逆变桥输出的电压为方波电压,其幅值为电容电压,而逆变桥的输出电流大小和波形由输出端的负载性质决定。其中：①电阻型负载的电流波型和电压波形一样是方波。②电阻电感型负载的电流波形根据其阻抗角的大小在方波和三角波之间。③纯电感负载的电流波形是三角波。④对于 RLC 谐振负载，当逆变器的开关频率和谐振频率一致时，谐振负载等效为电阻 R，而负载 R 上的电压是方波电压，电流是正弦波电流，相位差为零，这时逆变器输出最大的有功功率。

电流型逆变器的特点：①电阻型负载的电压波型和电流波形一样是方波。②电阻电感型负载的电压波形根据其阻抗角的大小在方波和三角波之间。③纯电感负载的电压波形是三角波，而且功率因数为零。④对于电阻电感型负载，为了提高逆变器输出功率因数，可加补偿电容，组成 RLC 并联型谐振负载，当逆变器的开关频率和谐振负载频率一致时，谐振负载等效为电阻 $R_o = L/RC$，这时逆变器输出最大的有功功率。

1. E 类电压型逆变器

E 类电压型逆变器采用单管作为通断开关，通过设计合适的电路参数，使得开关管满足零电压开关条件和零电压导数开关条件，从而减小开关损耗。E 类电压型逆变器具有多种电路拓扑，其差别在于输出回路是串联谐振电路还是并联谐振电路。

E 类电压型逆变器的基本设计思想：①当开关管截止时，漏源极电压上升沿延迟到漏源电流为零之后开始。②当开关管导通时，在漏源极电压为零后，漏源电流才开始出现，使开关管从截止到导通期间损耗最小。

E 类电压型逆变器电路如图 3-9 所示，其中 L_d 为滤波电感，VT 为功率 MOS 管，C_r 为 MOS 管外部并联电容。直流电压 U_d 通过 E 类电压型逆变器将直流电压变换为直流脉动电压，通过谐振电感 L 和补偿电容 C 组成串联谐振回路。

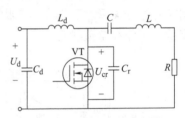

图 3-9　E 类电压型逆变器

E 类电压型逆变器的工作原理：当 VT 驱动导通，C_r 短路，U_{cr} 为零，VT 中流过的电流是滤波电感 L_d 的电流和谐振电流的叠加。当 VT 关断，C_r 充电，其充电电流是滤波电感电流和谐振电流的叠加，U_{cr} 上升，谐振电流通过 C_r 谐振。

2. 单相不对称半桥电压型逆变器

单相不对称半桥电压型逆变器如图 3-10 所示，其中 U_d 是输入直流电压，由开关管 VT_1、VT_2 组成单相不对称半桥逆变电路，LCR 为串联谐振回路。

单相不对称半桥电压型逆变器的工作原理：当 VT_1 导通，VT_2 关断时，输入电压对串联谐振回路提供电能，谐振电流为正；当 VT_1 关断，VT_2 导通时，谐振电流 i_1 为负，谐振回路通过 VT_2 续流。

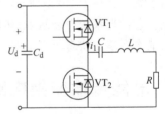

图 3-10　单相不对称半桥电压型逆变器

3. 单相对称半桥电压型逆变器

单相对称半桥电压型逆变器如图 3-11 所示。对称半桥逆变器有两个桥臂，其中一个桥臂由开关管 VT_1、VT_2 和反并联二极管组成，另一个桥臂由两个电容 C_{d1}、C_{d2} 串接而成，负载连接在两个桥臂的中点，其中 U_d 是输入直流电压，LCR 为串联谐振回路。单相对称半桥电压型逆变器负载两端的电压幅值是输入电压的一半。

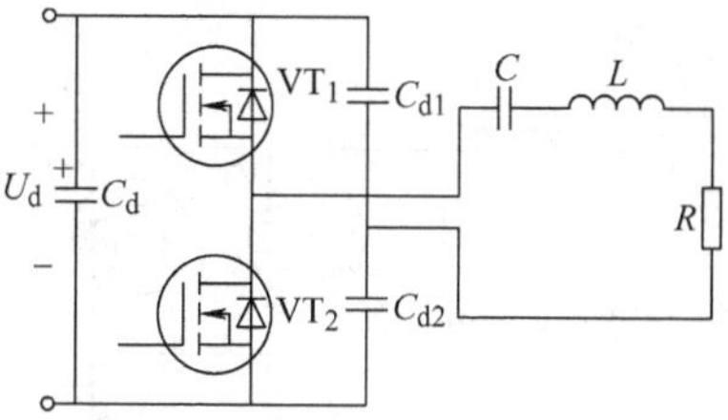

单相对称半桥电压型逆变器的工作原理：当 VT_1 导通，VT_2 关断时，谐振电流过零向正方向上升，电容 C_{d1} 放电，C_{d2} 充电，输入电压对串联谐振回路提供电能；当 VT_1 关断，VT_2 导通时，谐振电流向负方向上升，电容 C_{d2} 放电，C_{d1} 充电，电容 C_{d2} 对串联谐振回路提供电能。

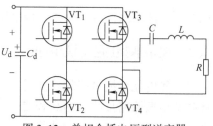

图 3-11 单相对称半桥电压型逆变器

4. 单相全桥电压型逆变器

单相全桥电压型逆变器如图 3-12 所示。单相全桥电压型逆变器有两个桥臂，分别由开关管 VT_1、VT_2 和 VT_3、VT_4 及对应的反并联二极管组成，负载连接在两个桥臂的中点，LCR 为串联谐振回路。

单相全桥电压型逆变电路的工作原理：当 VT_1、VT_4 导通时，谐振电流过零向正方向上升，输入电压对串联谐振回路提供电能；当 VT_1、VT_4 关断，VT_2、VT_3 导通时，谐振电流向负方向上升，输入电压继续提供电能。

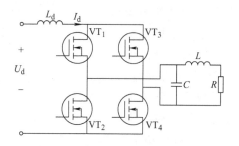

图 3-12 单相全桥电压型逆变器

5. 单相全桥电流型逆变器

单相全桥电流型逆变器输入端串联有大电感，逆变器输出电流由电感滤波提供恒电流，逆变桥输出到负载两端的电流波形为方波，其幅值为输入电流 I_d，而逆变桥的输出电压波形由负载的性质决定。

单相全桥电流型逆变电路如图 3-13 所示。全桥逆变器有两个桥臂，分别由开关管 VT_1、VT_2 和 VT_3、VT_4 组成，开关管 $VT_1 \sim VT_4$ 必须是单向开关没有反并联二极管，如果 $VT_1 \sim VT_4$ 有反并联二极管，$VT_1 \sim VT_4$ 每个开关管必须串联二极管来保证单向开关特性，负载连接在两个桥臂的中点，LCR 为并联谐振回路。

图 3-13 单相全桥电流型逆变电路

单相全桥电流型逆变器的工作原理：当 VT_1、VT_4 导通时，谐振电流过零为正方波电流，输入电压通过滤波电感 L_d 对并联谐振回路提供电流 I_d；当开关管换相时，4 个开关管必须全部导通，保证恒流电流 I_d 有续流通路，当开关管环流结束时，VT_1、VT_4 关断，VT_2、VT_3 导通，谐振电流为负方波电流，输入电流 I_d 对并联谐振回路继续提供电能。

6. 组合式变换电路

组合式变换电路根据供电电压和逆变器输入电压要求组合而成，有直流升压或降压的 DC - DC 变换电路。逆变器为电压型的降压型变换电路如图 3-14 所示。

逆变器为电流型的电流源型组合变换电路如图 3-15 所示。

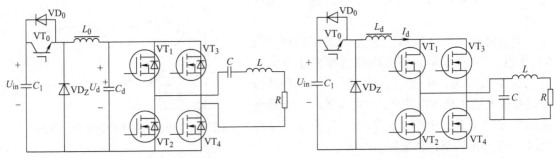

图 3-14 降压型变换电路　　　　　　　　图 3-15 电流源型组合变换电路

逆变器为电压型的升压型组合变换电路如图 3-16 所示。输入直流电压经 Boost 变换器变换成升压可调的直流电压，经全桥电压型逆变器输出。

3.2.2 接收侧电能变换电路

接收侧电能变换电路的功能是将接收侧谐振回路接收到的高频交流电源变换成直流电源，对储能装置进行充电。高频交流-直流变换电路包括高频整流滤波电路或高频整流滤波加直流斩波电路等。

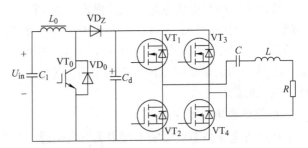

图 3-16　升压型组合变换电路

单相半波整流电路如图 3-17 所示。图 3-17a 输出采用电容滤波，图 3-17b 输出采用 LC 滤波。单相半波整流电路由于一个周期只有正半波导通，交流侧只有半个周期流过电流，功率因数低，整流电压只有正半波，电压波动大，一般用在小功率场合。

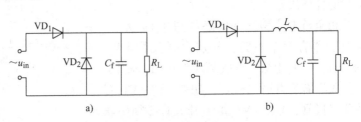

图 3-17　单相半波整流电路

图 3-18 是单相全波整流电路，其中，图 3-18a 输出采用电容滤波，图 3-18b 输出采用 LC 滤波。图 3-19 是单相桥式整流电路，其中，图 3-19a 输出采用电容滤波，图 3-19b 输出采

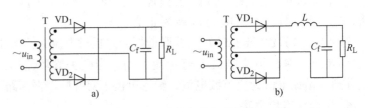

图 3-18　单相全波整流电路

用 LC 滤波。单相全波和单相桥式整流电路的整流电压一个周期内有两个半波电压。

单相全波和单相桥式整流电路的区别：单相全波整流电路需要变压器有抽头，电流回路内有一个二极管压降的损耗，因此一般用在相对低压大电流的整流电路中。单相桥式整流电路在电流回路内有两个二极管压降的损耗，在低压大电流时效率比单相全波整流电路要低，因此一般用在相对电压比较高的整流电路中。

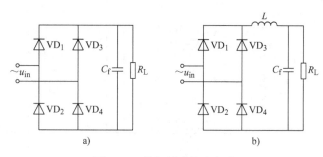

图 3-19　单相桥式整流电路

交流-直流变换的另一种电路称为同步整流电路。在高频低压大电流整流电路中，快恢复二极管或超快恢复二极管的压降达到 1~1.2V，即使是肖特基二极管其压降也有 0.6V。例如，对于输出充电电压只有 5V 的场合，用快恢复二极管损耗增加 20%~24%，用肖特基二极管损耗也要增加 12%。同步整流是采用通态电阻极低的功率 MOSFET 来取代整流二极管以降低整流损耗的一项新技术。功率 MOSFET 属于电压控制型器件，它在导通时的伏安特性呈线性关系。用功率 MOSFET 做整流器时，要求栅极电压必须与被整流电压的相位保持同步才能完成整流功能，故称为同步整流，适用于高频低压整流。

单端自激隔离式降压同步整流电路如图 3-20 所示。其中，图 3-20a 输出采用电容滤波，图 3-20b 输出采用 LC 滤波。图 3-20 中 VT$_1$ 及 VT$_2$ 为功率 MOSFET，在二次电压的正半周，VT$_2$ 导通，VT$_1$ 关断，VT$_2$ 起整流作用；在二次电压的负半周，VT$_2$ 关断，VT$_1$ 导通，VT$_1$ 起到续流作用。同步整流电路的功率损耗主要包括 VT$_1$ 及 VT$_2$ 的导通损耗及栅极驱动损耗。当开关频率低于 1MHz 时，导通损耗占主导地位；当开关频率高于 1MHz 时，以栅极驱动损耗为主。

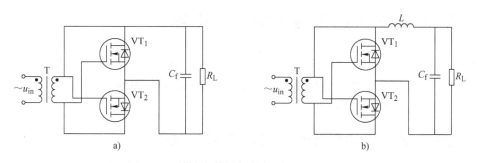

图 3-20　单端自激隔离式降压同步整流电路

全波同步隔离式降压同步整流电路如图 3-21 所示。其中，图 3-21a 输出采用电容滤波，图 3-21b 输出采用 LC 滤波。

图 3-21 中，VT$_1$、VT$_2$ 为功率 MOSFET，其工作原理是在变压器二次电压的正半周，二次电压上正下负，VT$_1$ 的栅极电压为正，VT$_1$ 导通，VT$_2$ 的栅极电压为负，VT$_2$ 关断，VT$_1$ 起整流作用。在二次电压的负半周，二次电压上负下正，VT$_2$ 的栅极电压为正，VT$_2$ 导通，VT$_1$ 的栅极电压为负，VT$_1$ 关断，VT$_2$ 起整流作用。

全桥整流 + 直流斩波电路如图 3-22 所示。其中，图 3-22a 输出采用电容滤波，图 3-22b 输出采用 LC 滤波。图 3-22 中二极管整流电路 VD$_1$ ~ VD$_4$ 一般采用快速二极管或肖特基二极

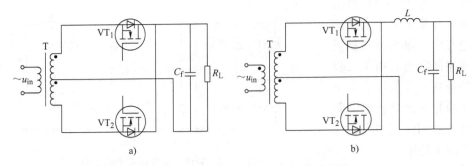

图 3-21   全波同步隔离式降压同步整流电路

管，直流斩波电路 VT_0 可采用 IGBT，也可采用 MOSFET。直流斩波一般采用 PWM 脉宽控制方式，可将控制电路送来的调节信号转换成相应的 PWM 斩波信号。

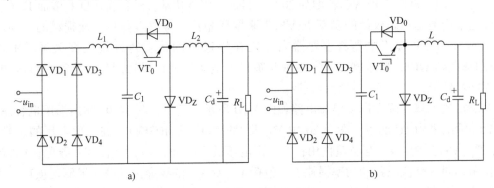

图 3-22   全桥整流 + 直流斩波电路

3.3   串-串联谐振式无线电能传输电路

串-串联谐振式无线电能传输电路主要有三种方式：①改变逆变器输入直流电压，即调压控制方式。②改变逆变器输出电压脉冲宽度，有移相和脉宽两种控制方式。③ 改变逆变器输出电压/电流的相位，即调频控制方式。

3.3.1   E 类逆变器串-串联谐振式无线电能传输电路

E 类逆变器采用开关放大模式，通过降低其开关过程中的损耗来提高效率，具有结构简单、高频性能高等优点。E 类逆变器的最佳工作状态，要求开关管上的电压/电流波形满足三个条件：当开关管从导通到关断转换时，电压应在开关管关断之后才开始上升；当开关管从关断到导通转换时，流过开关管的电流应在开关管电压降到零之后才开始上升；当开关管从关断到导通转换时，即导通时刻，还必须满足电压变化率等于零的条件。当开关管工作时，将直流能量转变为交流电能，交流电压基波频率等于开关频率。为了使基波分量输出最大，开关占空比应为 50%。选取适当的负载网络参数，可得最佳的瞬态响应。在开关管导通的瞬间，由于负载网络的瞬态响应，使得开关管上的电压降为零后，才开始建立电流；在开关管断开瞬间，由于负载网络的瞬态响应，使得开关管关断之后，电压才开始上升，这样可避免开关管同时产生大的电压和电流，从而避免在开关管转换期间产生功耗。

1. E 类逆变器串–串联谐振式无线电能传输电路结构

E 类逆变器串–串联谐振式无线电能传输电路如图 3-23 所示，其中 L_d 为扼流电感，VT 为功率 MOS 管，C_S 为 MOS 管外并联电容。直流电压 U_d 通过 E 类逆变器将直流电压变换为直流脉动电压 u_1。

将图 3-23 中的发射线圈、接收线圈和补偿电容按照串–串联谐振式传输模型的拓扑结构，得到等效电路如图 3-24 所示。图中，$Z_f = \dfrac{\omega^2 M^2}{R_L + R_2}$ 为反射阻抗，$\omega M i_1$ 为发射侧耦合到接收侧的电压源，u_1 作为发射侧谐振回路的输入电压，通过由发射线圈等效电感 L_1 和补偿电容 C_1 组成的串联谐振回路，将电能通过谐振方式传输到接收侧。接收侧由谐振补偿电容 C_2、接收线圈等效电感 L_2 组成接收侧串联谐振回路，通过磁耦合共振方式接收电能。接收侧谐振回路输出的交流电压 u_2 经高频二极管 VD_{r1}、VD_{r2}、VD_{r3}、VD_{r4} 组成的单相桥式整流电路变换成直流电压 U_o 提供给负载 R_L。

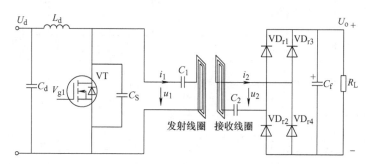

图 3-23　E 类逆变器串–串联谐振式无线电能传输电路

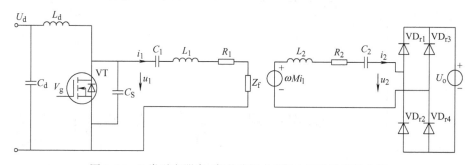

图 3-24　E 类逆变器串–串联谐振式无线电能传输等效电路

2. E 类逆变器串–串联谐振式无线电能传输电路工作过程分析

该传输电路的工作过程可分为 3 个阶段，工作过程等效电路如图 3-25 所示，图 3-26 是电路工作波形。

第 1 阶段：VT 导通阶段。

$t_1 \sim t_2$：t_1 时刻，VT 驱动导通，C_S 短路，U_{CS} 为零，VT 中流过的电流 i_{VT} 是扼流电感电流 I_{Ld} 和谐振电流 i_1 的叠加。谐振电流 i_1 通过 VT 环流，电流回路为 $U_{d-} \rightarrow Z_f \rightarrow R_1 \rightarrow L_1 \rightarrow C_1 \rightarrow U_{d-}$。接收回路耦合电压 $\omega M i_1$ 激励接收回路谐振。$i_2 < 0$，VD_{r3} 和 VD_{r2} 导通，向恒压源 U_o

（包括负载 R_L）充电，如图 3-25a 所示。

第 2 阶段：VT 关断阶段。

$t_2 \sim t_3$：t_2 时刻，VT 关断，C_S 充电，其充电电流 i_{CS} 是扼流电感电流 I_{Ld} 和谐振电流 i_1 的叠加，U_{CS} 上升，谐振电流 i_1 通过 C_S 继续谐振，电流回路为 $C_S \rightarrow Z_f \rightarrow R_1 \rightarrow L_1 \rightarrow C_1 \rightarrow C_S$。接收回路 $i_2 < 0$，VD_{r3} 和 VD_{r2} 继续导通。由于磁耦合传输回路发射侧和接收侧的对偶特性，发射侧是感性，接收侧呈容性，t_{2a} 时刻 i_2 由负过零变正，t_{2b} 时刻 u_2 由负过零变正，如图 3-25b 所示。

第 3 阶段：谐振回路内循环谐振阶段。

$t_3 \sim t_4$：t_3 时刻，谐振电流 i_1 为正，电流回路为 $C_S \rightarrow C_1 \rightarrow L_1 \rightarrow R_1 \rightarrow Z_f \rightarrow C_S$。$VD_{r1}$ 和 VD_{r4} 导通。如图 3-25c 所示。t_4 时刻 1 个周期结束。

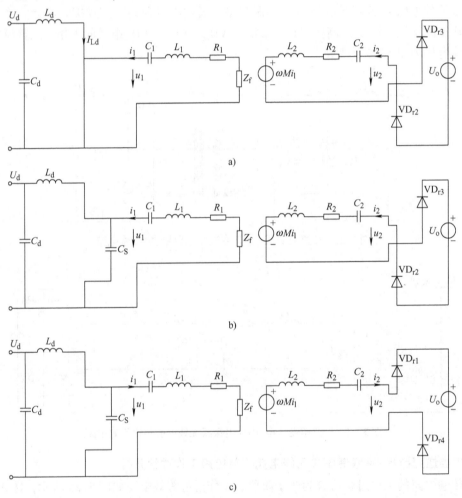

图 3-25　E 类逆变器串-串联谐振式无线电能传输工作过程等效电路

从工作波形可以看出，t_2 时刻开关管从导通到关断转换时，开关管电压为零，关断之后才开始上升，满足第一个条件；t_1 时刻开关管从关断到导通转换时，流过开关管的电流为零，开关管电压降到零，之后电流才开始上升，满足第二个条件；t_4 时刻之前电压变化率逐渐变小，到 t_4 时刻电压变化率接近于零，满足第三个条件。

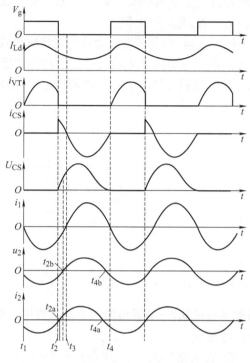

图 3-26　E类逆变器串-串联谐振式无线电能传输电路工作波形

3.3.2　采用脉宽控制的对称半桥逆变串-串联谐振式无线电能传输电路

单相对称半桥逆变器有两个桥臂,其中一个桥臂由开关管和反并联二极管组成,另一个桥臂由两个大容量电容串接而成,负载连接在两个桥臂的中点。负载两端的电压幅值是外加电源电压的一半,因此负载上的最大功率只是全桥逆变器的1/4。

1. 采用脉宽控制的对称半桥逆变串-串联谐振式无线电能传输电路结构

采用脉宽控制的对称半桥逆变串-串联谐振式无线电能传输电路如图 3-27 所示。图中 U_d 是交流电压经整流滤波后的直流电压,经由开关管 VT_1、VT_2 和电容 C_{d1}、C_{d2} 组成的单相对称半桥逆变电路将直流电压逆变为交流方波电压 u_1。u_1 作为发射端谐振回路的输入电压,通过由谐振补偿电容 C_1、发射线圈

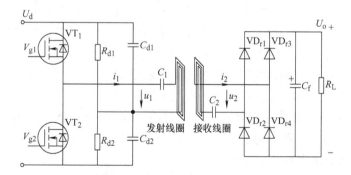

图 3-27　采用脉宽控制的对称半桥逆变串-串联谐振式无线电能传输电路

等效电感 L_1 组成的发射端串联谐振回路,将电能通过磁耦合共振方式传输到接收侧。接收侧由谐振补偿电容 C_2、接收线圈等效电感 L_2 组成接收侧串联谐振回路,通过磁耦合共振方式接收电能。接收侧谐振回路输出的交流电压 u_2 经高频二极管 VD_{r1}、VD_{r2}、VD_{r3}、VD_{r4} 组成

的单相桥式整流电路变换成直流电压 U_o 提供给负载 R_L。C_f 是输出滤波电容，i_1 和 i_2 分别是发射回路和接收回路的电流，R_{d1}、R_{d2} 是均压电阻。

采用脉宽控制的对称半桥逆变串–串联谐振式无线电能传输等效电路如图 3-28 所示，输入侧谐振回路中包括补偿电容 C_1、发射线圈等效电感 L_1、线圈内阻 R_1 和反射阻抗 Z_f。接收侧回路中包括补偿电容 C_2、接收线圈等效电感 L_2、线圈内阻 R_2 和耦合电压 $\omega M i_1$。

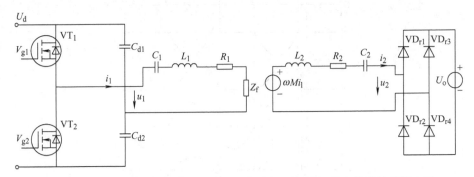

图 3-28　采用脉宽控制的对称半桥逆变串–串联谐振式无线电能传输等效电路

2. 采用脉宽控制的对称半桥逆变串–串联谐振式无线电能传输电路工作过程分析

接收回路和发射回路谐振电流存在对偶关系，即根据电路理论，接收回路和发射回路谐振电流波形和发射回路平均电压波形之间的相位有关，如图 3-29 所示。

在图 3-29 的工作波形中，发射侧电压波形 u_1 在 $t_1 \sim t_3$ 时间段为正，这是由于在这段时间内 VT_1 的反并联二极管 VD_1 导通，谐振回路电流 i_1 通过 VD_1 向直流侧回馈电能，所以发射侧在这段时间是无功功率产生的电压，有功功率的电压是在 $t_3 \sim t_4$ 时间段，u_1 的有功电压平均值如 u_1 波形中的点画线所示，起点为 t_a 时刻，谐振回路电流 i_1 在 t_b 时刻过零开始上升，因此发射侧的电流 i_1 滞后于电压 u_1 一个滞后时间 $(t_b - t_a)$，其滞后角为 φ_1，根据对偶原理，接收侧的电流 i_2 超前一个 $(t_a - t_c)$ 时间，其超前角为 φ_2，$\varphi_1 = \varphi_2$。

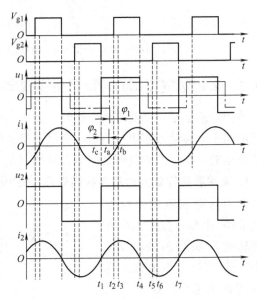

图 3-29　采用脉宽控制的对称半桥逆变串–串联谐振式无线电能传输电路工作波形

采用脉宽控制的对称半桥串–串联谐振式无线电能传输电路工作过程分为 4 个阶段。每个阶段的等效电路如图 3-30 所示。

第 1 阶段：能量回馈阶段 1。

$t_1 \sim t_3$：$t_1 \sim t_2$ 期间，谐振电流 i_1 为负，VD_1 导通，谐振回路的储能向直流侧回馈电能，谐振电流回路为 $U_{d-} \to C_{d2} \to Z_f \to R_1 \to L_1 \to C_1 \to VD_1 \to U_{d+}$。$t_2$ 时刻 VT_1 驱动，但电流 i_1 还为负，所以 VD_1 继续导通，VT_1 等待导通。接收回路耦合电压 $\omega M i_1$ 激励接收回路谐振，在 $t_1 \sim$

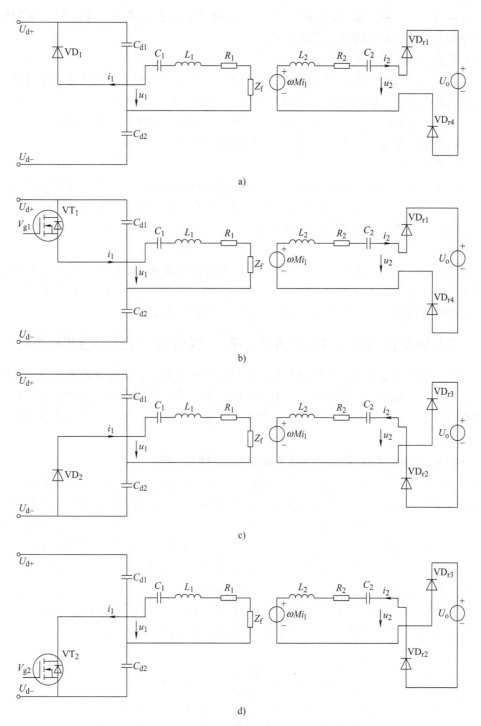

图 3-30 采用脉宽控制的对称半桥逆变串-串联谐振式无线电能传输工作过程等效电路

t_3 这段时间，u_2 和 i_2 都大于零，VD_{r1} 和 VD_{r4} 导通，输出 U_o。等效电路如图 3-30a 所示。

第 2 阶段：VT_1 导通阶段。

$t_3 \sim t_4$：t_3 时刻，发射回路谐振电流 i_1 过零向正方向上升，VT_1 导通，VD_1 关断，电流回

路为 $U_{d+} \rightarrow VT_1 \rightarrow C_1 \rightarrow L_1 \rightarrow R_1 \rightarrow Z_f \rightarrow C_{d2} \rightarrow U_{d-}$。接收回路 u_2 和 i_2 都大于零，VD_{r1} 和 VD_{r4} 继续导通，输出 U_o。等效电路如图 3-30b 所示。

第 3 阶段：能量回馈阶段 2。

$t_4 \sim t_6$：t_4 时刻 VT_1 关断，谐振电流 i_1 通过 VT_2 的反并联二极管 VD_2 流通，通过谐振回路向输入直流回馈电能，谐振电流 i_1 的回路为 $U_{d-} \rightarrow VD_2 \rightarrow C_1 \rightarrow L_1 \rightarrow R_1 \rightarrow Z_f \rightarrow C_{d1} \rightarrow U_{d+}$。$t_5$ 时刻 VT_2 驱动，但电流 i_1 还为正，所以 VD_2 继续导通，VT_2 等待导通。接收回路 i_2 小于零，u_2 为负，VD_{r2} 和 VD_{r3} 导通，输出 U_o。等效电路如图 3-30c 所示。

第 4 阶段：VT_2 导通阶段。

$t_6 \sim t_7$：t_6 时刻，发射回路谐振电流 i_1 过零向负方向上升，VD_2 关断，VT_2 导通，电流回路为 $U_{d+} \rightarrow C_{d1} \rightarrow Z_f \rightarrow R_1 \rightarrow L_1 \rightarrow C_1 \rightarrow VT_2 \rightarrow U_{d-}$。接收回路 i_2 小于零，u_2 为负，VD_{r2} 和 VD_{r3} 继续导通，输出 U_o。等效电路如图 3-30d 所示。

t_7 时刻，1 个周期结束。

从 4 个阶段分析可以看出，第 1 阶段和第 3 阶段的能量回馈时间内，直流电源是吸收谐振回路的储能，因此要求直流侧有较大的电容能够储存电能，否则会引起直流侧出现泵升电压。一般可在直流侧加大电容滤波，或增加电容桥臂的电容值。

3.3.3 采用脉宽控制的不对称半桥逆变串-串联谐振式无线电能传输电路

不对称半桥逆变器和对称半桥逆变器相比省去了桥臂电容，逆变器输出的电压是高频正半方波，谐振电容同时具有隔直作用，加在发射线圈上的电压是交流正弦波电压。两个开关管的控制信号是互补的不对称驱动脉冲，其中一个开关管关断，另一个开关管通过死区时间后接着导通。

1. 不对称半桥逆变串-串联谐振式无线电能传输电路结构

采用脉宽控制的不对称半桥逆变串-串联谐振式无线电能传输电路如图 3-31 所示。图中 U_d 是交流电压经整流滤波后的直流电压，U_d 经由开关管 VT_1、VT_2 和反并联二极管组成的单相半桥逆变电路，将直流电压逆变为方波电压 u_1。u_1 的方波只有正半波，通过谐振补偿电容 C_1 变为交流电压，这里 C_1 起到隔直的作用。C_1 和发射线圈等效电感组成发射侧串联谐振回路，将电能通过谐振方式传输到接收侧。接收侧回路由谐振补偿电容 C_2、接收线圈等效电感组成接收侧串联谐振回路，通过谐振方式接收电能。接收侧谐振回路输出的交流电压 u_2 经高频二极管 VD_{r1}、VD_{r2}、VD_{r3}、VD_{r4} 组成的单相桥式整流电路变换成直流电压 U_o 提供给负载 R_L。C_f 是输出滤波电容，i_1 和 i_2 分别是发射回路和接收回路的电流。

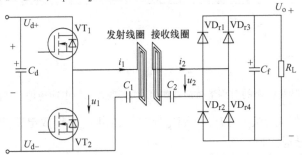

图 3-31　采用脉宽控制的不对称半桥逆变串-串联谐振式无线电能传输电路

采用脉宽控制的不对称半桥逆变串-串联谐振式无线电能传输等效电路如图 3-32 所示。输入侧谐振回路中包括补偿电容 C_1、发射线圈等效电感 L_1、线圈内阻 R_1 和反射阻抗 Z_f。接收侧回路中包括补偿电容 C_2、接收线圈等效电感 L_2、线圈内阻 R_2 和耦合电压 $\omega M i_1$。

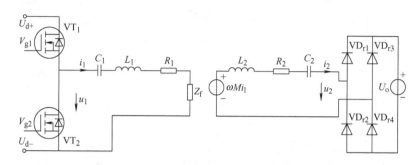

图 3-32　采用脉宽控制的不对称半桥逆变串-串联谐振式无线电能传输等效电路

2. 采用脉宽控制的不对称半桥逆变串-串联谐振式无线电能传输电路工作过程分析

接收回路和发射回路谐振电流存在对偶关系，传输电路工作波形如图 3-33 所示，图中发射电压波形 u_1 在 $t_2 \sim t_6$ 时间段为正，由于 C_1 的隔直作用，其平均电压用 u_1 波形中的点画线表示，起点为 t_a 时刻，谐振回路电流 i_1 在 t_b 时刻过零开始上升，因此发射侧的电流 i_1 滞后于电压 u_1 一个滞后角为 φ_1，根据对偶原理，接收侧的电流 i_2 超前 u_1 一个超前角 φ_2，$\varphi_1 = \varphi_2$，因此接收侧的电流 i_2 从 t_1 开始过零向正方向上升，接收侧电压 u_2 同时过零向正方向上升，这样接收侧的电流波形始终超前发射侧电流波形（$\varphi_1 + \varphi_2$）。

采用脉宽控制的不对称半桥逆变串-串联谐振式无线电能传输电路工作过程分为 5 个阶段，工作过程等效电路如图 3-34 所示。

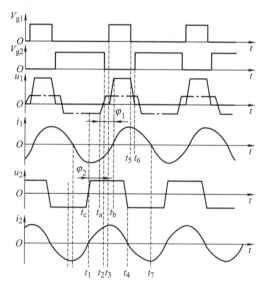

图 3-33　采用脉宽控制的不对称半桥逆变串-串联谐振式无线电能传输工作波形

第 1 阶段：发射侧谐振回路内部环流 1。

$t_1 \sim t_2$：t_1 时刻，VT$_2$ 已导通，谐振电流 i_1 通过内部环流，回路为 VT$_2 \rightarrow Z_f \rightarrow R_1 \rightarrow L_1 \rightarrow C_1 \rightarrow$ VT$_2$。接收侧在 $t_1 \sim t_2$ 时间段 u_2 和 i_2 都大于零，VD$_{r1}$ 和 VD$_{r4}$ 导通，输出 U_o，如图 3-34a 所示。

第 2 阶段：死区 1 阶段。

$t_2 \sim t_b$：t_2 时刻，VT$_2$ 关断，进入死区时段，谐振电流 i_1 通过 VT$_1$ 和 VT$_2$ 的结电容 C_{VT1}、C_{VT2} 继续谐振，t_3 时刻 VT$_1$ 驱动但未导通，电流回路为 $U_{d-} \rightarrow Z_f \rightarrow R_1 \rightarrow L_1 \rightarrow C_1 \rightarrow C_{VT1} \rightarrow U_{d+}$。接收侧在 $t_2 \sim t_b$ 时间段 u_2 和 i_2 都大于零，VD$_{r1}$ 和 VD$_{r4}$ 继续导通，输出 U_o，如图 3-34b 所示。

75

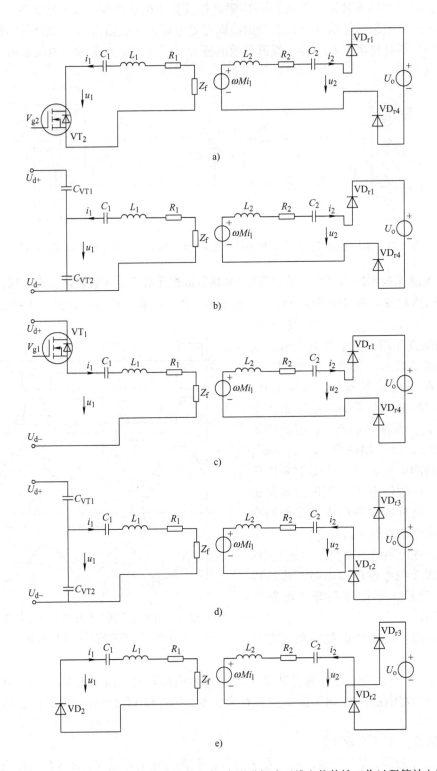

图 3-34　采用脉宽控制的不对称半桥逆变串-串联谐振式无线电能传输工作过程等效电路

第3阶段：VT_1导通阶段。

$t_3 \sim t_5$：t_3 时刻，发射回路谐振电流 i_1 过零向正方向上升，VT_1 导通，直流电源提供电能，谐振电流 i_1 的回路为 $U_{d+} \to VT_1 \to C_1 \to L_1 \to R_1 \to Z_f \to U_{d-}$。在 $t_3 \sim t_4$ 时间段，接收回路 u_2 和 i_2 都大于零，VD_{r1} 和 VD_{r4} 继续导通。$t_4 \sim t_5$ 阶段 u_2 和 i_2 过零反向，VD_{r1} 和 VD_{r4} 关断，转为 VD_{r2} 和 VD_{r3} 导通，如图 3-34c 所示。

第4阶段：死区2阶段。

$t_5 \sim t_6$：t_5 时刻，VT_1 关断，进入死区时段，谐振电流 i_1 通过 VT_1 和 VT_2 的结电容 C_{VT1} 结电容 C_{VT2} 继续谐振，t_3 时刻，VT_2 驱动但未导通，电流回路为 $U_{d+} \to C_{VT1} \to C_1 \to L_1 \to R_1 \to Z_f \to U_{d-}$。接收侧在 $t_5 \sim t_6$ 时间段 u_2 和 i_2 都小于零，VD_{r2} 和 VD_{r3} 继续导通，如图 3-34d 所示。

第5阶段：发射侧谐振回路内部环流2。

$t_6 \sim t_7$：t_6 时刻，VT_2 驱动，但由于谐振电流 i_1 继续谐振为正，VT_2 未导通，i_1 通过 VD_2 进行内部环流，其回路为 $VD_2 \to C_1 \to L_1 \to R_1 \to Z_f \to VD_2$。接收侧在 $t_6 \sim t_7$ 时间段 u_2 和 i_2 都小于零，VD_{r2} 和 VD_{r3} 继续导通，如图 3-34e 所示。

3.3.4 采用直流斩波调压控制的全桥逆变串-串联谐振式无线电能传输电路

采用直流斩波调压控制的串-串联谐振式无线电能传输电路如图 3-35 所示。直流电压 U_{d1} 经滤波电容 C_1 给全桥逆变器提供电源，经 VT_0、VD_0、VD_Z、L_0、C_2 组成直流斩波电路，实现逆变器输入直流电压 U_{d2} 的调节，由开关管 VT_1、VT_2、VT_3、VT_4 组成的单相桥式逆变电路将直流电压变换为交流方波电压，由 C_1 和发射线圈等效电感组成的发射侧串联谐振回路传输电能，由 C_2 和接收线圈等效电感组成的接收侧串联谐振回路接收电能，最后经高频二极管 VD_{r1}、VD_{r2}、VD_{r3}、VD_{r4} 组成的单相桥式整流电路变换成直流电压 U_o 提供给负载 R_L。C_f 是输出滤波电容。

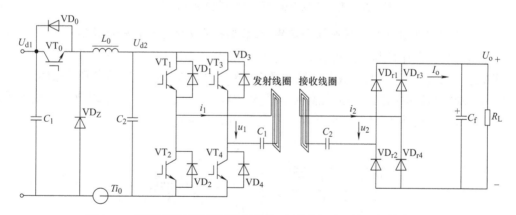

图 3-35　采用直流斩波调压控制的串-串联谐振式无线电能传输电路

1. 软开关直流斩波电路

图 3-35 的直流斩波电路中斩波功率开关管工作在大电流硬开关状态，增加了开关损耗，降低了电源效率。采用软斩波器来进行调压控制，可实现斩波功率开关管的软开关，减小开关损耗。

有源无损 Buck 斩波器等效电路和工作波形如图 3-36 所示，由基本的 Buck 变换器加上

由 VD_1、VD_2、VD_F 和辅助开关 Q_1 组成有源无损 Buck 斩波器，用于控制逆变器的输入电压，实现逆变器输出功率的调节。图 3-36a 是有源无损 Buck 斩波器等效电路，图 3-36b 是其工作波形。电路工作过程可分为 5 个工作模态。

工作模态 1 （$t_1 < t < t_2$）：t_1 时刻，Q_1 导通，负载电流 I_o 通过 L 和 Q_1，i_L 从零上升。t_2 时刻，i_L 上升到 I_o。

工作模态 2 （$t_2 < t < t_3$）：t_2 时刻，Q_1 截止，电感 L 的电流 i_L 从 Q_1 转向 VD_2 并向 C 充电，LC 谐振，i_L 下降，u_C 上升。同时 Q_2 在零电流导通。t_3 时刻，i_L 下降到零，u_C 上升到最大值。

工作模态 3 （$t_3 < t < t_4$）：t_3 时刻，当 $u_C > U_d$ 时，VD_1 导通，u_C 通过 VD_1 放电。

工作模态 4 （$t_4 < t < t_5$），t_4 时刻，u_C 放电到 U_d，VD_1 截止，u_C 保持 $u_C = U_d$。Q_2 保持导通，PWM 工作方式。u_C 上的电压和 U_d 大小相等、方向相反，Q_2 的 C、E 两端的电压为零。

工作模态 5 （$t_5 < t < t_6$）：t_5 时刻，Q_2 零电压关断，C 迅速通过 VD_1 放电，当 u_C 放电到零时，VD_1 截止，VD_F 导通续流，PWM 工作方式。t_6 时刻，Q_1 导通，进入下一个工作周期。

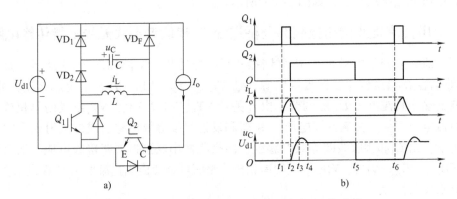

图 3-36 有源无损 Buck 斩波器等效电路和工作波形

2. 采用直流斩波调压控制的全桥逆变串-串联谐振式无线电能传输电路结构

采用直流斩波调压控制的全桥逆变串-串联谐振式无线电能传输电路如图 3-37 所示。由开关管 VT_1、VT_2、VT_3、VT_4 组成单相桥式逆变电路，C_1、L_1 组成发射端串联谐振回路，C_2、L_2 组成接收端串联谐振回路，最后经高频二极管 VD_{r1}、VD_{r2}、VD_{r3}、VD_{r4} 组成的单相桥式整流电路变换成直流电压 U_o 提供给负载 R_L，C_f 是输出滤波电容。

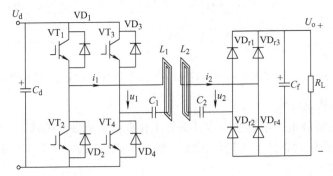

图 3-37 采用直流斩波调压控制的全桥逆变串-串联谐振式无线电能传输电路

采用直流斩波调压控制的全桥逆变串-串联谐振式无线电能传输电路等效电路如图 3-38 所示。图中直流电压 U_d 是由直流斩波电路变换的直流可调电压。U_d 经由开关管 VT_1、VT_2、VT_3、VT_4 和反并联二极管 VD_1、VD_2、VD_3、VD_4 组成单相桥式逆变电路，将直流电压逆变为交流方波电压 u_1。u_1 作为发射端谐振回路的输入电压，通过谐振补偿电容 C_1、发射线圈等效电感 L_1、等效电阻 R_1 和反射阻抗 Z_f 组成发射端串联谐振回路，将电能通过谐振方式传输到接收侧。接收侧回路由谐振补偿电容 C_2、接收线圈等效电感 L_2、等效电阻 R_2 和耦合电压 $\omega M i_1$ 组成接收侧串联谐振回路，通过谐振方式接收电能。接收侧谐振回路输出的交流电压 u_2 经高频二极管 VD_{r1}、VD_{r2}、VD_{r3}、VD_{r4} 组成的单相桥式整流电路变换成直流电压 U_o 提供给负载 R_o。i_1 和 i_2 分别是发射回路和接收回路的电流。为了保证逆变电路的安全工作，要求逆变器输出电流 i_1 滞后电压 u_1 一个相位角，采用锁相环频率跟踪控制使这个相位角达到最小，同时又能使传输系统工作在最佳谐振状态。

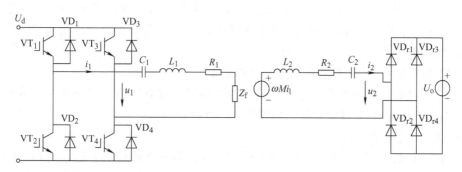

图 3-38 采用直流斩波调压控制的全桥逆变串-串联谐振式无线电能传输等效电路

3. 采用直流斩波调压控制的全桥逆变串-串联谐振式无线电能传输电路工作过程分析

接收回路和发射回路谐振电流存在对偶关系，传输电路工作波形如图 3-39 所示，图中为了保证逆变器的安全工作，开关管在导通以前先导通其反并联二极管，因此逆变器的负载一般要求在偏感性状态，发射侧的电流 i_1 滞后于电压 u_1 一个 φ_1，根据对偶原理，接收侧的电流 i_2 超前 u_1 一个超前角为 φ_2，$\varphi_1 = \varphi_2$，因此接收侧的电流 i_2 从 t_0 开始过零向正方向上升，接收侧电压 u_2 同时向正方向上升，这样接收侧的电流波形始终超前发射侧电流波形（$\varphi_1 + \varphi_2$）。

采用直流斩波调压控制的全桥逆变串-串联谐振式无线电能传输电路工作过程分为 6 个阶段，等效电路如图 3-40 所示。

第 1 阶段：电流回馈阶段。

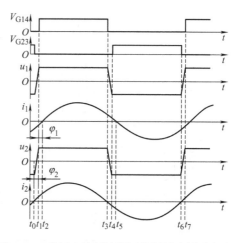

图 3-39 采用直流斩波调压控制的全桥逆变串-串联谐振式无线电能传输电路工作波形

$t_1 \sim t_2$：t_1 时刻，VT_1、VT_4 驱动，VT_2、VT_3 关断，由于谐振电流 i_1 滞后电压 u_1 为负，VT_1、VT_4 未导通，VD_1、VD_4 先导通，发射侧谐振回路储能向输入端直流侧回馈电能。接收回路耦合电压 $\omega M i_1$ 激励接收回路谐振，i_2 大

79

于零。由于 u_2 是方波，幅值大于 U_o，VD_{r1} 和 VD_{r4} 导通，输出直流电压 U_o，提供给负载，如图 3-40a 所示。

第 2 阶段：发射回路和接收回路电流同向阶段 1。

$t_2 \sim t_3$：t_2 时刻，发射回路谐振电流 i_1 过零向正方向上升，VT_1、VT_4 导通，VD_1、VD_4 关断。接收回路耦合电压 ωMi_1 激励接收回路继续谐振，VD_{r1} 和 VD_{r4} 继续导通，输出电压 U_o，如图 3-40b 所示。

第 3 阶段：死区阶段 1。

$t_3 \sim t_4$：t_3 时刻，VT_1、VT_4 关断，进入死区时段，谐振电流 i_1 通过 VT_1、VT_2、VT_3、VT_4 的结电容 C_{VT1}、C_{VT2}、C_{VT3}、C_{VT4} 继续谐振，C_{VT1}、C_{VT4} 充电，C_{VT2}、C_{VT3} 放电。接收侧 VD_{r2} 和 VD_{r3} 导通。如图 3-40c 所示。

第 4 阶段：电流回馈阶段。

$t_4 \sim t_5$：t_4 时刻，C_{VT1}、C_{VT2}、C_{VT3}、C_{VT4} 充放电结束，VT_2、VT_3 驱动，由于电流 i_1 为正，VT_2、VT_3 未导通，VD_2、VD_3 先导通，发射侧谐振回路储能向输入端直流侧回馈电能。接收侧 VD_{r2} 和 VD_{r3} 继续导通。如图 3-40d 所示。

第 5 阶段：发射回路和接收回路电流同向阶段 2。

$t_5 \sim t_6$：t_5 时刻，谐振电流 i_1 为负，VT_2、VT_3 导通，发射侧谐振回路继续向接收侧发送电能。接收侧 VD_{r2} 和 VD_{r3} 继续导通。如图 3-40e 所示。

第 6 阶段：死区阶段 2。

$t_6 \sim t_7$：t_6 时刻，VT_2、VT_3 关断，进入死区时段，谐振电流 i_1 通过 VT_1、VT_2、VT_3、VT_4 的结电容 C_{VT1}、C_{VT2}、C_{VT3}、C_{VT4} 继续谐振，C_{VT1}、C_{VT4} 放电，C_{VT2}、C_{VT3} 充电。VD_{r1} 和 VD_{r4} 导通。如图 3-40f 所示。

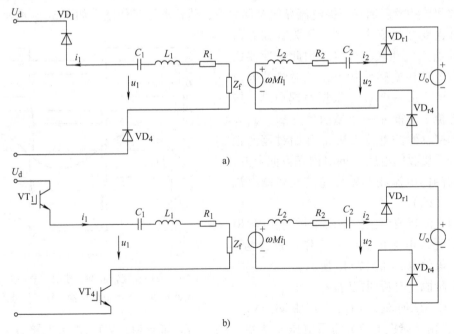

图 3-40 采用直流斩波调压控制的全桥逆变串-串联谐振式无线电能传输工作过程等效电路

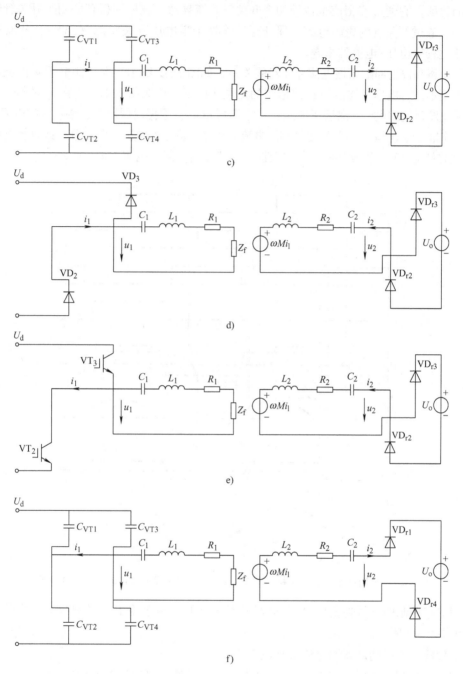

图 3-40 采用直流斩波调压控制的全桥逆变串–串联谐振式无线电能传输工作过程等效电路（续）

t_7 以后回到 t_1 开始的状态，1 个周期结束。

3.3.5 采用移相控制的全桥逆变串–串联谐振式无线电能传输电路

移相控制的全桥逆变串–串联谐振式无线电能传输系统采用脉宽调制移相控制 PSC（Phase Shifted Control）全桥逆变器，通过改变逆变器开关管驱动脉冲的相位，达到调节输出功率的目的。它通过移相使全桥的四个开关管轮流导通，在同一桥臂的两个开关管轮流导通过程中，通过开关管的寄生电容，保证开关管处于零电压开关状态（ZVS），从而避免了开关工作过程中电压/电流的重叠。

接收回路和发射回路谐振电流存在对偶关系，如图 3-41 所示，发射侧电压 u_1 的波形为小于 180° 的矩形波，电压平均值如 u_1 波形中的点画线所示，谐振回路电流 i_1 在 t_4 时刻过零开始上升，因此发射侧的电流 i_1 滞后于电压 u_1 一个滞后角 φ_1，根据对偶原理，接收侧的电流 i_2 超前 u_1 一个超前角 φ_2，$\varphi_1 = \varphi_2$，因此接收侧的电流 i_2 从 t_1' 开始过零向正方向上升，接收侧电压 u_2 同时过零向正方向上升，这样接收侧的电流波形始终超前发射侧电流波形（$\varphi_1 + \varphi_2$）。

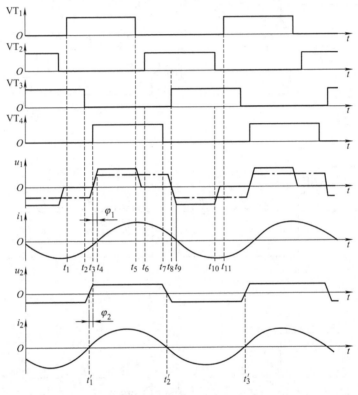

图 3-41　采用移相控制的全桥逆变串-串联谐振式无线电能传输电路工作波形

采用移相控制的全桥逆变串-串联谐振式无线电能传输电路工作过程分为 9 个阶段，等效电路如图 3-42 所示。

第 1 阶段：发射侧谐振回路内部环流 1。

$t_1 \sim t_2$：t_1 时刻，谐振电流 i_1 小于零，VT_3 和 VD_1 导通，VT_1 驱动未导通，VT_2、VT_4 关断。谐振电流 i_1 回路为 VT_3→Z_f→R_1→L_1→C_1→VD_1。接收侧在 $t_1 \sim t_2$ 时间段 u_2 和 i_2 都小于零，VD_{r2} 和 VD_{r3} 导通，如图 3-42a 所示。

第 2 阶段：发射侧谐振回路内部环流 2。

$t_2 \sim t_1'$：t_2 时刻，VT_3 关断，谐振电流 i_1 通过 VD_1 和 VT_3 的结电容 C_{VT3} 继续谐振，谐振电流 i_1 回路不变。接收侧 VD_{r2} 和 VD_{r3} 继续导通输出 U_o，如图 3-42b 所示。

第 3 阶段：发射侧谐振回路内部环流 3。

$t'_1 \sim t_4$：t'_1时刻，接收侧谐振电流 i_2 过零变正，VD_{r2} 和 VD_{r3} 关断，VD_{r1} 和 VD_{r4} 导通，输出电压 U_o。发射侧 t_3 时刻 VT_4 驱动未导通，谐振电流 i_1 回路不变。如图 3-42c 所示。

第 4 阶段：VT_1、VT_4 导通阶段。

$t_4 \sim t_5$：t_4 时刻，发射回路谐振电流 i_1 过零变正，VT_1 和 VT_4 导通，直流电源提供电能，谐振电流 i_1 的回路为 $U_{d+} \rightarrow VT_1 \rightarrow C_1 \rightarrow L_1 \rightarrow R_1 \rightarrow Z_f \rightarrow VT_4 \rightarrow U_{d-}$。接收回路 u_2 和 i_2 都大于零，VD_{r1} 和 VD_{r4} 继续导通输出 U_o。如图 3-42d 所示。

第 5 阶段：发射侧谐振回路内部环流 4。

$t_5 \sim t_7$：t_5 时刻，VT_1 关断，谐振电流 i_1 通过 VT_2 的反并联二极管 VD_2 导通，t_6 时刻 VT_2 驱动但未导通，电流回路为 $VD_2 \rightarrow C_1 \rightarrow L_1 \rightarrow R_1 \rightarrow Z_f \rightarrow VT_4$。接收侧 u_2 和 i_2 都大于零，VD_{r1} 和 VD_{r4} 继续导通，如图 3-42e 所示。

第 6 阶段：发射侧谐振回路内部环流 5。

$t_7 \sim t'_2$：t_7 时刻 VT_4 关断，谐振电流 i_1 继续谐振回路不变，i_1 通过 VD_2 和 VT_4 的结电容 C_{VT4} 进行内部环流，其回路为 $VD_2 \rightarrow C_1 \rightarrow L_1 \rightarrow R_1 \rightarrow Z_f \rightarrow C_{VT4}$。接收侧 u_2 和 i_2 都大于零，VD_{r1} 和 VD_{r4} 继续导通，如图 3-42f 所示。

第 7 阶段：发射侧谐振回路内部环流 6。

$t'_2 \sim t_9$：t'_2时刻，接收侧 u_2 和 i_2 都小于零，VD_{r1} 和 VD_{r4} 关断，VD_{r2} 和 VD_{r3} 导通。t_8 时刻，VT_3 驱动未导通，发射侧谐振电流回路不变。如图 3-42g 所示。

第 8 阶段：VT_2、VT_3 导通阶段。

$t_9 \sim t_{10}$：t_9 时刻，发射回路谐振电流 i_1 过零变负，VT_2 和 VT_3 导通，直流电源提供电能，谐振电流 i_1 的回路为 $U_{d+} \rightarrow VT_3 \rightarrow Z_f \rightarrow R_1 \rightarrow L_1 \rightarrow C_1 \rightarrow VT_2 \rightarrow U_{d-}$。接收回路 u_2 和 i_2 都小于零，VD_{r2} 和 VD_{r3} 继续导通，输出 U_o。如图 3-42h 所示。

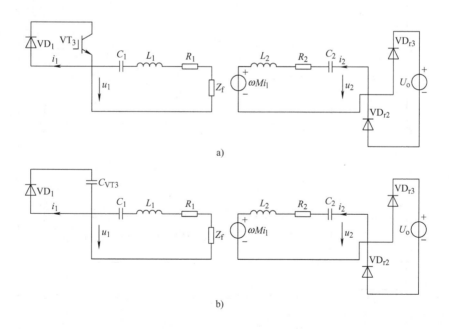

图 3-42 采用移相控制的全桥逆变串-串联谐振式无线电能传输电路工作过程等效电路

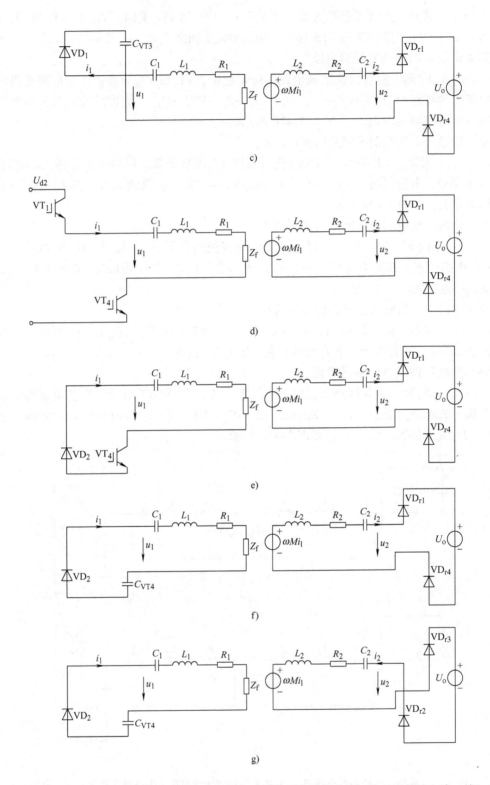

图 3-42 采用移相控制的全桥逆变串–串联谐振式无线电能传输电路工作过程等效电路（续）

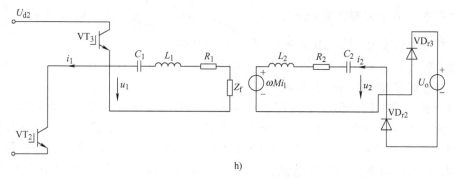

h)

图 3-42　采用移相控制的全桥逆变串-串联谐振式无线电能传输电路工作过程等效电路（续）

第 9 阶段：发射侧谐振回路内部环流 7。

$t_{10} \sim t_{11}$：t_{10} 时刻，VT$_2$ 关断，VT$_3$ 和 VD$_1$ 导通，谐振电流 i_1 的回路为 VT$_3 \rightarrow Z_f \rightarrow R_1 \rightarrow L_1 \rightarrow$ $C_1 \rightarrow$ VD$_1$，发射侧进入内部环流。接收侧在 $t_1 \sim t_2$ 时间段 u_2 和 i_2 都小于零，VD$_{r2}$ 和 VD$_{r3}$ 导通，输出 U_o。等效电路与图 3-42a 相同。

t_{11} 时刻，VT$_1$ 驱动，回到第 1 阶段状态，1 个周期结束。

3.3.6　采用调频控制的串-串联谐振式无线电能传输电路

调频控制 PFM（Pulse Frequency Modulation）功率调节方式通过改变逆变器开关管驱动脉冲的频率，实际上是改变逆变器输出电压和电流的相位，来达到调节输出功率的目的。

采用调频控制的串-串联谐振式无线电能传输电路与图 3-38 相同。在串-串联谐振式无线电能传输系统中，全桥逆变器负载电路等效阻抗为

$$Z = R_1 + Z_f + j\omega L_1 + \frac{1}{j\omega C_1}$$

式中，$Z_f = \dfrac{\omega^2 M^2}{R_L + R_2 + j\omega L_2 + \dfrac{1}{j\omega C_2}}$ 为反射阻抗。设发射线圈和接收线圈参数一致，$L_1 = L_2$，

$C_1 = C_2$，$Z_L = j\omega L_2 + \dfrac{1}{j\omega C_2} = j\omega L_1 + \dfrac{1}{j\omega C_1}$，全桥逆变器负载电路等效阻抗还可写为

$$Z = R_1 + \frac{\omega^2 M^2}{R_L + R_2 + Z_L} + Z_L$$

由上式可知，改变逆变器的工作频率 ω 就可以改变 Z_L，从而达到功率调节的目的。根据谐振角频率 ω 的变化，该电路有以下几种工作状态：

当角频率 ω 远远大于谐振点频率 ω_0 时，$j\omega L_2 \gg \dfrac{1}{j\omega C_2}$，$j\omega L_1 \gg \dfrac{1}{j\omega C_1}$，$Z_L$ 很大，Z 也很大，意味着逆变器输出电流的相位远远滞后于电压的相位，逆变器输出功率因数很低，而且输出电流很小。

当角频率 ω 逐渐向谐振点频率 ω_0 靠近时，$j\omega L_2 \geqslant \dfrac{1}{j\omega C_2}$，$j\omega L_1 \geqslant \dfrac{1}{j\omega C_1}$，$Z_L$ 逐渐减小，Z 也逐渐减小，意味着逆变器输出电压/电流的相位逐渐减小，输出功率因数逐渐增加，输出电流逐渐增加。

当角频率 ω 等于谐振频率 ω_0 时，$j\omega L_2 = \dfrac{1}{j\omega C_2}$，$j\omega L_1 = \dfrac{1}{j\omega C_1}$，$Z_L = 0$，$Z = R_1 + \dfrac{\omega^2 M^2}{R_L + R_2}$ 最小，输出功率因数最大，输出电流最大，输出功率达到最大。

下面分析当 $0° < \varphi < 90°$ 时单相全桥逆变电路频率控制的工作过程，工作波形如图 3-43 所示。工作过程等效电路如图 3-44 所示。

接收回路和发射回路谐振电流存在对偶关系，即接收回路和发射回路谐振电流波形与发射回路平均电压波形之间的相位有关。在图 3-43 中，电压波形 u_1 在 $t_2 \sim t_3$ 时间段为正，是由于在这段时间内 VT_1 和 VT_4 的反并联二极管 VD_1 和 VD_4 导通，谐振回路电流 i_1 通过 VD_1 和 VD_4 向直流侧回馈电能，所以发射侧在这段时间是无功功率产生的电压，有功功率的电压是在 $t_3 \sim t_4$ 时间段，u_1 的有功电压平均值如 u_1 波形中的点画线所示，起点为 t_2 时刻，谐振回路电流 i_1 在 t_3 时刻过零开始上升，因此发射侧的电流 i_1 滞后于 u_1 的平均电压一个滞后角 φ_1，根据对偶原理，接收侧的电流 i_2 超前 u_1 的平均电压一个时间段（$t_a \sim t_2$），其超前角为 φ_2，$\varphi_1 = \varphi_2$。这样接收侧谐振电流 i_2 超前发射侧谐振电流 i_1 的超前角为（$\varphi_1 + \varphi_2$）。

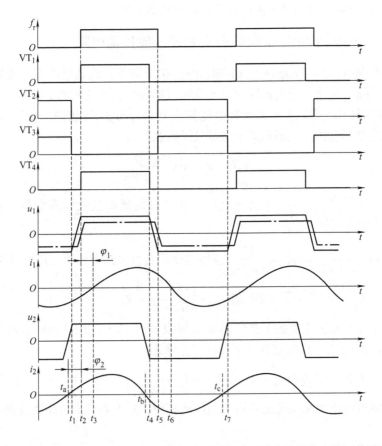

图 3-43　当 $0° < \varphi < 90°$ 时频率控制串-串联谐振式无线电能传输电路工作波形

频率控制串-串联谐振式无线电能传输电路工作过程可分解为 6 个工作阶段，工作过程等效电路如图 3-44 所示。

第1阶段：死区阶段1。

$t_1 \sim t_2$：t_1 时刻，VT_2、VT_3 关断，进入死区时段，谐振电流 i_1 通过 VT_1、VT_2、VT_3、VT_4 的结电容 C_{VT1}、C_{VT2}、C_{VT3}、C_{VT4} 谐振，C_{VT1}、C_{VT4} 放电，C_{VT2}、C_{VT3} 充电。VD_{r1} 和 VD_{r4} 导通。如图 3-44a 所示。

第2阶段：电能回馈阶段1。

$t_2 \sim t_3$：t_2 时刻，控制电路发出 VT_1、VT_4 驱动信号，由于电流 i_1 滞后电压 u_1 为负，VD_1、VD_4 先导通，VT_1、VT_4 未导通，VT_2、VT_3 处于关断状态，谐振回路储能向逆变器输入侧回馈电能。接收回路耦合电压 $\omega M i_1$ 激励接收回路谐振。根据电路理论，当磁耦合互感电路输入是感性时（电流 i_1 滞后电压 u_1），其输出呈容性（电流 i_1 超前电压 u_2），i_2 大于零。由于 u_2 是方波，幅值大于 U_o，VD_{r1} 和 VD_{r4} 继续导通，向恒压源 U_o（包括负载 R_o）充电。如图 3-44b 所示。

第3阶段：VT_1、VT_4 导通阶段。

$t_3 \sim t_4$：t_3 时刻，发射回路谐振电流 i_1 过零向正方向上升，VT_1、VT_4 导通，VD_1、VD_4 关断，VT_2、VT_3 继续关断。接收回路耦合电压 $\omega M i_1$ 激励接收回路继续谐振，VD_{r1} 和 VD_{r4} 继续导通，向恒压源 U_o 充电。如图 3-44c 所示。其中在 t_b 时刻，i_2 过零变负，VD_{r1} 和 VD_{r4} 关断，VD_{r2} 和 VD_{r3} 导通。

第4阶段：死区阶段2。

$t_4 \sim t_5$：t_4 时刻，VT_1、VT_4 关断，进入死区时段，谐振电流 i_1 通过 VT_1、VT_2、VT_3、VT_4 的结电容 C_{VT1}、C_{VT2}、C_{VT3}、C_{VT4} 继续谐振，C_{VT1}、C_{VT4} 充电，C_{VT2}、C_{VT3} 放电。接收侧 VD_{r2} 和 VD_{r3} 继续导通。如图 3-44d 所示。

第5阶段：电能回馈阶段2。

$t_5 \sim t_6$：t_5 时刻，C_{VT1}、C_{VT2}、C_{VT3}、C_{VT4} 充放电结束，VT_2、VT_3 驱动，由于电流 i_1 为正，VD_2、VD_3 先导通，VT_2、VT_3 未导通，VT_1、VT_4 处于关断状态，谐振回路储能向逆变器输入侧回馈电能。接收侧 VD_{r2} 和 VD_{r3} 继续导通。如图 3-44e 所示。

第6阶段：VT_2、VT_3 导通阶段。

$t_6 \sim t_7$：t_6 时刻，发射侧谐振电流 i_1 变负，VD_2、VD_3 关断，VT_2、VT_3 导通。接收侧谐振电流 i_2 继续为负，VD_{r2} 和 VD_{r3} 继续导通。如图 3-44d 所示。其中在 t_c 时刻，i_2 过零变正，VD_{r2} 和 VD_{r3} 关断，VD_{r1} 和 VD_{r4} 导通。

t_7 时刻，VT_2、VT_3 关断，1 个周期结束。

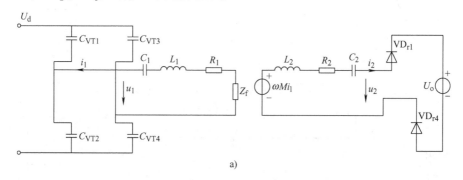

a)

图 3-44　调频控制工作过程等效电路

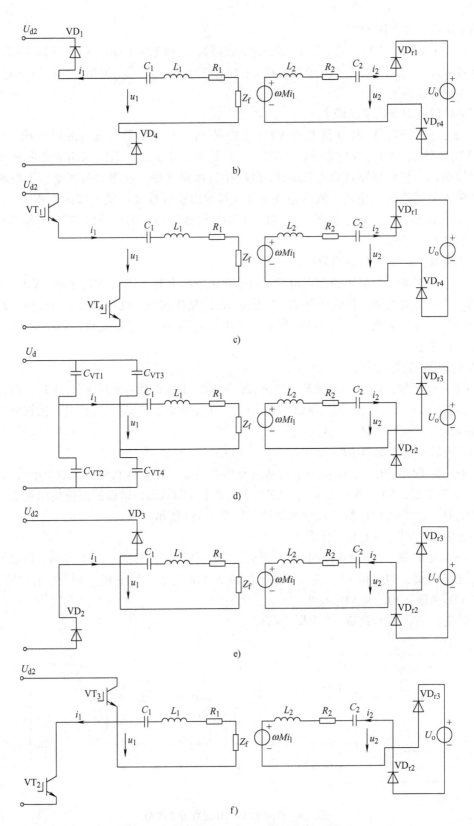

图 3-44 调频控制工作过程等效电路（续）

3.4 串-并联谐振式无线电能传输电路

串-并联谐振式无线电能传输电路发射侧采用串联补偿，发射侧的变换电路可以采用串联谐振式，包括直流调压控制逆变方式、PWM脉宽控制逆变方式、移相控制逆变方式等。接收侧采用并联补偿，并联补偿电容后的整流电路需要串接电感滤波，使输出电流为恒电流。

3.4.1 采用脉宽控制的对称半桥逆变串-并联谐振式无线电能传输电路

1. 采用脉宽控制的对称半桥逆变串-并联谐振式无线电能传输电路结构

采用脉宽控制的对称半桥逆变串-并联谐振式无线电能传输电路如图3-45所示。图中发射侧传输电路和串-串联发射侧传输电路相同，U_d 是交流电压经整流滤波后的直流电压，经由开关管 VT_1、VT_2 和电容 C_{d1}、C_{d2} 组成单相对称半桥逆变电路，将直流电压逆变为交流方波电压 u_1。u_1 作为发射侧谐振回路的输入电压，通过谐振补偿电容 C_1、发射线圈等效电感组成发射侧串联谐振回路，将电能通过磁耦合共振方式传输到接收侧。接收侧回路由谐振补偿电容 C_2、接收线圈等效电感组成接收侧并联谐振回路，通过磁耦合共振方式接收电能。接收侧谐振回路输出的交流电压 u_2 经高频二极管 VD_{r1}、VD_{r2}、VD_{r3}、VD_{r4} 组成的单相桥式整流电路变换成直流电压，经电感滤波变换成恒电流，经电容 C_f 滤波输出电压 U_o，提供给负载 R_L。

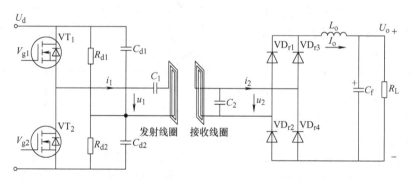

图 3-45　采用脉宽控制的对称半桥逆变串-并联谐振式无线电能传输电路

采用脉宽控制的对称半桥逆变串-并联谐振式无线电能传输等效电路如图3-46所示，发射侧谐振回路中包括补偿电容 C_1、发射线圈等效电感 L_1、线圈内阻 R_1 和反射阻抗 Z_f。接收端回路中包括补偿电容 C_2、接收线圈等效电感 L_2、线圈内阻 R_2 和耦合电压 $\omega M i_1$。由第2章中串-并联谐振式互感模型的电路网孔方程 u_2 的表达式，可得接收部分 L_2 和 R_2 串联后再和 C_2 并联的结构。

2. 采用脉宽控制的对称半桥逆变串-并联谐振式无线电能传输电路工作过程分析

接收回路和发射回路谐振电流存在对偶关系，传输电路工作波形如图3-47所示。发射电压波形 u_1 在 $t_1 \sim t_2$ 时间段为正，是由于在这段时间 VT_1 的反并联二极管导通，谐振回路电流 i_1 通过该反并联二极管向直流侧回馈电能，所以发射侧在这段时间是无功功率产生的电压，有功功率的电压是在 $t_2 \sim t_3$ 时间段，u_1 的有功电压平均值如 u_1 波形中的点画线所

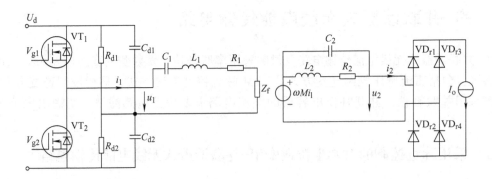

图 3-46 采用脉宽控制的对称半桥逆变串-并联谐振式无线电能传输等效电路

示，谐振回路电流 i_1 在 t_2 时刻过零开始上升，因此发射侧的电流 i_1 滞后于电压 u_1 的滞后角为 φ_1。根据对偶原理，接收侧的并联谐振电压 u_1 滞后发射侧的电流 i_1 的滞后角为 φ_2，$\varphi_1 = \varphi_2$。因此接收侧电压 u_2 滞后发射侧电压 u_1 滞后角为（$\varphi_1 + \varphi_2$）。

采用脉宽控制的对称半桥逆变串-并联谐振式无线电能传输电路工作过程分为 7 个阶段。每个阶段的等效电路如图 3-48 所示。

第 1 阶段：能量回馈阶段 1。

$t_1 \sim t_2$：t_1 时刻 VT_1 驱动，由于发射侧谐振电流 i_1 为负，所以 VD_1 先导通，VT_1 未导通，谐振回路的储能向直流侧回馈电能，谐振电流回路为 $U_{d-} \rightarrow C_{d2} \rightarrow Z_f \rightarrow R_1 \rightarrow L_1 \rightarrow C_1 \rightarrow VD_1 \rightarrow U_{d+}$。接收回路耦合电压 ωMi_1 激励接

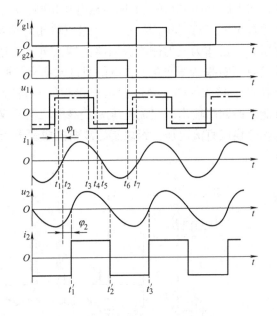

图 3-47 采用脉宽控制的对称半桥逆变串-并联谐振式无线电能传输电路工作波形

收回路谐振，u_2 和 i_2 都小于零，VD_{r2} 和 VD_{r3} 导通，输出恒流 I_o。等效电路如图 3-48a 所示。

第 2 阶段：接收侧电流和发射侧电流反向阶段 1。

$t_2 \sim t_1'$：t_2 时刻，发射回路谐振电流 i_1 过零向正方向上升，VT_1 导通，VD_1 关断，电流回路为 $U_{d+} \rightarrow VT_1 \rightarrow C_1 \rightarrow L_1 \rightarrow R_1 \rightarrow Z_f \rightarrow C_{d2} \rightarrow U_{d-}$。$u_2$ 和 i_2 继续小于零，VD_{r2} 和 VD_{r3} 继续导通，输出恒流 I_o。等效电路如图 3-48b 所示。

第 3 阶段：接收侧电流和发射侧电流同向阶段 1。

$t_1' \sim t_3$：t_1' 时刻，发射回路不变，接收回路谐振电流 i_2 过零变正，u_2 大于零，VD_{r2} 和 VD_{r3} 关断，VD_{r1} 和 VD_{r4} 导通，输出恒流 I_o。等效电路如图 3-48c 所示。

第 4 阶段：能量回馈阶段 2。

$t_3 \sim t_5$：t_3 时刻，VT_1 关断，谐振电流 i_1 通过 VT_2 的反并联二极管 VD_2 流通，谐振回路储能向输入直流侧回馈电能，谐振电流 i_1 的回路为 $U_{d-} \to VD_2 \to C \to L_1 \to R_1 \to Z_f \to C_{d1} \to U_{d+}$。$t_4$ 时刻 VT_2 驱动，但电流 i_1 还为正，VT_2 未导通，VD_2 继续导通。接收回路 i_2 和 u_2 大于零，VD_{r1} 和 VD_{r4} 继续导通，输出恒流 I_o。如图 3-48d 所示。

第 5 阶段：接收侧电流和发射侧电流反向阶段 2。

$t_5 \sim t_2'$：t_5 时刻，发射回路谐振电流 i_1 过零变负，VD_2 关断，VT_2 导通，谐振电流 i_1 的回路变为 $U_{d+} \to C_{d1} \to Z_f \to R_1 \to L_1 \to C_1 \to VT_2 \to U_{d-}$。接收回路 i_2 和 u_2 继续大于零，VD_{r1} 和 VD_{r4} 继续导通，输出恒流 I_o。如图 3-48e 所示。

第 6 阶段：接收侧电流和发射侧电流同向阶段 2。

$t_2' \sim t_6$：t_2' 时刻，发射回路不变，接收回路谐振电流 i_2 过零变负，u_2 小于零，VD_{r1} 和 VD_{r4} 关断，VD_{r2} 和 VD_{r3} 导通，输出恒流 I_o。等效电路如图 3-48f 所示。

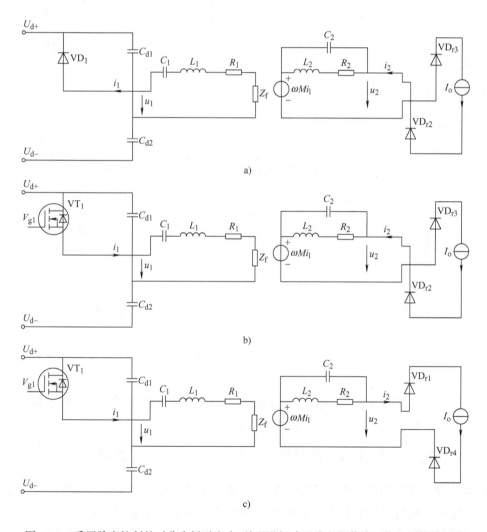

图 3-48　采用脉宽控制的对称半桥逆变串-并联谐振式无线电能传输工作过程等效电路

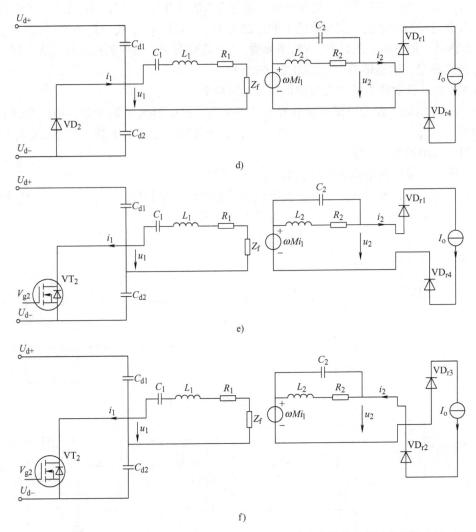

图 3-48　采用脉宽控制的对称半桥逆变串–并联谐振式无线电能传输工作过程等效电路（续）

第 7 阶段：与能量回馈阶段 1 衔接。

$t_6 \sim t_7$：t_6 时刻 VT_2 关断，谐振电流 i_1 通过 VT_1 的反并联二极管 VD_1 流通，通过谐振回路向输入直流回馈电能，谐振电流 i_1 的回路和第一阶段相同。t_7 时刻，1 个周期结束。

从 7 个阶段分析可以看出，第 1、第 4 和第 7 阶段是能量回馈时间，直流电源吸收谐振回路的储能。另外发射侧的电能传输到接收侧有一个滞后角 φ_1。

3.4.2　采用脉宽控制的不对称半桥逆变串–并联谐振式无线电能传输电路

1. 采用脉宽控制的不对称半桥逆变串–并联谐振式无线电能传输电路结构

采用脉宽控制的不对称半桥逆变串–并联谐振式无线电能传输电路如图 3-49 所示。图中发射侧电路部分和图 3-31 的发射侧电路相同，接收侧电路部分和图 3-45 的接收侧电路相同。

采用脉宽控制的不对称半桥逆变串–并联谐振式无线电能传输等效电路如图 3-50 所示。

图中发射侧电路部分和图 3-32 的发射侧电路相同，接收侧电路部分和图 3-46 的接收侧电路相同。

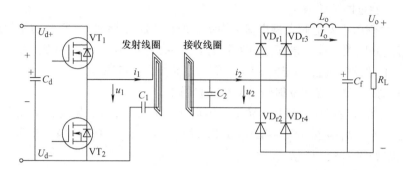

图 3-49　采用脉宽控制的不对称半桥逆变串-并联谐振式无线电能传输电路

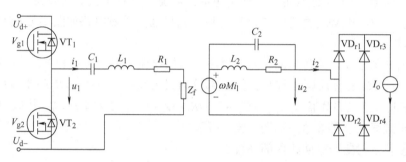

图 3-50　采用脉宽控制的不对称半桥逆变串-并联谐振式无线电能传输等效电路

2. 采用脉宽控制的不对称半桥逆变串-并联谐振式无线电能传输电路工作过程分析

接收回路和发射回路谐振电流存在对偶关系，传输电路工作波形如图 3-51 所示，图中发射电压波形 u_1 在 $t_2 \sim t_4$ 时间段为正，由于 C_1 的隔直作用，其平均电压用 u_1 波形中的点画线表示，谐振回路电流 i_1 在 t_3 时刻过零开始上升，因此发射侧的电流 i_1 滞后于电压 u_1 一个滞后角 φ_1，根据对偶原理，接收侧并联谐振的电压 u_2 滞后 u_1 一个滞后角 φ_2，$\varphi_1 = \varphi_2$，这样接收侧的电压波形始终滞后发射侧电流波形一个滞后角 φ_2。

采用脉宽控制的不对称半桥逆变串-并联谐振式无线电能传输电路工作过程分为 8 个阶段，等效电路如图 3-52 所示。

第 1 阶段：死区阶段 1。

$t_1 \sim t_2$：t_1 时刻，VT_2 关断，进入死区时段，谐振电流 i_1 通过 VT_1 和 VT_2 的结电容 C_{VT1} 和 C_{VT2} 继续谐振，C_{VT1} 放电，C_{VT2} 充电。谐振电流 i_1 的回路为 $C_{VT2} \rightarrow Z_f \rightarrow R_1 \rightarrow$

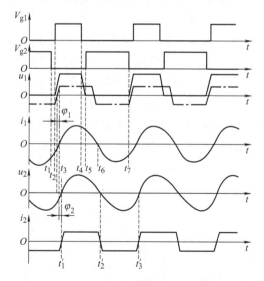

图 3-51　采用脉宽控制的不对称半桥逆变串-并联谐振式无线电能传输电路工作波形

$L_1 \to C_1 \to C_{VT2}$。接收侧 u_2 和 i_2 都小于零，VD_{r2} 和 VD_{r3} 导通，输出恒流 I_o，等效电路如图 3-52a 所示。

第 2 阶段：能量回馈阶段 1。

$t_2 \sim t_3$：t_2 时刻由于发射侧谐振电流 i_1 为负，所以 VD_1 先导通，VT_1 驱动未导通，谐振回路的储能向直流侧回馈电能，谐振电流回路为 $U_{d-} \to Z_f \to R_1 \to L_1 \to C_1 \to VD_1 \to U_{d+}$。接收回路不变，$VD_{r2}$、$VD_{r3}$ 继续导通，输出恒流 I_o。等效电路如图 3-52b 所示。

第 3 阶段：接收侧电流和发射侧电流反向阶段 1。

$t_3 \sim t_1'$：t_3 时刻，发射回路谐振电流 i_1 过零向正方向上升，VT_1 导通，谐振电流回路变为 $U_{d+} \to VT_1 \to C_1 \to L_1 \to R_1 \to Z_f \to C_{d2} \to U_{d-}$。$u_2$ 和 i_2 继续小于零，VD_{r2} 和 VD_{r3} 继续导通，输出恒流 I_o。等效电路如图 3-52c 所示。

第 4 阶段：VT_1 导通阶段。

$t_1' \sim t_4$：t_1' 时刻，VT_1 继续导通，直流电源提供电能，谐振电流 i_1 的回路不变。接收侧 u_2 和 i_2 过零变正，VD_{r2} 和 VD_{r3} 关断，转为 VD_{r1} 和 VD_{r4} 导通。等效电路如图 3-52d 所示。

第 5 阶段：死区阶段 2。

$t_4 \sim t_5$：t_4 时刻，VT_1 关断，进入死区时段，谐振电流 i_1 通过 VT_1 和 VT_2 的结电容 C_{VT1} 和 C_{VT2} 继续谐振。电流 i_1 分成两个部分，第一部分通过 $C_{VT1} \to C_1 \to L_1 \to R_1 \to Z_f \to U_{d-} \to U_{d+} \to C_{VT1}$ 对 C_{VT1} 充电，第二部分通过 $C_{VT2} \to C_1 \to L_1 \to R_1 \to Z_f \to C_{VT2}$ 使 C_{VT2} 放电。接收侧状态不变，VD_{r1} 和 VD_{r4} 继续导通。等效电路如图 3-52e 所示。

第 6 阶段：发射侧谐振回路内部环流 1。

$t_5 \sim t_6$：t_5 时刻 VT_2 驱动，但由于谐振电流 i_1 继续谐振为正，VT_2 未导通，i_1 通过 VD_2 进行内部环流，其回路为 $VD_2 \to C_1 \to L_1 \to R_1 \to Z_f \to VD_2$。接收侧状态不变，$VD_{r1}$ 和 VD_{r4} 继续导通，等效电路如图 3-52f 所示。

第 7 阶段：接收侧电流和发射侧电流反向阶段 2。

$t_6 \sim t_2'$：t_6 时刻，发射回路谐振电流 i_1 过零变负，VT_2 导通，VD_2 关断，发射侧谐振回路内部环流，谐振电流 i_1 回路为 $VT_2 \to Z_f \to R_1 \to L_1 \to C_1 \to VT_2$。接收回路 i_2 和 u_2 大于零，VD_{r1} 和 VD_{r4} 继续导通，输出恒流 I_o。等效电路如图 3-52g 所示。

第 8 阶段：发射侧谐振回路内部环流 2。

$t_2' \sim t_7$：t_2' 时刻，发射侧 VT_2 继续导通。接收侧 u_2 和 i_2 过零反向，VD_{r1} 和 VD_{r4} 关断，转为 VD_{r2} 和 VD_{r3} 导通。等效电路如图 3-52h 所示。

t_7 时刻，1 个周期结束。

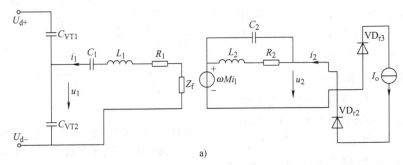

图 3-52 采用脉宽控制的不对称半桥逆变串-并联谐振式无线电能传输工作过程等效电路

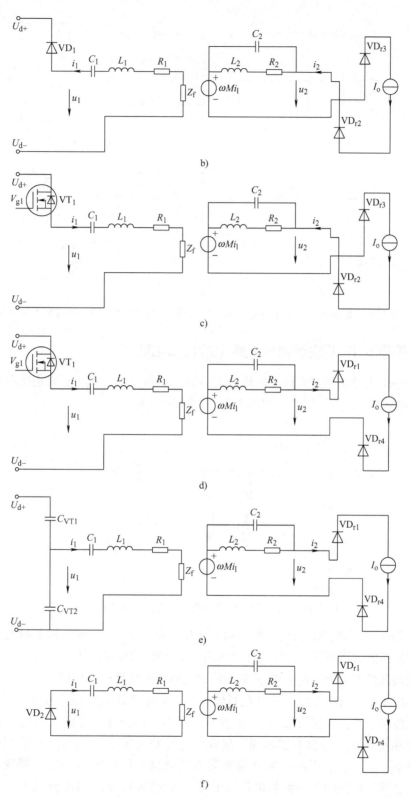

b)

c)

d)

e)

f)

图 3-52 采用脉宽控制的不对称半桥逆变串-并联谐振式无线电能传输工作过程等效电路（续）

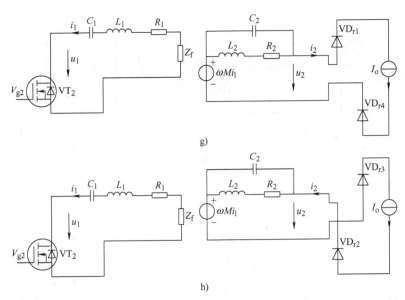

g)

h)

图 3-52 采用脉宽控制的不对称半桥逆变串-并联谐振式无线电能传输工作过程等效电路（续）

3.4.3 全桥逆变串-并联谐振式无线电能传输电路

全桥逆变串-并联谐振式无线电能传输电路如图 3-53 所示。其中的发射侧部分和图 3-37 中的发射侧电路相同，接收侧部分和图 3-45 的接收侧电路相同。

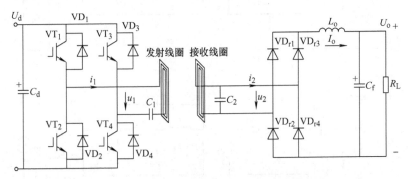

图 3-53　全桥逆变串-并联谐振式无线电能传输电路

全桥逆变串-并联谐振式无线电能传输等效电路如图 3-54 所示。其中的发射侧部分和图 3-38 中的发射侧电路相同，接收侧部分和图 3-46 的接收侧电路相同。

1. 采用调压控制的全桥逆变串-并联谐振式无线电能传输过程分析

接收回路和发射回路谐振电流存在对偶关系，采用调压控制的全桥逆变串-并联谐振式无线电能传输电路工作波形如图 3-55 所示。图中发射侧谐振电流 i_1 滞后于逆变器输出电压 u_1 一个相位角 φ_1，根据对偶原理，接收侧的并联谐振电压 u_2 滞后发射侧谐振电流 i_1 一个滞后角 φ_2，$\varphi_1 = \varphi_2$，因此接收侧的并联谐振电流 i_2 从 t_3 时刻开始过零变正，u_2 同时过零变正，这样接收侧的并联谐振电压 u_2 的波形始终滞后发射侧谐振电流 i_1 波形一个滞后角 φ_2。

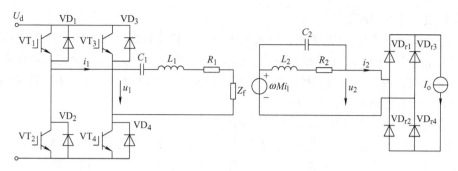

图 3-54　全桥逆变串-并联谐振式无线电能传输等效电路

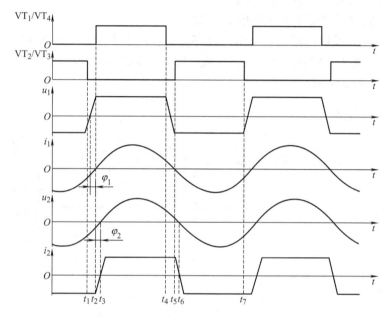

图 3-55　采用调压控制的全桥逆变串-并联谐振式无线电能传输电路工作波形

采用调压控制的全桥逆变串-并联谐振式无线电能传输电路工作过程分为 6 个阶段，工作过程等效电路如图 3-56 所示。

第 1 阶段：死区时间 1。

$t_1 \sim t_2$：t_1 时刻，VT_2、VT_3 关断，进入死区时段，谐振电流 i_1 通过 VT_1、VT_2、VT_3、VT_4 的结电容 C_{VT1}、C_{VT2}、C_{VT3}、C_{VT4} 继续谐振，C_{VT1}、C_{VT4} 放电，C_{VT2}、C_{VT3} 充电，谐振电流 i_1 回路为 $C_{VT3}C_{VT4} \rightarrow Z_f \rightarrow R_1 \rightarrow L_1 \rightarrow C_1 \rightarrow C_{VT1}C_{VT2}$。接收侧 u_2 和 i_2 都小于零，VD_{r2} 和 VD_{r3} 导通，输出恒流 I_o，等效电路如图 3-56a 所示。

第 2 阶段：发射侧电流和接收侧电流反向阶段 1。

$t_2 \sim t_3$：t_2 时刻，发射回路谐振电流 i_1 过零变正，VT_1、VT_4 导通，谐振电流 i_1 回路为 $U_{d+} \rightarrow VT_1 \rightarrow C_1 \rightarrow L_1 \rightarrow R_1 \rightarrow Z_f \rightarrow VT_4 \rightarrow U_{d-}$。接收回路 VD_{r2} 和 VD_{r3} 继续导通，输出恒流 I_o，如图 3-56b 所示。

第 3 阶段：发射侧电流和接收侧电流同向阶段 1。

$t_3 \sim t_4$：t_3 时刻，接收回路谐振电流 i_2 过零变正，u_2 大于零，VD_{r2} 和 VD_{r3} 关断，VD_{r1} 和 VD_{r4} 导通，输出恒流 I_o。发射回路不变。等效电路如图 3-56c 所示。

第 4 阶段：死区时间 2。

$t_4 \sim t_5$：t_4 时刻，VT_1、VT_4 关断，进入死区时段，谐振电流 i_1 通过 VT_1、VT_2、VT_3、VT_4 的结电容 C_{VT1}、C_{VT2}、C_{VT3}、C_{VT4} 继续谐振，C_{VT2}、C_{VT3} 放电，C_{VT1}、C_{VT4} 充电，谐振电流 i_1 回路为 $C_{VT1}C_{VT2} \to C_1 \to L_1 \to R_1 \to Z_f \to C_{VT3}C_{VT4}$。接收侧 u_2 和 i_2 都大于零，VD_{r1} 和 VD_{r4} 继续导通，输出恒流 I_o，等效电路如图 3-56d 所示。

第 5 阶段：发射侧电流和接收侧电流反向阶段 2。

$t_5 \sim t_6$：t_5 时刻，发射回路谐振电流 i_1 过零变负，VT_2、VT_3 导通，谐振电流 i_1 回路为 $U_{d+} \to VT_3 \to Z_f \to R_1 \to L_1 \to C_1 \to VT_2 \to U_{d-}$。接收侧 u_2 和 i_2 都大于零，VD_{r1} 和 VD_{r4} 继续导通，输出恒流 I_o，等效电路如图 3-56e 所示。

第 6 阶段：发射侧电流和接收侧电流同向阶段 2。

$t_6 \sim t_7$：t_6 时刻，接收回路谐振电流 i_2 过零变负，u_2 小于零，VD_{r1} 和 VD_{r4} 关断，VD_{r2} 和 VD_{r3} 导通，输出恒流 I_o。发射回路不变。等效电路如图 3-56f 所示。

t_7 时刻，1 个周期结束。

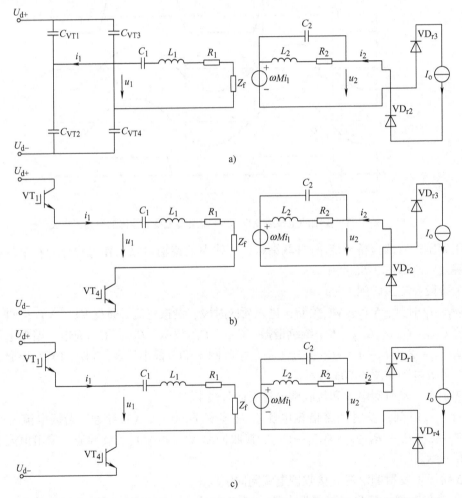

图 3-56 采用调压控制的全桥逆变串-并联谐振式无线电能传输工作过程等效电路

98

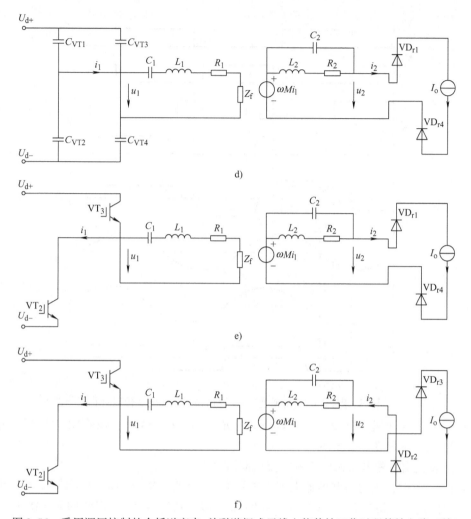

d)

e)

f)

图 3-56 采用调压控制的全桥逆变串-并联谐振式无线电能传输工作过程等效电路（续）

2. 采用移相控制的全桥逆变串-并联谐振式无线电能传输过程分析

接收回路和发射回路谐振电流存在对偶关系，采用移相控制的全桥逆变串-并联谐振式无线电能传输工作波形如图 3-57 所示，发射侧电压 u_1 的波形为小于或等于 180° 的矩形波，其平均值如 u_1 波形中的点画线所示，谐振回路电流 i_1 在 t_4 时刻过零变正，因此发射侧的电流 i_1 滞后于电压 u_1 一个滞后角为 φ_1，根据对偶原理，接收侧的电压 u_2 滞后 i_1 一个滞后角 φ_2，$\varphi_1 = \varphi_2$，因此接收侧的电压 u_2 从 t_5 开始过零变正。

采用移相控制的全桥逆变串-并联谐振式无线电能传输电路工作过程可分解为 9 个阶段，工作过程等效电路如图 3-58 所示。

第 1 阶段：发射侧谐振回路内部环流 1。

$t_1 \sim t_2$：t_1 时刻，谐振电流 i_1 小于零，VT_3 和 VD_1 导通，VT_1 驱动未导通，VT_2、VT_4 关断。谐振电流 i_1 回路为 $VT_3 \rightarrow Z_f \rightarrow R_1 \rightarrow L_1 \rightarrow C_1 \rightarrow VD_1$。接收侧在 $t_1 \sim t_2$ 时间段，u_2 和 i_2 都小于零，VD_{r2} 和 VD_{r3} 导通，输出 U_o，如图 3-58a 所示。

第 2 阶段：死区阶段 1。

$t_2 \sim t_4$：t_2 时刻，VT_3 关断，谐振电流 i_1 通过 VD_1 和 VT_3 的结电容 C_{VT3} 继续谐振，t_3 时刻

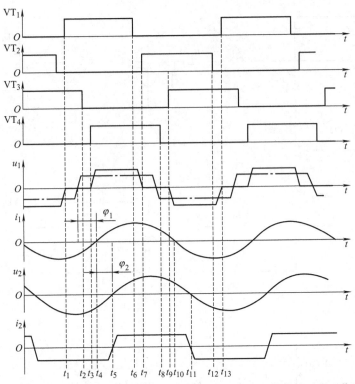

图 3-57　采用移相控制的全桥逆变串–并联谐振式无线电能传输过程工作波形

VT_4 驱动未导通，谐振电流 i_1 回路为 $C_{VT3} \to Z_f \to R_1 \to L_1 \to C_1 \to VD_1$。接收侧 VD_{r2} 和 VD_{r3} 继续导通，输出 U_o，如图 3-58b 所示。

第 3 阶段：发射侧电流和接收侧电流反向阶段 1。

$t_4 \sim t_5$：t_4 时刻，发射回路谐振电流 i_1 过零变正，VT_1、VT_4 导通，接收侧 u_2 和 i_2 继续小于零，谐振电流 i_1 回路为 $U_{d+} \to VT_1 \to C_1 \to L_1 \to R_1 \to Z_f \to VT_4 \to U_{d-}$。接收回路 VD_{r2} 和 VD_{r3} 继续导通，输出恒流 I_o，如图 3-58c 所示。

第 4 阶段：发射侧电流和接收侧电流同向阶段 1。

$t_5 \sim t_6$：t_5 时刻，接收回路谐振电流 i_2 过零变正，u_2 大于零，VD_{r2} 和 VD_{r3} 关断，VD_{r1} 和 VD_{r4} 导通，输出恒流 I_o。发射回路不变。等效电路如图 3-58d 所示。

第 5 阶段：发射侧谐振回路内部环流 2。

$t_6 \sim t_8$：t_6 时刻，VT_1 关断，VT_4 继续导通，谐振电流 i_1 通过 VD_2 和 VT_4 继续谐振，t_7 时刻 VT_2 驱动未导通，谐振电流 i_1 回路为 $VD_1 \to C_1 \to L_1 \to R_1 \to Z_f \to VT_4$。接收侧 VD_{r1} 和 VD_{r4} 继续导通，输出 U_o，如图 3-58e 所示。

第 6 阶段：死区阶段 2。

$t_8 \sim t_{10}$：t_8 时刻，VT_4 关断，谐振电流 i_1 通过 VD_2 和 VT_4 的结电容 C_{VT4} 继续谐振，t_9 时刻 VT_3 驱动未导通，谐振电流 i_1 回路为 $VD_2 \to C_1 \to L_1 \to R_1 \to Z_f \to C_{VT4}$。接收回路谐振电流 i_2、u_2 继续大于零，VD_{r1} 和 VD_{r4} 继续导通，输出 U_o，如图 3-58f 所示。

第 7 阶段：发射侧电流和接收侧电流反向阶段 2。

$t_{10} \sim t_{11}$：t_{10} 时刻，发射回路谐振电流 i_1 过零变负，VD_2 关断，VT_2、VT_3 导通，谐振电流 i_1 回路为 $U_{d+} \to VT_3 \to Z_f \to R_1 \to L_1 \to C_1 \to VT_2 \to U_{d-}$。接收侧 u_2 和 i_2 都大于零，VD_{r1} 和 VD_{r4} 继

续导通，输出恒流 I_o，等效电路如图 3-58g 所示。

第 8 阶段：发射侧电流和接收侧电流同向阶段 2。

$t_{11} \sim t_{12}$：t_{11} 时刻，接收回路谐振电流 i_2 过零变负，u_2 小于零，VD_{r1} 和 VD_{r4} 关断，VD_{r2} 和 VD_{r3} 导通，输出恒流 I_o。发射回路不变。等效电路如图 3-58h 所示。

第 9 阶段：与第 1 阶段发射侧谐振回路内部环流 1 衔接。

$t_{12} \sim t_{13}$：t_{12} 时刻 VT_2 关断，VT_3 和 VD_1 导通，谐振电流 i_1 回路为 $VT_3 \rightarrow Z_f \rightarrow R_1 \rightarrow L_1 \rightarrow C_1 \rightarrow VD_1$。接收侧 u_2 和 i_2 小于零，VD_{r2} 和 VD_{r3} 继续导通，输出 U_o，回到第 1 阶段。

t_{13} 时刻回到第 1 阶段，1 个周期结束。

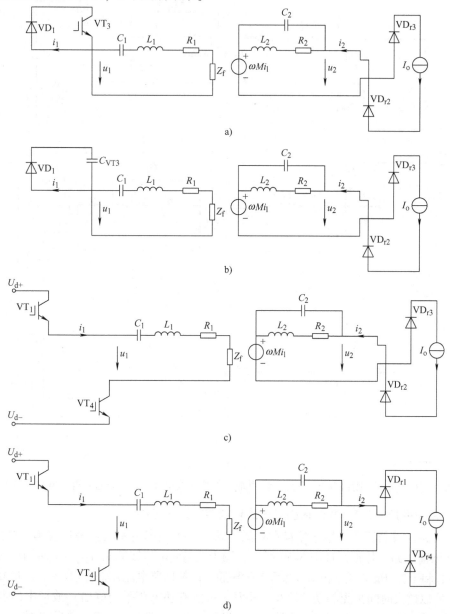

图 3-58　采用移相控制的全桥逆变串-并联谐振式无线电能传输工作过程等效电路

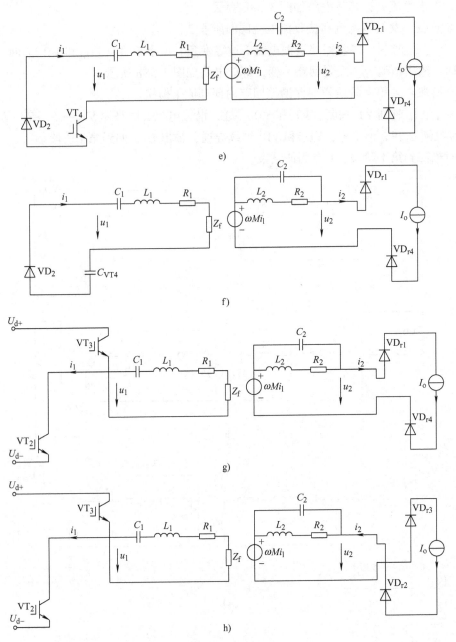

e)

f)

g)

h)

图 3-58　采用移相控制的全桥逆变串-并联谐振式无线电能传输工作过程等效电路（续）

3. 采用频率控制的串-并联谐振式无线电能传输过程分析

接收回路和发射回路谐振电流存在对偶关系，采用频率控制的全桥逆变串-并联谐振式无线电能传输电路工作波形如图 3-59 所示。图中发射侧电压波形 u_1 在 $t_1 \sim t_2$ 时间段为正，这是由于 VT_1 和 VT_2 的反并联二极管 VD_1 和 VD_2 导通，谐振回路电流 i_1 通过 VD_1 和 VD_2 向直流侧回馈电能，所以这段时间是无功功率产生的电压，u_1 的有功电压平均值如 u_1 波形中的点画线所示。谐振回路电流 i_1 在 t_2 时刻过零开始上升，发射侧电流 i_1 滞后于电压 u_1 的平均值一个滞后角 φ_1。根据对偶原理，接收侧的并联谐振回路电压 u_2 滞后于电流 i_1 的平均值一个滞后角 φ_2。

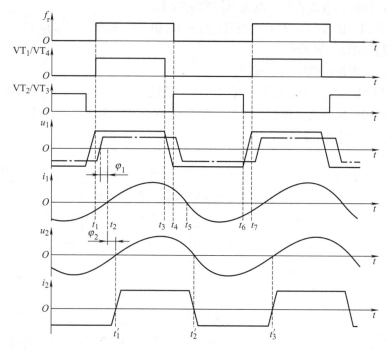

图 3-59　采用频率控制的全桥逆变串-并联谐振式无线电能传输过程工作波形

采用频率控制的全桥逆变串-并联谐振式无线电能传输电路工作过程分为 7 个阶段。每个阶段的等效电路如图 3-60 所示。

第 1 阶段：能量回馈阶段 1。

$t_1 \sim t_2$：t_1 时刻，电流 i_1 为负，VT_1 和 VT_4 驱动未导通，VD_1 和 VD_4 导通，谐振回路的储能向直流侧回馈电能，谐振电流回路为 $U_{d-} \to VD_4 \to Z_f \to R_1 \to L_1 \to C_1 \to VD_1 \to U_{d+}$。接收回路耦合电压 $\omega M i_1$ 激励接收回路谐振，u_2 和 i_2 都小于零，VD_{r2} 和 VD_{r3} 导通，输出恒流 I_o。等效电路如图 3-60a 所示。

第 2 阶段：接收侧电流和发射侧电流反向阶段 1。

$t_2 \sim t_1'$：t_2 时刻，发射回路谐振电流 i_1 过零变正，VT_1、VT_4 导通，VD_1、VD_4 关断，电流回路为 $U_{d+} \to VT_1 \to C_1 \to L_1 \to R_1 \to Z_f \to VT_4 \to U_{d-}$。接收回路不变，$VD_{r2}$ 和 VD_{r3} 继续导通。等效电路如图 3-60b 所示。

第 3 阶段：接收侧电流和发射侧电流同向阶段 1。

$t_1' \sim t_3$：t_1' 时刻，接收回路 i_2、u_2 大于零，VD_{r2} 和 VD_{r3} 关断，VD_{r1} 和 VD_{r4} 导通，发射回路不变。等效电路如图 3-60c 所示。

第 4 阶段：能量回馈阶段 2。

$t_3 \sim t_5$：t_3 时刻，VT_1、VT_4 关断，谐振电流 i_1 通过 VT_2、VT_3 的反并联二极管 VD_2、VD_3 流通，通过谐振回路向输入直流回馈电能，谐振电流 i_1 的回路为 $U_{d-} \to VD_2 \to C_1 \to L_1 \to R_1 \to Z_f \to VD_3 \to U_{d+}$。$t_4$ 时刻 VT_2、VT_3 驱动未导通。接收回路不变。等效电路如图 3-60d 所示。

第 5 阶段：接收侧电流和发射侧电流反向阶段 2。

$t_5 \sim t_2'$：t_5 时刻，发射回路谐振电流 i_1 过零变负，VT_2、VT_3 导通，VD_2、VD_3 关断，谐振电流 i_1 回路为 $U_{d+} \to VT_3 \to Z_f \to R_1 \to L_1 \to C_1 \to VT_2 \to U_{d-}$。接收回路不变。等效电路如图 3-60e 所示。

第 6 阶段：接收侧电流和发射侧电流同向阶段 2。

$t_2' \sim t_6$：t_2' 时刻，接收侧 u_2 和 i_2 过零变负，VD_{r1} 和 VD_{r4} 关断，VD_{r2} 和 VD_{r3} 导通。发射侧不变。等效电路如图 3-60f 所示。

第 7 阶段：与能量回馈阶段 1 衔接。

$t_6 \sim t_7$：t_6 时刻，VT_2、VT_3 关断，谐振电流 i_1 通过 VT_1、VT_4 的反并联二极管 VD_1、VD_4 流通，通过谐振回路向输入直流回馈电能，谐振电流 i_1 的回路和第 1 阶段相同，接收回路不变。t_7 时刻，1 个周期结束。

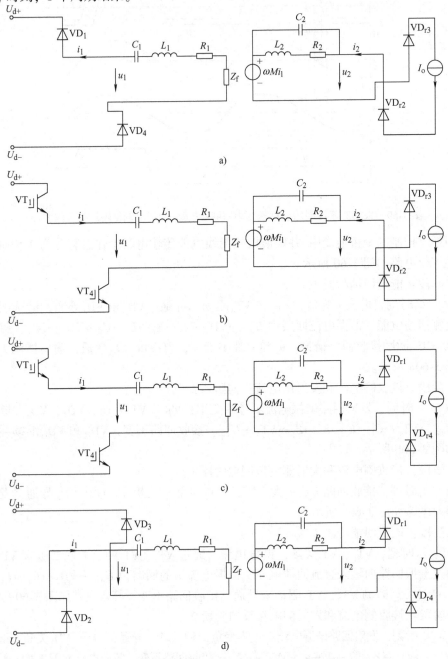

图 3-60　采用频率控制的全桥逆变串–并联谐振式无线电能传输过程等效电路

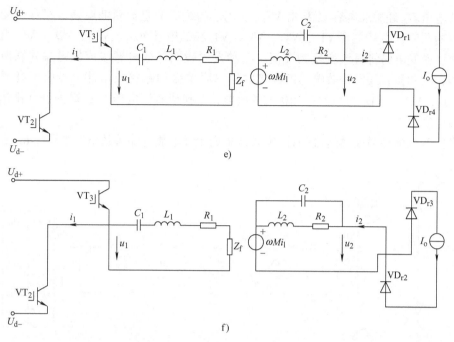

图 3-60 采用频率控制的全桥逆变串-并联谐振式无线电能传输过程等效电路（续）

3.5 并-串联谐振式无线电能传输电路

并-串联谐振式无线电能传输电路包括发射侧直流斩波电路、发射侧并联谐振电路、接收侧串联谐振电路等。发射侧直流斩波电路通过改变逆变器输入直流电流实现对传输功率的控制，逆变器采用电流型逆变电路。

3.5.1 采用直流斩波电流调节的全桥逆变并-串联谐振式无线电能传输电路

采用直流斩波电流调节的全桥逆变并-串联谐振式无线电能传输电路如图 3-61 所示。

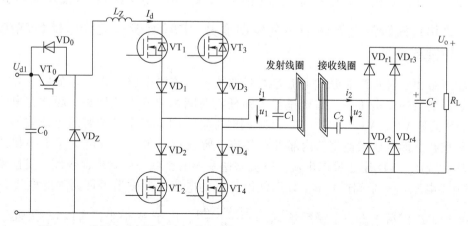

图 3-61 采用直流斩波电流调节的全桥逆变并-串联谐振式无线电能传输电路

直流电压 U_{d1} 经滤波电容 C_0 和由 VT$_0$、VD$_z$、L_z 组成的直流斩波电路，实现逆变器输入直流电流的调节，由开关管 VT$_1$、VT$_2$、VT$_3$、VT$_4$ 和二极管 VD$_1$、VD$_2$、VD$_3$、VD$_4$ 组成单相桥式电流型逆变电路将直流变换为交流，C_1 和发射线圈等效电感组成发射端并联谐振回路发射电能，C_2 和接收线圈等效电感组成接收端串联谐振回路接收电能，最后经高频二极管 VD$_{r1}$、VD$_{r2}$、VD$_{r3}$、VD$_{r4}$ 组成的单相桥式整流电路变换成直流电压 U_o，提供给负载 R_L，C_f 是输出滤波电容。

由发射侧电流型逆变器组成的并-串联谐振式无线电能传输等效电路如图 3-62 所示。

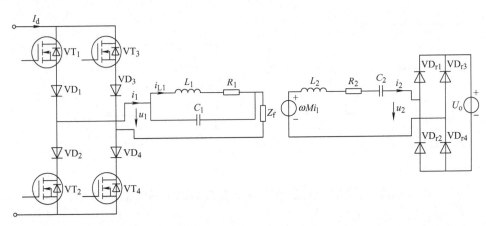

图 3-62 采用直流斩波电流调节的全桥逆变并-串联谐振式无线电能传输等效电路

图 3-62 中直流电流 I_d 是由直流斩波电路变换的直流可调电流。I_d 经单相桥式电流型逆变电路将直流电流逆变为交流方波电流 i_1。i_1 作为发射端谐振回路的输入电流，通过谐振补偿电容 C_1、发射线圈等效电感 L_1、等效电阻 R_1 和反射阻抗 $Z_f = \dfrac{\omega^2 M^2}{R_2 + R_L}$ 组成发射侧并联谐振回路，将电能通过谐振方式传输到接收侧。接收侧由谐振补偿电容 C_2、接收线圈等效电感 L_2、等效电阻 R_2 和耦合电压 $\omega M i_1$ 组成接收端串联谐振回路，通过谐振方式接收电能。接收侧谐振回路输出的交流电压 u_2 经高频二极管 VD$_{r1}$、VD$_{r2}$、VD$_{r3}$、VD$_{r4}$ 组成的单相桥式整流电路变换成直流电压 U_o，提供给负载 R_L。C_o 是输出滤波电容，i_1 和 i_2 分别是发射回路和接收回路的电流。

3.5.2 采用直流斩波电流调节的全桥逆变并-串联谐振式无线电能传输电路工作过程分析

接收回路和发射回路谐振式电流存在对偶关系，传输电路工作波形如图 3-63 所示，为了保证逆变器的安全工作，直流电流 I_d 在任何时间都要有电流回路，因此在电流换相时，4 个开关管 VT$_1$、VT$_2$、VT$_3$、VT$_4$ 必须同时导通，因此四个开关管的驱动波形在换相时间必须重叠，而且要求逆变器内部没有环流，所以在每个开关管的支路上串接二极管 VD$_1$、VD$_2$、VD$_3$、VD$_4$ 阻止反向电流。电流型逆变器的负载一般要求偏容性，发射侧的电流 i_1 超前于电压 u_1 一个超前角 φ。发射线圈流过的电流是并联谐振回路中的电流 i_{L1}，根据电路理论，i_{L1} 滞后于 i_1 一个滞后角 $\varphi_{L1} = \dfrac{\arctan \omega L_1}{R_1}$，由于 R_1 很小，所以 φ_{L1} 接近于 90°。这样，i_{L1} 滞后于 u_1 一个滞后角 φ_1，根据对偶原理，接收侧的电流 i_2 超前 u_1 一个超前角 φ_2，由于对偶关系，$\varphi_1 = \varphi_2$，因此接收侧的电流 i_2 从 t'_1 开始过零变正，接收侧电压 u_2 同时过零变正。

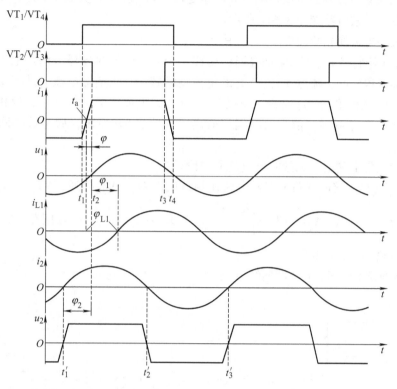

图 3-63　采用直流斩波电流调节的全桥逆变并-串联谐振式无线电能传输电路工作波形

采用直流斩波电流调节的全桥逆变并-串联谐振式无线电能传输电路工作过程分为 6 个阶段，工作过程等效电路如图 3-64 所示。

第 1 阶段：发射侧电流和接收侧电流反向阶段 1。

$t'_1 \sim t_1$：t'_1 时刻，发射侧谐振电压 u_1 和谐振电流 i_1 为负，VT_2、VT_3 处于导通状态，谐振电流 i_1 回路为 $I_{d+} \rightarrow VT_3 \rightarrow VD_3 \rightarrow Z_f \rightarrow \begin{Bmatrix} R_1 \rightarrow L_1 \\ \rightarrow C_1 \end{Bmatrix} \rightarrow VD_2 \rightarrow VT_2 \rightarrow I_{d-}$。接收回路谐振电流 i_2 过零变正，VD_{r1} 和 VD_{r4} 导通。等效电路如图 3-64a 所示。

第 2 阶段：电流换相阶段 1。

$t_1 \sim t_2$：t_1 时刻，VT_1、VT_4 驱动导通，这样 4 个开关管同时导通，谐振电流 i_1 开始由负向正换相，$t_1 \sim t_a$ 期间，流过 VT_2、VT_3 的电流逐渐减小。t_a 时刻谐振电流 i_1 过零变正，流过 VT_1、VT_4 的电流逐渐增加，t_2 时刻，流过 VT_1、VT_4 的电流逐渐增加到 I_d，换相结束。接收回路 VD_{r1} 和 VD_{r4} 继续导通。等效电路如图 3-64b 和图 3-64c 所示。

第 3 阶段：发射侧电流和接收侧电流同向阶段 1。

$t_2 \sim t'_2$：t_2 时刻，接收回路逆变器电流换相结束，VT_1、VT_4 导通，VT_2、VT_3 关断，谐振电流 i_1 回路为 $I_{d+} \rightarrow VT_1 \rightarrow VD_1 \rightarrow \begin{Bmatrix} L_1 \rightarrow R_1 \\ \rightarrow C_1 \end{Bmatrix} \rightarrow Z_f \rightarrow VD_4 \rightarrow VT_4 \rightarrow I_{d-}$。接收侧 i_2 和 u_2 大于零，

VD_{r1} 和 VD_{r4} 继续导通。等效电路如图 3-64d 所示。

第 4 阶段：发射侧电流和接收侧电流反向阶段 2。

$t_2' \sim t_3$：t_2' 时刻，接收回路谐振电流 i_2 过零变负，VD_{r1} 和 VD_{r4} 关断，VD_{r2} 和 VD_{r3} 导通。发射侧状态不变。等效电路如图 3-64e 所示。

第 5 阶段：电流换相阶段 2。

$t_3 \sim t_4$：t_3 时刻，VT_2、VT_3 驱动导通，这样 4 个开关管同时导通，谐振电流 i_1 开始由正向负换相，前半段时间，流过 VT_1、VT_4 的电流逐渐减小。当谐振电流 i_1 过零变负时，流过 VT_2、VT_3 的电流逐渐增加，t_4 时刻，流过 VT_2、VT_2 的电流逐渐增加到 I_d，换相结束。接收回路 VD_{r2} 和 VD_{r3} 继续导通。前半段时间等效电路如图 3-59f 所示，后半段时间等效电路如图 3-64g 所示。

第 6 阶段：发射侧电流和接收侧电流同向阶段 2。

$t_4 \sim t_3'$：t_4 时刻，接收回路逆变器电流换相结束，VT_2、VT_3 导通，VT_1、VT_4 关断，谐振电流 i_1 回路为 $I_{d+} \rightarrow VT_3 \rightarrow VD_3 \rightarrow Z_f \rightarrow \begin{cases} R_1 \rightarrow L_1 \\ \rightarrow C_1 \end{cases} \rightarrow VD_2 \rightarrow VT_2 \rightarrow I_{d-}$。接收回路 VD_{r2} 和 VD_{r3} 继续导通。等效电路如图 3-64h 所示。

t_3' 时刻回到第 1 阶段，1 个周期结束。

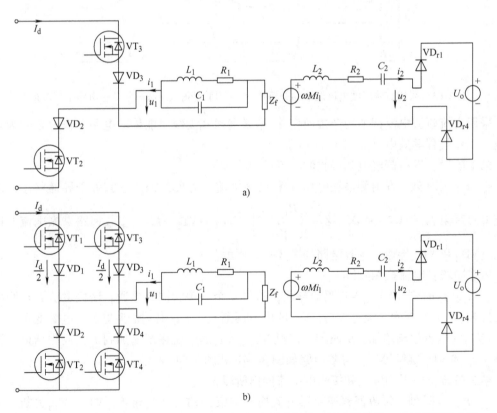

图 3-64 采用直流斩波电流调节的全桥逆变并-串联谐振式无线电能传输工作过程等效电路

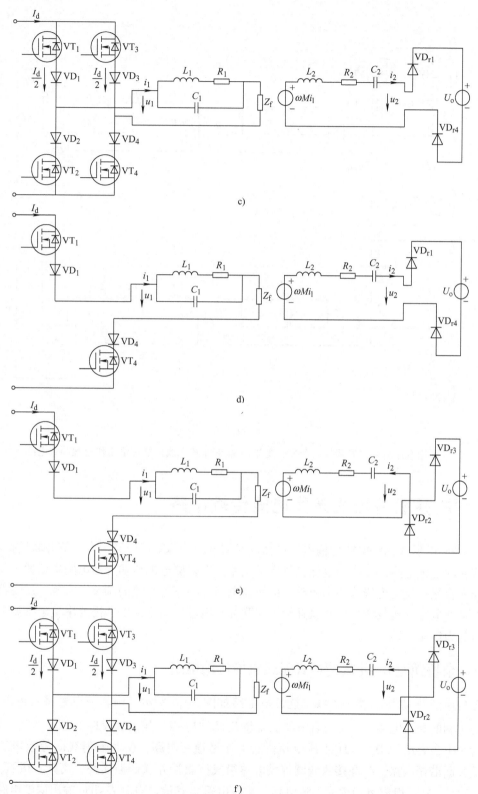

图 3-64　采用直流斩波电流调节的全桥逆变并-串联谐振式无线电能传输工作过程等效电路（续）

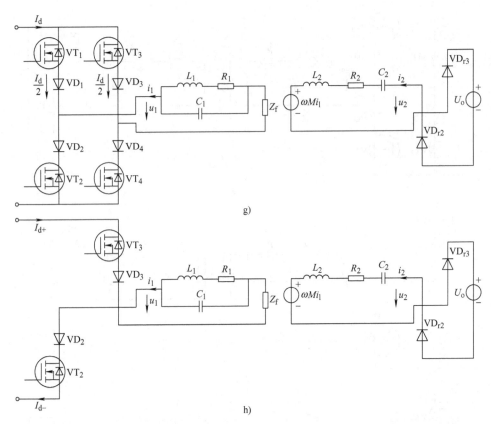

图 3-64　采用直流斩波电流调节的全桥逆变并-串联谐振式无线电能传输工作过程等效电路（续）

3.6　并-并联谐振式无线电能传输电路

并-并联谐振式无线电能传输电路包括发射侧电能传输变换电路、发射侧并联谐振电路、接收侧并联谐振电路、接收侧电能接收变换电路。发射侧电能传输变换电路主要通过改变逆变器输入直流电流实现传输功率控制，由斩波电路控制直流电流的调节来实现，逆变器采用电流型逆变电路。接收侧采用并联补偿，并联补偿电容后的整流电路需要串接电感滤波，使输出电流为恒流。

3.6.1　全桥逆变并-并联谐振式无线电能传输电路

全桥逆变并-并联谐振式无线电能传输电路如图 3-65 所示。由斩波电路将直流电压 U_d 变换为可调的直流电流 I_d，L_z 为直流斩波器输出滤波电感，开关管 VT_1、VT_2、VT_3、VT_4 和二极管 VD_1、VD_2、VD_3、VD_4 组成单相桥式电流型逆变电路，C_1 和发射线圈等效电感组成发射端并联谐振回路，C_2 和接收线圈等效电感组成接收端并联谐振回路，高频二极管 VD_{r1}、VD_{r2}、VD_{r3}、VD_{r4} 组成单相桥式整流电路，滤波电感 L_o 和滤波电容 C_o 组成输出滤波电路输出直流电压 U_o，提供负载 R_L。

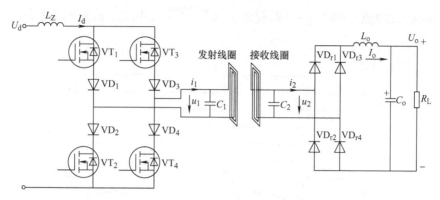

图 3-65　全桥逆变并-并联谐振式无线电能传输电路

全桥逆变并-并联谐振式无线电能传输等效电路如图 3-66 所示。图中直流电流 I_d 是由直流斩波电路变换的直流可调电流。I_d 经由开关管 VT_1、VT_2、VT_3、VT_4 和二极管 VD_1、VD_2、VD_3、VD_4 组成的单相桥式电流型逆变电路，将直流电流逆变为交流方波电流 i_1。i_1 作为发射端谐振回路的输入电流，通过谐振补偿电容 C_1、发射线圈等效电感 L_1、等效电阻 R_1 和反射阻抗 $Z_f = \dfrac{\omega^2 M^2}{\dfrac{L_2}{R_2 C_2} + R_L}$ 组成发射侧并联谐振回路，将电能通过谐振方式传输到接收侧。接收侧由谐振补偿电容 C_2、接收线圈等效电感 L_2、等效电阻 R_2 和耦合电压 $\omega M i_1$ 组成接收端并联谐振回路，通过谐振方式接收电能。接收端谐振回路输出的交流电流 i_2 经高频二极管 VD_{r1}、VD_{r2}、VD_{r3}、VD_{r4} 组成的单相桥式整流电路和由 L_o 和 C_o 组成的输出滤波电路输出直流电压 U_o，提供给负载 R_L。C_o 是输出滤波电容，i_1 和 i_2 分别是发射回路和接收回路的电流。

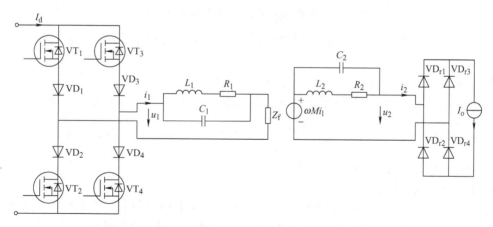

图 3-66　全桥逆变并-并联谐振式无线电能传输等效电路

3.6.2　全桥逆变并-并联谐振式无线电能传输电路工作过程分析

接收回路和发射回路谐振电流存在对偶关系，传输电路工作波形如图 3-67 所示。发射侧的电流 i_1 超前于电压 u_1 一个超前角 φ（图中未画出）。发射线圈流过的电流是并联谐振回路中的电流 i_{L1}，滞后于 i_1 一个滞后角 φ_{L1}，根据对偶原理，接收侧并联谐振回路中的电流 i_{12} 超前 i_1 一个超

前角 φ'_{L1}，接收侧的电流 i_2 超前 i_{L2} 一个超前角 $\varphi_{L2} = \dfrac{\arctan \omega L_2}{R_2}$，因此 i_2 从 t'_1 开始过零变正，u_2 同时过零变正。

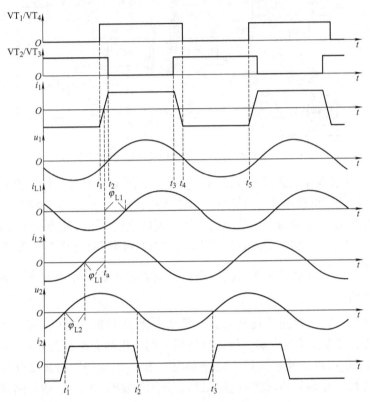

图 3-67 并–并联谐振式无线电能传输电路工作波形

全桥逆变并–并联谐振式无线电能传输电路工作过程分为 6 个阶段，传输过程等效电路如图 3-68 所示。

第 1 阶段：发射侧电流和接收侧电流反向阶段 1。

$t'_1 \sim t_1$：t'_1 时刻，发射侧谐振电压 u_1 和谐振电流 i_1 为负，VT_2、VT_3 处于导通状态，谐振电流 i_1 回路为 $I_{d+} \rightarrow VT_3 \rightarrow VD_3 \rightarrow Z_f \rightarrow \begin{Bmatrix} R_1 \rightarrow L_1 \\ \rightarrow C_1 \end{Bmatrix} \rightarrow VD_2 \rightarrow VT_2 \rightarrow I_{d-}$。接收回路谐振电流 i_2 过零变正，VD_{r1} 和 VD_{r4} 导通。如图 3-68a 所示。

第 2 阶段：电流换相阶段 1。

$t_1 \sim t_2$：t_1 时刻，VT_1、VT_4 驱动导通，这样 4 个开关管同时导通，谐振电流 i_1 开始由负向正换相，$t_1 \sim t_a$ 期间，流过 VT_2、VT_3 的电流逐渐减小。t_a 时刻谐振电流 i_1 过零变正，流过 VT_1、VT_4 的电流逐渐增加，t_2 时刻，流过 VT_1、VT_4 的电流逐渐增加到 I_d，换相结束。接收回路 VD_{r1} 和 VD_{r4} 继续导通。如图 3-68b 和图 3-68c 所示。

第 3 阶段：发射侧电流和接收侧电流同向阶段 1。

$t_2 \sim t'_2$：t_2 时刻，接收回路逆变器电流换相结束，VT_1、VT_4 导通，VT_2、VT_3 关断，谐振电流 i_1 回路为 $I_{d+} \rightarrow VT_1 \rightarrow VD_1 \rightarrow \begin{Bmatrix} L_1 \rightarrow R_1 \\ \rightarrow C_1 \end{Bmatrix} \rightarrow Z_f \rightarrow VD_4 \rightarrow VT_4 \rightarrow I_{d-}$。接收侧 i_2 和 u_2 大于零，

VD$_{r1}$和VD$_{r4}$继续导通。等效电路如图3-68d所示。

第4阶段：发射侧电流和接收侧电流反向阶段2。

$t_2' \sim t_3$：t_2'时刻，接收回路谐振电流i_2过零变负，VD$_{r1}$和VD$_{r4}$关断，VD$_{r2}$和VD$_{r3}$导通。发射侧状态不变。如图3-68e所示。

第5阶段：电流换相阶段2。

$t_3 \sim t_4$：t_3时刻，VT$_2$、VT$_3$驱动导通，这样4个开关管同时导通，谐振电流i_1开始由正向负换相，前半段时间，流过VT$_1$、VT$_4$的电流逐渐减小。当谐振电流i_1过零变负，流过VT$_2$、VT$_3$的电流逐渐增加，t_4时刻，流过VT$_2$、VT$_2$的电流逐渐增加到I_d，换相结束。接收回路VD$_{r2}$和VD$_{r3}$继续导通。前半段时间如图3-68f，后半段时间如图3-68g所示。

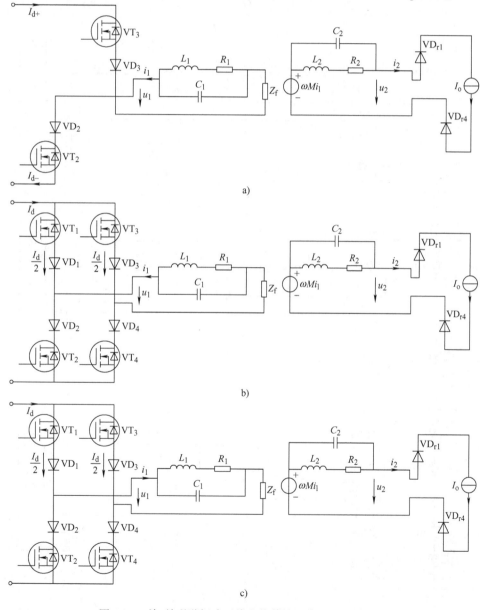

图3-68 并-并联谐振式无线电能传输工作过程等效电路

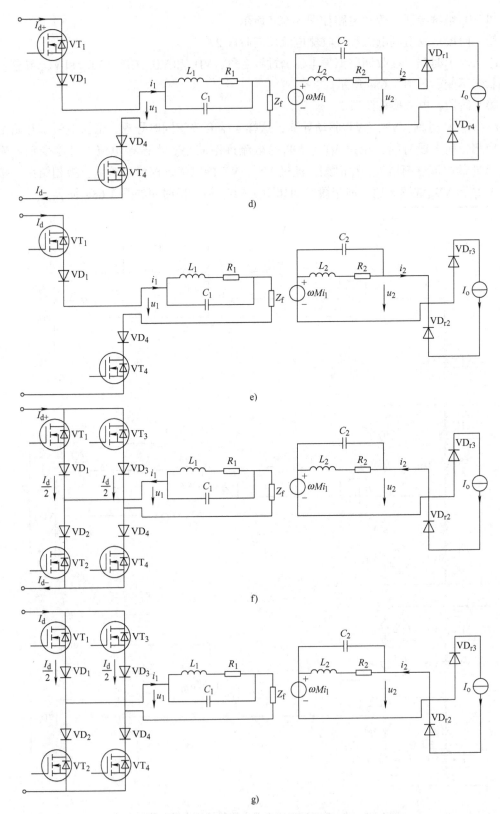

图 3-68 并-并联谐振式无线电能传输工作过程等效电路（续）

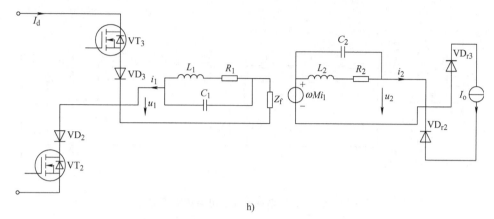

h)

图 3-68　并-并联谐振式无线电能传输工作过程等效电路（续）

第 6 阶段：发射侧电流和接收侧电流同向阶段 2。

$t_4 \sim t_3'$：t_4 时刻，接收回路逆变器电流换相结束，VT_2、VT_3 导通，VT_1、VT_4 关断，谐振电流 i_1 回路为 $I_{d+} \to VT_3 \to VD_3 \to Z_f \begin{cases} R_1 \to L_1 \\ \to C_1 \end{cases} \to VD_2 \to VT_2 \to I_{d-}$。接收回路 VD_{r2} 和 VD_{r3} 继续导通。等效电路如图 3-68h 所示。

t_3' 时刻回到第 1 阶段，1 个周期结束。

3.7　*LCL-LCL* 谐振式无线电能传输电路

图 3-69 是 *LCL-LCL* 谐振式无线电能传输电路，图中 L_{f1} 和 L_{f2} 是在并联谐振的基础上加入了额外的谐振电感，并使其与 L_1 和 L_2 相等。*LCL-LCL* 补偿电路在不同的工作条件下具有恒流、恒压特性。传输线圈互感降低过程中，由于线圈电流只与本侧的激励电压有关，表现为独立电流源特性，因此在互感降低乃至另一侧完全消失的情况下，线圈电流都将维持不变。而变换器输出电流 i_{f1}、i_1 和 i_2、i_{f2} 则随互感的降低而减小。这是 *LCL* 结构优于串-串联结构的一个重要特征。接收侧短路工作过程中，i_1 和 i_{f2} 将保持不变，i_2 和 i_{f1} 归零。但和串-串联结构相比，在相同的系统参数下，*LCL-LCL* 结构的最大传输功率会大大降低。

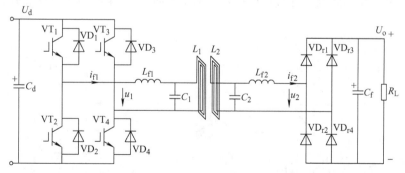

图 3-69　*LCL-LCL* 谐振式无线电能传输电路

LCL-LCL 谐振式无线电能传输等效电路如图 3-70 所示。

图中 i_{f1} 作为发射侧谐振回路的输入电流，通过补偿电路包括发射线圈等效电感 L_1 和等效

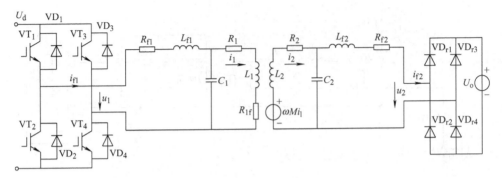

图 3-70　$LCL - LCL$ 谐振式无线电能传输等效电路

内阻 R_1、补偿电感 L_{f1} 和等效内阻 R_{f1}、补偿电容 C_1 和反射阻抗 $R_{1f} = \dfrac{R_L M^2}{L_2^2}$ 组成发射端 LCL 谐振回路，将电能通过谐振方式传输到接收侧。接收侧由补偿电路包括接收线圈等效电感 L_2 和等效内阻 R_2、补偿电感 L_{f2} 和等效内阻 R_{f2}、补偿电容 C_2 和耦合电压 $\omega M i_1$ 组成接收端 LCL 谐振回路，通过谐振方式接收电能。接收侧谐振回路输出的交流电流 i_2 经高频二极管 VD_{r1}、VD_{r2}、VD_{r3}、VD_{r4} 组成的单相桥式整流电路输出直流电压 U_o，提供给负载 R_L。i_1 和 i_2 分别是发射线圈回路和接收线圈回路的电流。i_{f1} 和 i_{f2} 分别是发射侧逆变输出电流和接收侧整流桥输入电流。

3.8　$LCC - LCC$ 谐振式无线电能传输电路

3.8.1　$LCC - LCC$ 谐振式无线电能传输电路拓扑结构

$LCC - LCC$ 在 $LCL - LCL$ 传输电路的基础上，在线圈支路上串入隔直电容 C_{P1} 和 C_{P2}，并参与谐振，使得线圈电感与隔直电容串联之后等效于 $LCL - LCL$ 拓扑中的线圈电感。图 3-71 是 $LCC - LCC$ 谐振式无线电能传输电路。与 $LCL - LCL$ 传输电路相比可以在保持传输线圈和耦合系数不变的情况下，减小等效线圈电感并增大等效耦合系数，进而从两方面增大传输率。$LCC - LCC$ 结构继承了 $LCL - LCL$ 结构的优势，同时很好地解决了 $LCL - LCL$ 结构传输功率偏低以及直流磁化的问题，并且在谐振电容电压方面比串-串联结构更具优势。

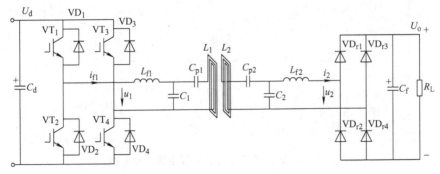

图 3-71　$LCC - LCC$ 谐振式无线电能传输电路

由第2章式(2-76) 可知，当满足

$$\omega L_1 - \frac{1}{\omega C_{p1}} = \frac{1}{\omega C_1} = \omega L_{f1}$$

$$\omega L_2 - \frac{1}{\omega C_{p2}} = \frac{1}{\omega C_2} = \omega L_{f2}$$

图 3-71 的等效电路为图 3-72。其中反射电阻 $R_{1f} = \dfrac{R_L M^2}{L_{f2}^2}$。

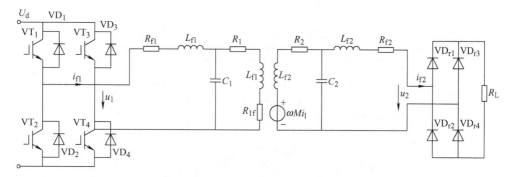

图 3-72 $LCC - LCC$ 谐振式无线电能传输等效电路

图 3-72 中的电压 u_1、u_2，电流 i_{f1}、i_1、i_2、i_{f2} 的相位关系可以由式(2-82) 求得

$$\dot{I}_1 = \frac{j\omega L_{f1} L_{f2}^2}{M^2 R_L} \dot{I}_{f1} \tag{3-1}$$

$$\dot{I}_2 = \frac{M R_L}{j\omega L_{f2}^2} \dot{I}_1 \tag{3-2}$$

$$\dot{I}_{f2} = \frac{j\omega L_{f2}}{R_L} \dot{I}_2 \tag{3-3}$$

电流 i_1 和 i_{f1} 的方向相反，电流 i_1 和 i_2 的方向相反，电流 i_{f2} 和 i_2 的方向相反，因此，实际电流 i_1 滞后 i_{f1} 为90°，电流 i_2 超前 i_1 为90°，电流 i_{f2} 滞后 i_2 为90°。当发射侧和接收侧共振时，u_1 和 i_{f1} 同相，u_2 和 i_{f2} 同相，实际应用中逆变器开关管有开关时间，为了避免逆变器桥臂开关管存在直通的可能，一般将逆变器输出电流 i_{f1} 滞后电压 u_1 一个相位角。

3.8.2 $LCC - LCC$ 谐振式无线电能传输电路工作过程分析

$LCC - LCC$ 谐振式无线电能传输电路工作过程可分解为 9 个阶段，工作波形如图 3-73 所示，等效电路如图 3-74 所示。

第 1 阶段，发射侧谐振回路内部环流 1。

$t_1 \sim t_2$：t_1 时刻，VT_2、VT_3 关断，谐振电流 i_{f1} 为负，VT_1、VT_4 驱动未导通，而是通过 VD_1 和 VT_3 的结电容 C_{VT3} 继续谐振。接收侧谐振电流 i_{f2} 为负，VD_{r2} 和 VD_{r3} 导通，输出 U_o，如图 3-74a 所示。

第 2 阶段：VT_1、VT_4 导通阶段 1。

$t_2 \sim t_3$：t_2 时刻，发射回路谐振电流 i_{f1} 过零变正，VT_1 和 VT_4 导通，直流电源提供电能，谐振电流 i_1 继续为负。接收回路 i_2 大于零，i_{f2} 小于零，VD_{r2} 和 VD_{r3} 继续导通，输出 U_o。如

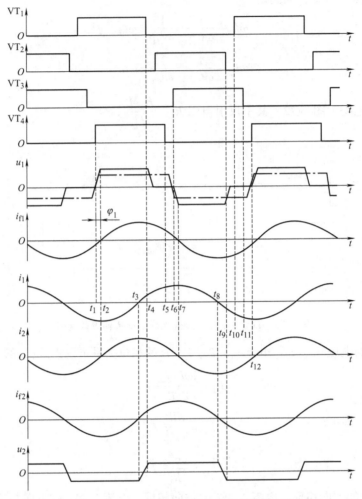

图 3-73　*LCC - LCC* 谐振式无线电能传输电路工作波形

图 3-74b 所示。

　　第 3 阶段：VT_1、VT_4 导通阶段 2。

　　$t_3 \sim t_4$：t_3 时刻，发射回路谐振电流 i_{f1} 继续为正，VT_1 和 VT_4 继续导通，谐振电流 i_1 变正。接收回路 i_2 继续为正，i_{f2} 由负变正，VD_{r2} 和 VD_{r3} 关断，VD_{r1} 和 VD_{r4} 导通，输出 U_o，如图 3-74c 所示。

　　第 4 阶段：发射侧谐振回路内部环流 1。

　　$t_4 \sim t_5$：t_4 时刻，VT_1 关断，VT_4 继续导通，谐振电流 i_{f1} 通过 VT_2 的反并联二极管 VD_2 导通，形成内部环流，期间 VT_2 驱动但未导通。i_{f1}、i_1、i_2、i_{f2} 继续大于零，VD_{r1} 和 VD_{r4} 继续导通，如图 3-74d 所示。

　　第 5 阶段：发射侧谐振回路内部环流 2。

　　$t_5 \sim t_7$：t_5 时刻 VT_4 关断，t_6 时刻 VT_3 驱动未导通，i_{f1} 通过 VD_2 和 VT_4 的结电容 C_{VT4} 进行内部环流。i_{f1}、i_1、i_2、i_{f2} 继续大于零，VD_{r1} 和 VD_{r4} 继续导通，如图 3-74e 所示。

　　第 6 阶段：VT_2、VT_3 导通阶段 1。

$t_7 \sim t_8$：t_7 时刻，电流 i_{f1} 过零变负，VT_2 和 VT_3 导通，直流电源提供电能。i_2 由正变负，i_1、i_{f2} 继续为正，VD_{r1} 和 VD_{r4} 继续导通，输出 U_o。如图 3-74f 所示。

第 7 阶段：VT_2、VT_3 导通阶段 2。

$t_8 \sim t_9$：t_8 时刻，电流 i_{f1}、i_2 继续为负，VT_2 和 VT_3 继续导通。i_1、i_{f2} 由正变负，VD_{r1} 和 VD_{r4} 关断，VD_{r2}、VD_{r3} 导通，输出 U_o，如图 3-74g 所示。

第 8 阶段：发射侧谐振回路内部环流 3。

$t_9 \sim t_{11}$：t_9 时刻，VT_2 关断，VT_3 和 VD_1 导通，形成内部环流，i_{f1}、i_1、i_2、i_{f2} 继续小于零，VD_{r2}、VD_{r3} 继续导通，输出 U_o，如图 3-74h 所示。

第 9 阶段，发射侧谐振回路内部环流 4。

$t_{11} \sim t_{12}$：t_{11} 时刻，VT_3 关断，谐振电流 i_{f1} 通过 VD_1 和 VT_3 的结电容 C_{VT3} 继续谐振。i_{f1}、i_1、i_2、i_{f2} 继续小于零，VD_{r2} 和 VD_{r3} 导通，输出 U_o，如图 3-74a 所示。

t_{12} 时刻回到第 1 阶段，1 个周期结束。

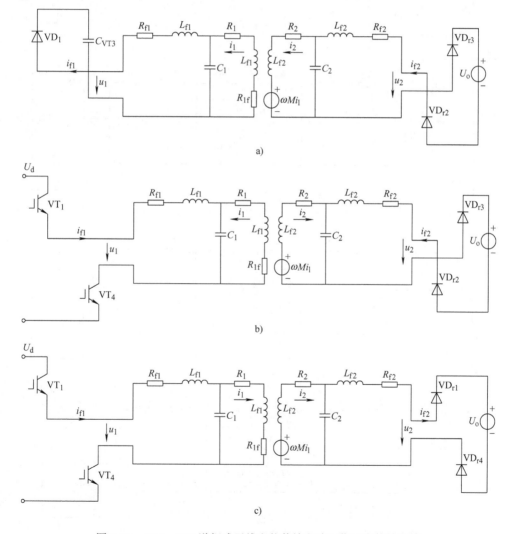

图 3-74 LCC - LCC 谐振式无线电能传输电路工作过程等效电路

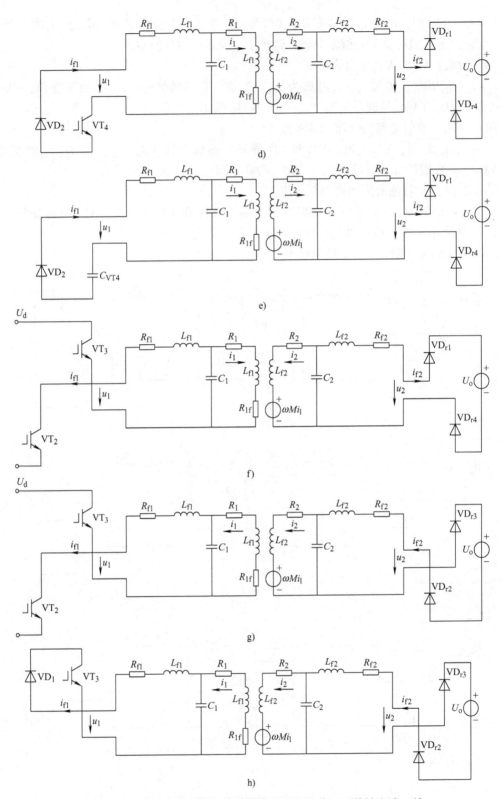

图 3-74 $LCC-LCC$ 谐振式无线电能传输电路工作过程等效电路（续）

第4章　电磁共振式无线充电控制系统设计

电磁共振式无线充电主要对储能装置进行充电。为了实现高效稳定的无线充电目标，实现充电时负载变化的快速响应和充电电压/电流的稳态精度，系统的控制策略尤为重要。本章介绍控制系统的组成方式，包括输出电压/电流单闭环无线充电控制系统、逆变电流和输出电压/电流双闭环无线充电控制系统、传输电压和输出电压/电流双独立单闭环无线充电控制系统、传输电压逆变电流双闭环和输出电压/电流单闭环无线充电控制系统、逆变电流和输出电压双独立单闭环无线充电控制系统，对各种控制系统进行静态和动态特性分析，并介绍控制方法和调节器的设计。

4.1　储能设备充电概述

储能设备主要包括锂离子蓄电池（简称锂电池）、铅酸蓄电池（简称蓄电池）和超级电容等。储能设备的充电方法主要是基于最佳充电曲线，如图 4-1 所示。如果充电电流超过最佳充电曲线，不但不能提高充电效率，而且会影响储能设备的寿命；如果充电电流小于此最佳充电曲线，虽然不会对储能设备造成伤害，但是会延长充电时间，降低充电效率。

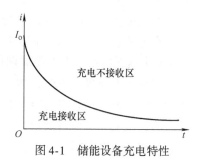

图 4-1　储能设备充电特性

4.1.1　锂电池的充电方法

锂电池的充电方法有常规充电和快速充电，常规充电包括恒流充电、恒压充电、分阶段充电和间歇充电，而快速充电包括脉冲充电和 Reflex 快速充电，还有智能充电等。

恒流充电：在整个充电过程中，保持充电电流大小不变。恒流充电常常作为分阶段充电中的一个环节。

恒压充电：在整个充电过程中，充电电压保持恒定，充电电流的大小随着电池状态的变化自动调整，随着充电的进行，充电电流逐渐减小。与恒流充电相比，其充电过程更加接近最佳充电曲线。恒压充电也常常是作为分阶段充电中的一个环节。

分阶段恒流-恒压充电：如图 4-2 所示，在开始充电之前，先检测电池电压，若电池电压低于门限电压，则以小电流对电池进行涓流充电，使电池电压缓慢上升。当电池电压达到门限电压时，进入恒流充电，在此阶段以较大的电流对电池进行快速充电，电池电压上升较快，电池容量将达到其额定值的 85% 左右。在电池电压上升到上限电压后，电路切换到恒压

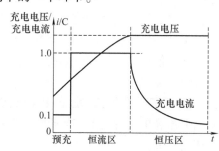

图 4-2　锂电池分段充电曲线

充电模式，充电电流逐渐减小，充电速度变慢，这一阶段主要是保证电池充满，当充电电流降到最小充电电流时，充电结束。恒流-恒压充电方法目前在锂电池的充电中被广泛使用。

脉冲充电：脉冲充电主要包括预充电、恒流充电和脉冲充电 3 个阶段。在恒流充电过程中以恒定电流对电池进行充电，当电池电压上升到上限电压时，进入脉冲充电模式，用 1C 的脉冲电流间歇地对电池充电。在脉冲充电过程中，电池电压下降速度会渐渐减慢，停充时间会变长，当恒流充电占空比低至 5% ~ 10% 时，认为电池已经充满，终止充电。与常规充电方法相比，脉冲充电能以较大的电流充电，在停充电期间，电池的浓差极化和欧姆极化会被消除，使下一轮的充电更加顺利地进行，充电速度快，温度变化小，对电池寿命影响小，因而目前被广泛使用。

变电流间歇充电：第一阶段先采用较大电流值对电池充电，在电池电压达到截止电压时停止充电，此时电池电压急剧下降。保持一段停充时间后，采用减小的充电电流继续充电。当电池电压再次上升到截止电压时停止充电，如此往复数次（一般为 3 ~ 4 次），直至充电电流减小到设定的截止电流值。然后进入恒压充电阶段，以恒定电压对电池充电直到充电电流减小到下限值，充电结束。

变电压间歇充电：第一阶段的充电过程将间歇恒流换成间歇恒压，在每个恒压充电阶段，由于电压恒定，充电电流自然按照指数规律下降，符合电池可接受充电电流变化率的要求，随着充电的进行，充电电流逐渐下降。

Reflex 快速充电：每个工作周期包括正向充电、反向瞬间放电和停充三个阶段。它在很大程度上解决了电池极化现象，加快了充电速度。

智能充电：通过检查电池电压和电流的增量来判断电池充电状态，动态跟踪电池可接受的充电电流，使充电电流自始至终在电池可接受的最大充电曲线附近。这样电池能在很少析气的状态下快速将电充满。

4.1.2　蓄电池的充电方法

恒压充电：传统恒压充电通过控制充电器输出恒定的电压对蓄电池进行充电，充电初期电流过大，会使蓄电池正、负极板上的活性物质大量脱落，影响蓄电池的循环使用寿命，因此只有在蓄电池需要低电压大电流充电时才采用。

恒压限流充电：克服恒压充电初期电流过大的缺点。

恒流充电：充电前期，蓄电池可接受充电电流较大，采用恒流充电可对蓄电池迅速充入较多电量。通常只有在对蓄电池初充电或小电流去硫化时才使用恒流充电。

分阶段恒流充电：在充电过程中阶段性降低充电电流，将充电电流分为多段，可缩短充电时间，大幅延长蓄电池的使用寿命，并能提高电能利用率，如图 4-3 所示。

图 4-3a 是两阶段恒流-恒压充电，在充电初期采用恒流充电，能克服恒压充电初期电流过大对蓄电池使用寿命造成影响的缺点，充电中后期采用恒压充电，可以克服恒流充电后期电流过大的缺点。

图 4-3b 是三阶段恒流-恒压-恒流充电，充电初期采用恒流充电，中期采用恒压充电，末期采用恒流充电（浮充），能避免充电初期电流过大和充电末期电流过小的问题，延长蓄电池的使用寿命。

变电流间歇充电：在充电初期采用大电流，充电中期间歇性减小充电电流，充电后期用

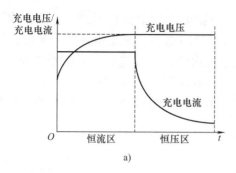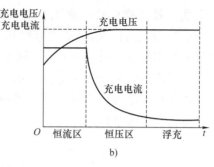

图 4-3　蓄电池分阶段充电曲线

0.1C 的小电流对蓄电池进行补足充电。

变电压间歇充电：在恒压充电周期内，充电电流最接近马斯曲线，蓄电池析气量小。

单向脉冲充电：充电过程分为两段，分别采用恒流脉冲和恒压脉冲，在每次大电流脉冲后紧跟一个小电流维持脉冲，维持脉冲可在蓄电池内形成一定强度的电场，加速电解液离子扩散，使浓差极化快速减弱或消除。

正负脉冲间单次停充：在单向脉冲充电基础上加入短时反向放电脉冲，之后再停充一段时间，然后进入下一周期，反向放电脉冲可有效去极化，且可对极板上产生的气体和附着物质进行冲刷，使蓄电池内部物质在停充阶段变得更均衡，可提高下一周期的充电效率。

正负脉冲间两次停充：在正向脉冲充电与反向脉冲放电之间加入停充阶段。若在正向脉冲充电后直接反向大电流放电，会使蓄电池极板弯曲，严重时会导致极板变形甚至脱落，因此在正向脉冲后进入短时停充阶段，使充电过程变得更加平滑，避免对极板造成损坏。

4.1.3　超级电容的充电方法

恒压充电：在充电过程中充电电压始终保持不变，其优点是可避免充电后期由于充电电流过大造成的极板活性物质脱落及电能的损失，其缺点是由于充电初期充电电流过大，容易使电容极板弯曲，造成电容报废。

恒流充电：在充电过程中充电电流始终保持不变，此方法使电容充电时间缩短。在允许的最大充电电流范围内，充电电流越大，充电时间越短。但若在充电后期仍保持充电电流大小不变，将导致电解液析出气泡过多而呈现沸腾状态，这不但浪费了电能，而且容易使电池温升过高，造成电容存储容量下降而提前报废。

分阶段恒流-恒压充电：在充电初期采用恒流充电，能克服恒压充电初期电流过大的缺点，充电中后期采用恒压充电，可以克服恒流充电后期电流过大的缺点。

综上三种储能设备的充电方法，无论是恒流充电、恒压充电、分阶段恒流-恒压充电，还是变电流间歇充电、变电压间歇充电、脉冲充电，对无线充电控制系统可归结为电流闭环控制和电压闭环控制两种控制方式。

4.2　输出电压/电流单闭环无线充电控制系统设计

无线充电电压/电流单闭环控制系统如图 4-4 所示，其控制目标是稳定电压或稳定电流，满足储能设备的充电要求。控制系统包括输出给定量（充电电压或充电电流）、电压或电流调节器、电能传输变换电路、磁耦合谐振器（包括电能发射谐振回路、电能接收谐振回路）、电能接收变换电路、输出滤波电路和输出量检测电路（充电电压和充电电流检测）。输出量检测电路将充电电压和充电电流通过无线传送的方式（包括附加信号耦合线圈双通道传输方式、电能和信号分时复用传输方式、注入式信号载波方式和通信方式等）反馈到发射侧，与输出量给定进行比较，形成闭环控制系统。储能设备作为充电负载，包括锂电池、铅酸蓄电池和超级电容等。

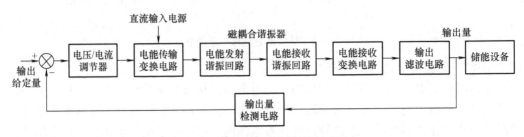

图 4-4　无线充电单闭环控制系统

4.2.1　充电电压负反馈单闭环无线充电控制系统设计

充电电压负反馈单闭环无线充电控制系统以稳定充电电压为控制目标，也就是储能设备充电的恒电压控制方式。系统组成如图 4-5 所示，图中 A_1 为放大器，GT 为驱动电路，Invt 为逆变器，逆变器的输入为电压 U_{d1}，MCR 为磁耦合谐振器（包括电能发射谐振回路、电能接收谐振回路），Rect 为接收侧高频整流器，LC 为滤波电路，可以是电容滤波 C 或电感电容滤波 LC，VS 为电压采样电路，WST 为无线信号传输电路，VP 为电压采样信号处理电路，BT 为储能设备。

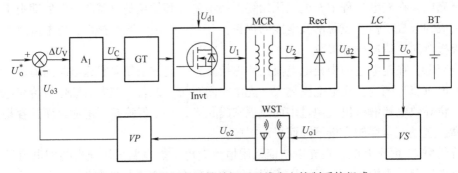

图 4-5　充电电压负反馈单闭环无线充电控制系统组成

1. 充电电压负反馈单闭环无线充电控制系统的静态特性

电压比较环节：$\Delta U_V = U_o^* - U_{o3}$，$\Delta U_V$ 为充电电压反馈值和给定值进行比较的偏差电压。

电压放大器：$U_C = K_{A1} \Delta U_V$，电压比较偏差电压 ΔU_V 经过电压放大器进行 K_{A1} 倍放大得到控制电压 U_C。

驱动与逆变器：$U_1 = K_V U_C$，控制电压 U_C 经过逆变器进行 K_V 倍放大得到传输电压 U_1。

磁耦合谐振器：$U_2 = K_{MV} U_1$，传输电压 U_1 经磁耦合谐振器进行 K_{MV} 倍放大得到接收侧电

压 U_2。

磁耦合谐振器的电压放大倍数由第 2 章的磁耦合谐振器模型中传输电压比 $\dfrac{U_2}{U_1}$ 可得

对于串–串联谐振器
$$K_{MV} = \frac{\omega M R_L}{(R_2 + R_L) R_1 + \omega^2 M^2}$$

对于串–并联谐振器
$$K_{MV} = \frac{\omega M R_L}{(L_2/R_2 C_2 + R_L) R_1 + \omega^2 M^2}$$

对于并–串联谐振器
$$K_{MV} = \frac{\omega M R_L}{L_1/R_1 C_1 (R_2 + R_L) + \omega^2 M^2}$$

对于并–并联谐振器
$$K_{MV} = \frac{\omega M R_L}{L_1/R_1 C_1 (L_2/R_2 C_2 + R_L) + \omega^2 M^2}$$

对于 $LCL - LCL$ 谐振器
$$K_{MV} = \frac{\omega L_1 L_2}{M R_L}$$

对于 $LCC - LCC$ 谐振器
$$K_{MV} = \frac{\omega L_{f1} L_{f2}}{M R_L}$$

无论是哪种磁耦合谐振器，K_{MV} 都是谐振角频率 ω、互感 M 和负载等效电阻 R_L 的函数。在实际的磁耦合无线充电系统中，谐振角频率 ω 变化比较小，互感 M 和负载等效电阻 R_L 变化比较大。在带有磁心的传输线圈中，互感 M 和负载等效电阻 R_L 呈非线性关系。

在实际磁耦合谐振式无线充电系统中，传输距离可以保持不变，电压传输比主要和负载等效电阻的变化呈非线性关系。

整流器 $U_o = K_R U_2$
电压采样 $U_{o1} = K_C U_o$
无线信号传输 $U_{o2} = K_W U_{o1}$
电压采样信号处理 $U_{o3} = K_P U_{o2}$

式中，K_{A1} 为放大器的电压放大系数；K_V 为驱动与逆变器的等效电压放大倍数；K_{MV} 为磁耦合谐振器电压传输系数；K_R 为整流器等效电压变换系数；K_C 为电压采样系数；K_W 为无线信号传输系数；K_P 为电压采样信号处理系数。

由以上各关系系数可得充电电压负反馈单闭环无线充电控制系统的静态结构，如图 4-6 所示。

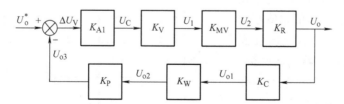

图 4-6   充电电压负反馈单闭环无线充电控制系统的静态结构

由图 4-6 可得充电电压负反馈单闭环无线充电控制系统的静态特性方程为

$$U_o = \frac{K_{A1} K_V K_{MV} K_R}{1 + K_{A1} K_V K_{MV} K_R K_C K_W K_P} U_o^* = \frac{K_{A1} K_V K_{MV} K_R}{1 + K} U_o^* \tag{4-1}$$
$$K = K_{A1} K_V K_{MV} K_R K_C K_W K_P$$

2. 充电电压负反馈单闭环无线充电控制系统的动态分析

（1）驱动与逆变环节传递函数

由于逆变器离不开驱动电路，因此在分析控制系统时将两个环节放在一起处理。控制电压 U_C 到逆变器 PWM 变换电路输出 U_1，要经过控制电压到脉宽调制的 PWM 电路、驱动电路和逆变电路。控制电压到脉宽调制的 PWM 电路有两种实现方式，一是逆变电路采用脉宽控制调节输出电压，另一种是直流斩波控制逆变电路的输入直流电压，这两种控制方式的失控时间有差别。

图 4-7 是半桥不对称脉宽调制失控时间波形，图 4-8 是全桥脉宽调制失控时间波形。图中 $t_1 \sim t_3$ 是逆变输出交流方波零电压时间，t_2 是控制电压变化时刻。移相控制 PWM 或脉宽控制 PWM 电路从控制电压 U_C 变化到逆变器输出 U_1 脉宽变化，经过了 $t_2 \sim t_3$ 时间间隔，延时时间为 T_d。延时时间 T_d 的大小与逆变器工作频率和当前工作时的脉冲宽度有关。当半桥不对称逆变器工作频率为 100kHz 时，最大延时时间 T_d 为 10μs，当逆变器工作频率为 10kHz 时，最大延时时间 T_d 为 100μs。当全桥逆变器工作频率为 100kHz 时，最大延时时间 T_d 为 5μs，当全桥逆变器工作频率为 10kHz 时，最大延时时间 T_d 为 50μs。

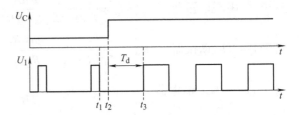

图 4-7　半桥不对称脉宽调制失控时间波形

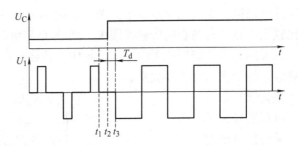

图 4-8　全桥脉宽调制失控时间波形

当控制电压变化时间发生在 t_1 时，最大失控时间为 $T_d = t_3 - t_1$。

图 4-9 是直流斩波调压和全桥逆变输出交流方波电压幅值变化失控时间波形。从控制电压 U_C 的变化到斩波输出直流电压 U_{d1} 的幅值变化经过 $t_2 \sim t_3$ 时间间隔为直流斩波延时，从 U_{d1} 变化到逆变器输出脉冲，幅值变化经过 $t_3 \sim t_4$ 时间间隔为逆变器延时，总的延时时间为 T_d。

当直流斩波频率为 20kHz 时，直流斩波的最大延时为 50μs，当全桥逆变器工作频率为 100kHz 时，最大延时时间为 5μs，最大延时总时间 T_d 为 55μs。当直流斩波频率为

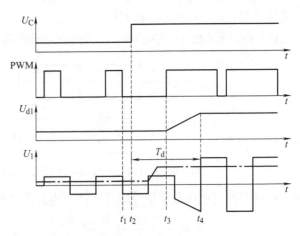

图 4-9　直流斩波调压和全桥逆变输出交流
方波电压幅值变化失控时间波形

20kHz 时，直流斩波的最大延时为 $50\mu s$，当全桥逆变器工作频率为 10kHz 时，最大延时时间为 $100\mu s$，最大延时总时间 T_d 为 $150\mu s$。

如果在一定范围内将非线性特性线性化，可以把它们之间的放大系数 K_V 视为常数，则控制电压 U_c 到逆变器输出 U_1 之间看成具有纯滞后的放大环节，其传递函数为

$$\frac{U_1(S)}{U_c(S)} = K_V e^{-T_d S} \tag{4-2}$$

由于延时时间 T_d 很小，为了分析和设计方便，当系统的截止频率满足

$$\omega_c \leqslant \frac{1}{3T_d} \tag{4-3}$$

时，可将驱动与逆变器环节的传递函数近似成一阶惯性环节，即

$$\frac{U_1(S)}{U_c(S)} = K_V e^{-T_d S} \approx \frac{K_V}{T_d S + 1} \tag{4-4}$$

（2）磁耦合谐振器传递函数

磁耦合谐振器是一个纯比例放大环节，其电压传输放大系数 K_{MV} 和 $\omega M R_L$ 之间呈非线性关系，在具有导磁结构的传输线圈中，互感系数 M 除了和传输线圈的距离有关，还和负载 R_L 呈非线性关系，当逆变器采用频率跟踪控制时，磁耦合谐振器工作角频率 ω 跟随传输线圈的距离和负载 R_L 的变化而变化。当磁耦合谐振器两个传输线圈距离一定且充电负载变化在很小范围内时，电压传输放大系数 K_{MV} 可以近似看成是一个常数。

（3）整流器与滤波环节传递函数

整流器是将交流电压变换为直流电压的一个环节，它们之间的放大系数 K_R 为常数。滤波环节分为电容滤波和电感电容滤波环节，在磁耦合谐振器的接收端是串联谐振时用电容 C 滤波，在磁耦合谐振器接收端是并联谐振时用电感电容 LC 滤波。

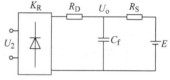

图 4-10 是整流 + 电容滤波等效电路，其中 K_R 是整流器变换系数，R_D 为整流回路等效电阻，R_S 为储能设备等效内阻，E 为储能设备电压，C_f 为滤波电容。

图 4-10　整流 + 电容滤波等效电路

图 4-10 的整流 + 电容滤波电路的传递函数为

$$U_o(S) = \frac{K_R a U_2(S)}{1 + T_C S} + \frac{b E(S)}{1 + T_C S} \tag{4-5}$$

其中

$$T_C = \frac{R_D R_S}{R_D + R_S} C_f, a = \frac{R_S}{R_D + R_S}, b = \frac{R_D}{R_D + R_S}$$

一般情况下，当 $R_D \ll R_S$ 时，式（4-5）可写为

$$\frac{U_o(S)}{U_2(S)} = \frac{K_R}{1 + T_C S} \tag{4-6}$$

$$T_C = R_D C_f$$

图 4-11 是整流 + 电感电容滤波等效电路，其中 K_R 是整流器变换系数，R_D 为整流回路等效电阻，R_S 为储能设备等效内阻，E 为储能设备电压，L_f 为滤波电感，C_f 为滤波电容。

图 4-11 的整流 + 电感电容滤波电路的传递函数为

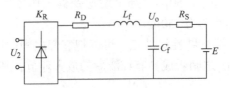

图 4-11　整流 + 电感电容滤波等效电路

$$U_o(S) = \frac{K_R a U_2(S)}{\dfrac{R_S}{R_D + R_S} L_f C_f S^2 + \dfrac{R_S}{R_D + R_S}\left(R_D C_f + \dfrac{L_f}{R_S}\right)S + 1} + \frac{b\left(1 + \dfrac{L_f}{R_D}S\right)E(S)}{\dfrac{R_S}{R_D + R_S} L_f C_f S^2 + \dfrac{R_S}{R_D + R_S}\left(R_D C_f + \dfrac{L_f}{R_S}\right)S + 1} \quad (4\text{-}7)$$

当 $R_D \ll R_S$ 时，式(4-7) 可写为

$$U_o(S) = \frac{K_R U_2(S)}{L_f C_f S^2 + \left(R_D C_f + \dfrac{L_f}{R_S}\right)S + 1} = \frac{K_R U_2(S)}{(T_C S + 1)(T_f S + 1)} \quad (4\text{-}8)$$

其中

$$T_C = R_D C_f,\ T_f = \frac{L_f}{R_S}$$

（4）电压反馈环节传递函数

电压反馈信号无论采用信号同步传输技术还是信号通信方式传输技术都有一个比例和延时关系。在信号同步传输技术中有信号调制解调的时间，在通信方式传输技术中有通信延时时间。因此电压反馈可以看成具有纯滞后的比例环节，即

$$\frac{U_{o3}(S)}{U_o(S)} = K_\alpha e^{-T_\alpha S}$$

式中，$K_\alpha = K_C K_W K_P$；T_α 为信号无线传输延时时间。

（5）充电电压负反馈单闭环无线充电控制系统的动态结构图和传递函数

将以上各环节的传递函数组合，得到如图 4-12 所示的充电电压负反馈单闭环无线充电控制系统的动态结构图。

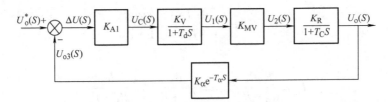

图 4-12　充电电压负反馈单闭环无线充电控制系统的动态结构图

图 4-12 的充电电压负反馈单闭环无线充电控制系统的开环传递函数为

$$G(S) = \frac{K_{A1} K_V K_{MV} K_R K_\alpha e^{-T_\alpha S}}{(1 + T_d S)(1 + T_C S)} \quad (4\text{-}9)$$

如果反馈环节延时时间 T_α 比较小，为了分析和设计方便，当系统的截止频率满足

$$\omega_C \leqslant \frac{1}{3 T_\alpha} \quad (4\text{-}10)$$

时，可将电压反馈环节的传递函数近似成一阶惯性环节，即

$$\frac{U_{o3}(S)}{U_o(S)} = K_\alpha e^{-T_\alpha S} \approx \frac{K_\alpha}{T_\alpha S + 1} \tag{4-11}$$

这样式(4-9)可近似表示为

$$G(S) = \frac{K}{(1 + T_d S)(1 + T_C S)(1 + T_\alpha S)} \tag{4-12}$$

其中

$$K = K_{A1} K_V K_{MV} K_R K_\alpha$$

图 4-12 的闭环传递函数为

$$\frac{U_o(S)}{U_o^*(S)} = \frac{K}{K + (1 + T_d S)(1 + T_C S)(1 + T_\alpha S)} \tag{4-13}$$

3. 充电电压负反馈单闭环无线充电控制系统的稳定性和动态校正

（1）稳定性判断

充电电压负反馈单闭环无线充电控制系统的闭环特征方程为

$$\frac{T_d T_C T_\alpha}{K + 1} S^3 + \frac{T_d T_C + T_d T_\alpha + T_C T_\alpha}{K + 1} S^2 + \frac{T_d + T_C + T_\alpha}{K + 1} S + 1 = 0 \tag{4-14}$$

根据自动控制理论中的劳斯稳定性判据，由于系统中开环放大倍数和时间常数都是正实数，因此特征方程中的各项系数都大于零，在此条件下，上式特征方程表示的三阶系统稳定的充分必要条件是

$$\frac{T_d T_C + T_d T_\alpha + T_C T_\alpha}{K + 1} \cdot \frac{T_d + T_C + T_\alpha}{K + 1} > \frac{T_d T_C T_\alpha}{K + 1} \tag{4-15}$$

设逆变器输出电压 U_1 为 375V，逆变器驱动电压 U_C 为 5V，则逆变器电压放大倍数为 $K_V = 75$。当传输距离和负载等效电阻在一个特定变化区域时，磁耦合谐振器电压比例可近似取 $K_{MV} = 1$，整流和滤波器环节的比例系数根据滤波电容和负载的大小为 0.9 ~ 1.2，在这里取比例系数 $K_R = 1$，设输出充电电压 $U_o = 300V$，控制电压 $U_o^* = 5V$，则反馈环节比例系数 $K_\alpha = 1/60$。为了分析方便，使得开环总放大倍数 $K = 1$，这里先取电压放大器比例系数 $K_{A1} = 0.8$，这样系统总开环放大倍数为 $K = K_{A1} K_V K_{MV} K_R K_\alpha = 1$。

设全桥逆变器工作频率 80kHz 时脉宽调制最大失控时间为 $T_d = 6\mu s = 6 \times 10^{-6} s$，输出采用电容滤波，滤波电容 $C_f = 500\mu F$，输出整流滤波回路等效内阻为 $R_D = 0.01\Omega$，则 $T_C = R_D C_f = 5\mu s = 1 \times 10^{-6} s$。电压反馈无线信号传输采用通信方式，包括采样、信号串行发送、信号串行接收等产生的延时，根据实际测算最快需要 20ms，在这里取电压反馈回路总时间常数为 $T_\alpha = 20ms = 20 \times 10^{-3} s$。

将各参数代入式(4-14)，得系统特征方程为

$$3.0 \times 10^{-13} S^3 + 1.1 \times 10^{-7} S^2 + 1.0 \times 10^{-2} S + 1 = 0$$

根据自动控制理论中劳斯稳定性判据，由于系统中开环放大倍数和时间常数都是正实数，因此特征方程中的各项系数都大于零，在此条件下，将特征方程系数代入式(4-15)，得到 $1.1 \times 10^{-9} > 3.0 \times 10^{-13}$，系统是稳定的。

（2）动态校正

在进行充电电压闭环系统校正装置设计时，利用开环对数频率特性法是一种比较简便的

校正方法。在开环对数频率特性中，系统的相对稳定性利用相位裕度 γ 和幅值裕量 L_h 来表示，一般要求

$$\begin{cases} \gamma = 45° \sim 70° \\ L_h > 6\text{dB} \end{cases} \tag{4-16}$$

开环对数频率特性中，开环截止频率 ω_C 反映系统响应的快速性。

将参数代入式(4-12)，得开环传递函数为

$$G(S) = \frac{1}{(1 + 6 \times 10^{-6}S)(1 + 5 \times 10^{-6}S)(1 + 20 \times 10^{-3}S)}$$

相应的开环对数幅频特性绘于图 4-13 中曲线①，其中 3 个转折频率分别为 $\omega_1 = 1/T_d = 1.666 \times 10^5 \text{s}^{-1}$，$\omega_2 = 1/T_C = 2 \times 10^5 \text{s}^{-1}$，$\omega_3 = 1/T_\alpha = 5 \times 10^1 \text{s}^{-1}$。

按照式(4-3) 中 $\omega_C \leqslant \frac{1}{3T_d}$ 和式(4-10) 中 $\omega_C \leqslant \frac{1}{3T_\alpha}$ 的条件，取 $\omega_C = 1 \times 10^1 \text{s}^{-1}$ 可以满足这两个条件。

在图 4-13 开环对数幅频特性中，由曲线①可以求出截止频率为 $\omega_{C1} = 5 \times 10^1 \text{s}^{-1}$，相位裕度为 $\gamma = 180° - \arctan\omega_{C1} T_\alpha = 135°$，幅值裕量 $L_h > 60\text{dB}$，闭环系统是稳定的。但是在低频段的斜率是平坦的，增益为零，系统的稳态精度差。由 PI 调节器构成的滞后校正可以提高稳态精度。

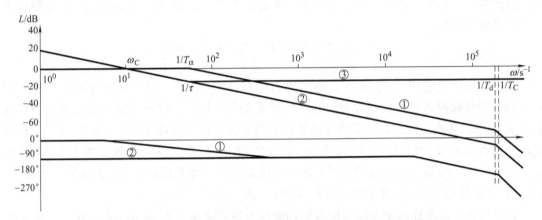

图 4-13　充电电压负反馈单闭环无线充电控制系统的串联 PI 校正

PI 调节器滞后校正的传递函数为

$$W_{PI}(S) = \frac{K_{PI}(\tau S + 1)}{\tau S} \tag{4-17}$$

式中，K_{PI} 为 PI 调节器的比例放大倍数；τ 为 PI 调节器的积分时间常数。取 PI 调节器的积分时间常数 $\tau = T_\alpha = 20 \times 10^{-3}\text{s}$，即在传递函数中是校正装置的比例微分项（$\tau S + 1$）与原始系统中的反馈延时环节近似的最大惯性环节 $e^{-T_\alpha S} \approx 1/T_\alpha S + 1$ 相抵消，这样可确定校正环节的转折频率。为了使校正后的系统具有足够的稳定裕量，校正后的开环对数幅频特性以 -20dB/dec 的斜率穿越零分贝线，在 $1/T_\alpha$ 转折点，开环对数幅频特性下降了约 $16\text{dB} = 6.3$，也就是要求 PI 调节器的比例放大倍数为 6.3，加上在设定开环传递函数时已经设定的比例放大倍数 $K_{A1} = 0.8$，实际要求 PI 调节器的比例放大倍数为 7.875，在这里取 $K_{PI} = 10$。将参数

代入得到 PI 调节器的传递函数为

$$W_{\text{PI}}(S) = \frac{10 \times (20 \times 10^{-3} S + 1)}{20 \times 10^{-3} S} = 10 + \frac{1}{2 \times 10^{-3} S}$$

校正后的系统开环传递函数为

$$G_0(S) = \frac{KK_{\text{PI}}(\tau S + 1)}{(1 + T_{\text{d}} S)(1 + T_{\text{C}} S)(1 + T_\alpha S)\tau S}$$

$$= \frac{10 \times (20 \times 10^{-3} S + 1)}{20 \times 10^{-3} S(1 + 6 \times 10^{-6} S)(1 + 5 \times 10^{-6} S)(1 + 20 \times 10^{-3} S)}$$

采用 PI 调节器滞后校正后的系统对数频率特性如图 4-13 中曲线②所示，滞后校正对数频率特性如图 4-13 中曲线③所示。在图 4-13 中曲线②校正后的系统开环频率特性中，穿越频率 $\omega_{\text{C}} = 1 \times 10^1 \text{s}^{-1}$，相位裕度为 $\gamma = 180° - 90° = \arctan \omega_{\text{C}} \tau = 78°$，幅值裕量 $L_{\text{h}} > 60\text{dB}$。根据控制理论二阶系统频域指标和时域指标的关系，系统的调节时间为

$$t_{\text{S}} = \frac{7}{\omega_{\text{C}} \tan\gamma} = \frac{7}{1 \times 10^1 \times 4.7} = 148.9\text{ms}$$

实际系统中，无线通信方式电压反馈回路的时间常数 $T_\alpha > 20\text{ms}$，这样系统的调节时间会更大。

根据式(4-17) 的 PI 调节器传递函数，可采用由运算放大器组成的 PI 调节器电路，如图 4-14 所示。

由图 4-14 运算放大器实现的 PI 调节器的传递函数为

$$W_{\text{PI}}(S) = \frac{K_{\text{PI}}(\tau S + 1)}{\tau S} = \frac{R_2}{R_1} \frac{R_2 C_1 S + 1}{R_2 C_1 S} \qquad (4\text{-}18)$$

根据 $\tau = T_\alpha = 20 \times 10^{-3}\text{s}$，$K_{\text{PI}} = 10$，取 $R_2 = 10\text{k}\Omega$，$R_2 = 1\text{k}\Omega$，$C_1 = 0.2\mu\text{F}$。

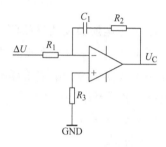

图 4-14　PI 调节器电路

在实际系统中，如果采样、信号串行发送、信号串行接收等产生的延时增加到 $T_\alpha = 100\text{ms} = 100 \times 10^{-3}\text{s}$，则由式(4-12) 可得开环传递函数为

$$G(S) = \frac{1}{(1 + 6 \times 10^{-6} S)(1 + 5 \times 10^{-6} S)(1 + 100 \times 10^{-3} S)}$$

相应的开环对数幅频特性中 3 个转折频率分别为 $\omega_1 = \frac{1}{T_{\text{d}}} = 1.666 \times 10^5 \text{s}^{-1}$，$\omega_2 = \frac{1}{T_{\text{C}}} = 2 \times 10^5 \text{s}^{-1}$，$\omega_3 = \frac{1}{T_\alpha} = 1 \times 10^1 \text{s}^{-1}$。

按照 $\omega_{\text{C}} \leqslant \frac{1}{3T_{\text{d}}}$ 和 $\omega_{\text{C}} \leqslant \frac{1}{3T_\alpha}$ 的要求，截止频率 $\omega_{\text{C}} \leqslant \frac{1}{3T_\alpha} = 3.3 \times 10^0 \text{s}^{-1}$，取 $\omega_{\text{C}} = 1 \times 10^0 \text{s}^{-1}$。

将参数代入式(4-18) 得 PI 调节器的传递函数为

$$W_{\text{PI}}(S) = \frac{10 \times (100 \times 10^{-3} S + 1)}{100 \times 10^{-3} S} = 10 + \frac{1}{10 \times 10^{-3} S}$$

根据控制理论二阶系统频域指标和时域指标的关系，系统的调节时间为

$$t_{\text{S}} = \frac{7}{\omega_{\text{C}} \tan\gamma} = \frac{7}{1 \times 10^0 \times 4.7} = 1489\text{ms}$$

由此可见，调节时间越长，系统快速性越差。因此反馈环节延时是影响系统快速性的关键因素。

4.2.2 充电电流负反馈单闭环无线充电控制系统设计

在实际无线充电系统中，对蓄电池充电除了电压控制外，还要进行电流控制，因此有必要对充电电流负反馈闭环无线充电系统进行分析。图 4-15 是充电电流负反馈单闭环无线充电控制系统组成。

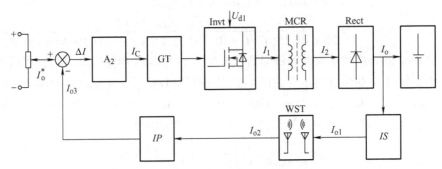

图 4-15　充电电流负反馈单闭环无线充电控制系统组成

1. 充电电流负反馈单闭环无线充电控制系统的静态特性

图 4-15 中 A_2 为电流放大器，GT 为驱动电路，Invt 为逆变器，MCR 为磁耦合谐振器，Rect 为整流器，*IS* 为电流采样电路，WST 为无线信号通信传输电路，*IP* 为电流采样信号处理电路。各个环节的关系为

电流比较环节 $\qquad\qquad\qquad \Delta I = I_o^* - I_{o3}$

电流放大器 $\qquad\qquad\qquad I_C = K_{A2}\Delta I$

驱动与逆变器 $\qquad\qquad\qquad I_1 = K_1 I_C$

磁耦合谐振器 $\qquad\qquad\qquad I_2 = K_{MI} I_1$

磁耦合谐振器的电流放大倍数由第 2 章的磁耦合谐振器模型中传输电流比 $\dfrac{I_2}{I_1}$ 可得

对于串–串联谐振器 $\qquad\qquad\qquad K_{MI} = \dfrac{\omega M}{R_2 + R_L}$

对于串–并联谐振器 $\qquad\qquad\qquad K_{MI} = \dfrac{\omega M}{R_L + L_2/R_2 C_2}$

对于并–串联谐振器 $\qquad\qquad\qquad K_{MI} = \dfrac{\omega M}{R_L + R_2}$

对于并–并联谐振器 $\qquad\qquad\qquad K_{MI} = \dfrac{\omega M}{R_L + \dfrac{L_2}{R_2 C_2}}$

对于 $LCL - LCL$ 谐振器 $\qquad\qquad\qquad K_{MI} = \dfrac{\omega L_1 L_2}{M R_L}$

对于 $LCC - LCC$ 谐振器 $\qquad\qquad\qquad K_{MI} = \dfrac{\omega L_{f1} L_{f2}}{M R_L}$

整流器 $\qquad\qquad\qquad I_o = K_{RI} I_2$

电流采样 $\qquad\qquad\qquad I_{o1} = K_{CI} I_o$

无线信号通信 $\qquad\qquad\qquad\qquad\qquad I_{o2} = K_{WI}I_{o1}$

电压采样信号处理 $\qquad\qquad\qquad I_{o3} = K_{PI}I_{o2}$

式中，K_{A2} 为放大器的电流放大系数；K_I 为驱动与逆变器的等效电压放大倍数；K_{MI} 为磁耦合谐振器电压传输系数；K_{RI} 为整流器等效电流变换系数；K_{CI} 为电流采样系数；K_{WI} 为无线信号传输系数；K_{PI} 为电流采样信号处理系数。

充电电流负反馈单闭环无线充电控制系统的静态结构图如图 4-16 所示。

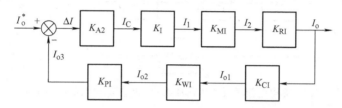

图 4-16　充电电流负反馈单闭环无线充电控制系统的静态结构图

由图 4-16 得到充电电流负反馈单闭环无线充电控制系统的静态特性方程为

$$I_o = \frac{K_{A2}K_I K_{MI}K_{RI}}{1 + K_{A2}K_I K_{MI}K_{RI}K_{CI}K_{WI}K_{PI}}I_o^* = \frac{K_{A2}K_I K_{MI}K_{RI}}{1 + K}I_o^* \qquad (4\text{-}19)$$

其中

$$K = K_{A2}K_I K_{MI}K_{RI}K_{CI}K_{WI}K_{PI} \qquad (4\text{-}20)$$

2. 充电电流负反馈单闭环无线充电控制系统的动态分析

（1）驱动与逆变器传递函数

控制电压 U_C 到逆变器 PWM 变换电路输出 I_1，要经过控制电压到脉宽调制的 PWM 电路、PWM 脉冲信号功率放大的驱动电路和逆变电路。传递函数和式(4-4) 相同。

（2）磁耦合谐振器传递函数

由第 2 章的磁耦合谐振器模型中传输电压比 I_2/I_1 可以看出，其电流传输放大系数 K_{MI} 和 $\omega M R_L$ 也呈非线性关系。

（3）整流器与滤波传递函数

整流器是将交流电压变换为直流电压的一个环节，它们之间的放大系数 K_{RI} 为常数。在磁耦合谐振器接收侧是串联谐振时用电容 C 滤波，如图 4-17 所示。当 $R_D \gg R_S$ 时可得

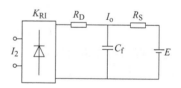

图 4-17　整流 + 电容滤波等效电路

$$I_o(S) = \frac{K_{RI}}{1 + R_S C_f S}I_2(S) - \frac{R_S C_f S}{1 + R_S C_f S}\frac{1}{R_S}E(S) = \frac{K_R}{1 + T_S S}I_2(S) - \frac{K_S T_S S}{1 + T_S S}E(S) \qquad (4\text{-}21)$$

式中，$T_S = R_S C_f$；$K_S = \dfrac{1}{R_S}$。

（4）电流反馈传递函数

和电压反馈相同，电流反馈也可以看成具有纯滞后的比例环节

$$\frac{I_{o3}(S)}{I_o(S)} = K_\beta e^{-T_\beta S} \qquad (4\text{-}22)$$

式中，$K_\beta = K_{CI}K_{WI}K_{PI}$；$T_\beta$ 为信号无线传输延时时间。

（5）电流负反馈单闭环无线充电系统的动态结构图和传递函数

充电电流负反馈单闭环无线充电控制系统的动态结构图如图4-18所示。

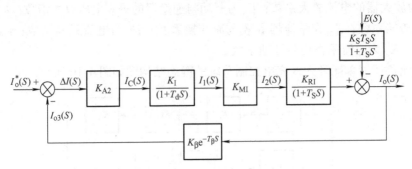

图4-18　充电电流负反馈单闭环无线充电控制系统的动态结构图

充电电流负反馈单闭环无线充电控制系统的开环传递函数为

$$G(S) = \frac{K_{A2}K_{I}K_{MI}K_{RI}K_{\beta}e^{-T_{\beta}S}}{(1+T_{d}S)(1+T_{S}S)} \tag{4-23}$$

当系统的截止频率满足 $\omega_c \leqslant \dfrac{1}{3T_{\beta}}$ 时，可将电流反馈环节的传递函数近似成一阶惯性环节，即

$$\frac{I_{o3}(S)}{I_{o}(S)} = K_{\beta}e^{-T_{\beta}S} \approx \frac{K_{\beta}}{T_{\beta}S+1} \tag{4-24}$$

充电电流负反馈单闭环无线充电控制系统的开环传递函数近似表示为

$$G(S) = \frac{K}{(1+T_{d}S)(1+T_{S}S)(1+T_{\beta}S)} \tag{4-25}$$

式中，$K = K_{A2}K_{I}K_{MI}K_{RI}K_{\beta}$。

主通道闭环传递函数为

$$\frac{I_{o}(S)}{I_{o}^{*}(S)} = \frac{K}{K+(1+T_{d}S)(1+T_{S}S)(1+T_{\beta}S)} \tag{4-26}$$

蓄电池通道闭环传递函数为

$$\frac{I_{o}(S)}{E(S)} = -\frac{KK_{S}T_{S}S}{[K+(1+T_{d}S)(1+T_{S}S)(1+T_{\beta}S)](1+T_{S}S)} \tag{4-27}$$

3. 充电电流负反馈单闭环无线充电控制系统的稳定性和动态校正

（1）稳定性判断

充电电流负反馈单闭环无线充电控制系统的闭环特征方程为

$$\frac{T_{d}T_{S}T_{\beta}}{K+1}S^{3} + \frac{T_{d}T_{S}+T_{d}T_{\beta}+T_{S}T_{\beta}}{K+1}S^{2} + \frac{T_{d}+T_{S}+T_{\beta}}{K+1}S + 1 = 0$$

设比例放大器 $K_{A2} = 1$，逆变器输出电流 I_{1} 为20A，逆变器驱动电压 U_{C} 为5V，则逆变器放大倍数为 $K_{I} = 4$。取谐振器电流比例 $K_{MI} = 1$，整流和滤波器比例 $K_{PI} = 1$，输出充电电流 $I_{o} = 20A$，输出控制电流 $I_{o}^{*} = 5V$，则 $K_{\beta} = \dfrac{1}{4}$，开环总放大倍数为 $K = K_{A1}K_{I}K_{MI}K_{RI}K_{\beta} = 1$。

设全桥逆变器工作频率80kHz时脉宽调制最大失控时间为 $T_{d} = 6\mu s = 6 \times 10^{-6}s$。输出采用电容滤波，滤波电容 $C_{f} = 500\mu F$，蓄电池内阻 $R_{s} = 0.3\Omega$（例如锂电池单节标称电压3.6V

内阻最小 0.035Ω，$300V$ 需要 83 节电池串联，10 组并联内阻大约为 0.3Ω），则蓄电池回路时间常数为 $T_S = R_s C_f = 150\mu s = 1.5 \times 10^{-4}s$。电流反馈信号采用无线传输通信方式，包括采样、信号串行发送、信号串行接收等产生的延时，电流反馈回路时间常数为 $T_\beta = 20ms = 20 \times 10^{-3}s$。

系统特征方程为

$$9 \times 10^{-12}S^3 + 1.56045 \times 10^{-6}S^2 + 1.0078 \times 10^{-2}S + 1 = 0$$

根据自动控制理论中劳斯稳定性判据，由于系统中开环放大倍数和时间常数都是正实数，因此特征方程中的各项系数都大于零，在此条件下，上式特征方程表示的三阶系统稳定的充分必要条件是

$$\frac{T_d T_C + T_d T_\alpha + T_C T_\alpha}{K+1} \frac{T_d + T_C + T_\alpha}{K+1} > \frac{T_d T_C T_\alpha}{K+1}$$

即 $1.57 \times 10^{-8} > 9 \times 10^{-12}$，系统是稳定的。

（2）动态校正

将参数代入式(4-25)，得开环传递函数

$$G(S) = \frac{1}{(1 + 6 \times 10^{-6}S)(1 + 1.5 \times 10^{-4}S)(1 + 2.0 \times 10^{-2}S)}$$

相应的开环对数幅频特性绘于图 4-19 中曲线①，其中三个转折频率分别为 $\omega_1 = \frac{1}{T_d} = 1.666 \times 10^5 s^{-1}$，$\omega_2 = \frac{1}{T_S} = 6.67 \times 10^3 s^{-1}$，$\omega_3 = \frac{1}{T_\alpha} = 5 \times 10^1 s^{-1}$。

按照 $\omega_C \leqslant \frac{1}{3T_d}$ 和 $\omega_C \leqslant \frac{1}{3T_\alpha}$ 的要求，穿越角频率要求 $\omega_C \leqslant \frac{1}{3T_\alpha} = 1.67 \times 10^1 s^{-1}$，这里可取 $\omega_C = 1 \times 10^1 s^{-1}$。

电流负反馈单闭环无线充电系统对数频率特性与电压负反馈频率特性相似，只有在高频段有一些差异，因此不影响系统动态校正，PI 调节器的参数相同。如图 4-19 所示。

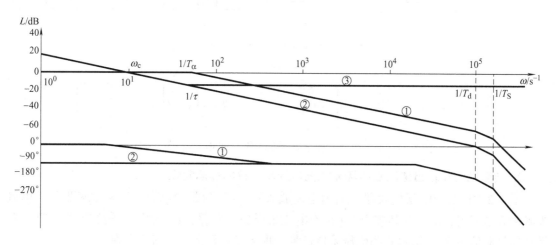

图 4-19 充电电流负反馈单闭环无线充电控制系统的串联 PI 校正

4.3 逆变电流和输出电压/电流双闭环无线充电控制系统设计

4.2节讨论的是输出电压/电流单闭环无线充电控制系统的控制目标是稳定电压或稳定电流，实现储能设备的充电要求，没有考虑当输出电压或电流突变，加上反馈信号延时的情况下，将造成发射侧逆变电流突变，导致逆变电流过电流引起的故障。在发射侧增加逆变电流闭环控制内环，可以有效控制逆变电流的最大值，将逆变电流限制在给定的范围内。图4-20是在图4-4的基础上增加了逆变电流内环。

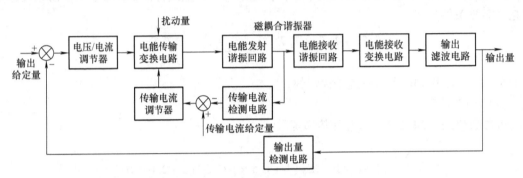

图 4-20　具有逆变电流内环的双闭环无线充电控制系统

1. 逆变电流和输出电压双闭环无线充电控制系统的组成

图4-21是在图4-5的基础上增加了逆变电流反馈 I_1S，电流放大器 A_2，同时 MCR 磁耦合谐振器的发射侧为逆变电流 I_1，接收侧为传输电压 U_2。对于逆变电流和输出电流双闭环控制系统，由于系统结构和控制参数类似所以不再赘述。

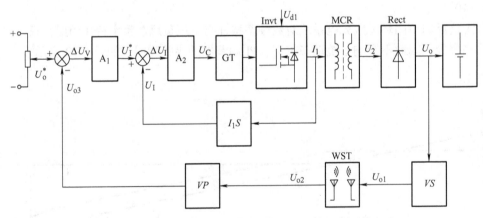

图 4-21　逆变电流和输出电压双闭环无线充电控制系统组成

2. 逆变电流和输出电压双闭环无线充电控制系统的静态特性

图4-21中 A_1 为电压放大器，A_2 为电流放大器，GT 为驱动电路，Invt 为逆变器，MCR 为磁耦合谐振器，Rect 为整流器，I_1S 为电流采样信号电路，VS 为电压采样电路，WST 为无线信号通信传输电路，VP 为电压采样信号处理电路。各个环节的关系为

电压比较环节 $$\Delta U_V = U_o^* - U_{o3}$$

电压放大器	$U_I^* = K_{A1}\Delta U_V$
传输电流比较环节	$\Delta U_I = U_I^* - U_I$
电流放大器	$U_C = K_{A2}\Delta U_I$
驱动与逆变器	$I_1 = K_I U_C$
磁耦合谐振器	$U_2 = K_{MIV}I_1$
整流器	$U_o = K_{RV}U_2$
电压采样	$U_{o1} = K_C U_o$
无线信号通信	$U_{o2} = K_W U_{o1}$
电压采样信号处理	$U_{o3} = K_P U_{o2}$

式中，K_{A1} 为电压放大器的放大系数；K_{A2} 为电流放大器的放大系数；K_I 为驱动与逆变器的等效电流放大倍数；K_{MIV} 为磁耦合谐振器电流/电压传输系数；K_R 为整流器等效电压变换系数；K_C 为电压采样系数；K_W 为无线信号传输系数；K_P 为电压采样信号处理系数。

将以上各环节的关系和系数代入图 4-21 中，可以得到逆变电流和输出电压双闭环无线充电控制系统的静态结构图，如图 4-22 所示。

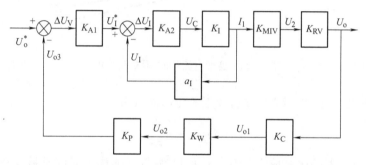

图 4-22　逆变电流和输出电压双闭环无线充电控制系统的静态结构图

由图 4-22 得到逆变电流闭环静态特性方程和输出电压闭环静态特性方程。逆变电流闭环静态特性方程为

$$I_1 = \frac{K_{A2}K_I}{1 + K_{A2}K_I a_I}U_I^* \tag{4-28}$$

输出电压闭环静态特性方程为

$$U_o = \frac{K_{A1}K_{A2}K_I K_{MIV}K_R}{1 + K_{A2}K_I a_I + K_{A1}K_{A2}K_I K_M K_R K_C K_W K_P}U_o^*$$
$$= \frac{K_{A1}K_{A2}K_I K_{MIV}K_R}{1 + K}U_o^* \tag{4-29}$$

式中，$K = K_{A2}K_I a_I + K_{A1}K_{A2}K_I K_M K_R K_C K_W K_P$。

3. 逆变电流和输出电压双闭环无线充电控制系统动态分析

（1）驱动与逆变器传递函数

与式（4-4）相同。

（2）电流环传递函数

电流环稳定性判断：电流环是一阶惯性环节，系统是稳定的。

电流环开环传递函数为

$$G(S) = \frac{K_\mathrm{I} a_\mathrm{I}}{T_\mathrm{d} S + 1} \qquad (4\text{-}30)$$

电流环动态校正：取逆变器输出电流 I_1 为 20A，逆变器驱动电压 U_C 为 5V，电流反馈系数 $a_\mathrm{I} = 1/4$，逆变器放大倍数为 $K_\mathrm{I} = 4$，电流环开环传递函数为

$$G(S) = \frac{1}{1 + 6 \times 10^{-6} S}$$

相应的开环对数幅频特性绘于图 4-23 中的曲线①，其中转折频率分别为 $\omega_1 = \dfrac{1}{T_\mathrm{d}} = 1.67 \times 10^5 \mathrm{s}^{-1}$。按照 $\omega_\mathrm{C} \leqslant \dfrac{1}{3T_\mathrm{d}}$ 的要求，穿越角频率 $\omega_\mathrm{C} \leqslant \dfrac{1}{3T_\mathrm{d}} = 5.55 \times 10^4 \mathrm{s}^{-1}$，取 $\omega_\mathrm{C} = 5 \times 10^4 \mathrm{s}^{-1}$。

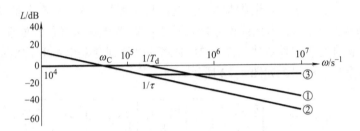

图 4-23　逆变电流环的串联 PI 校正

由图 4-23 可以求出 PI 调节器滞后校正的传递函数为

$$W_\mathrm{PI}(S) = \frac{K_\mathrm{A2}(\tau S + 1)}{\tau S} \qquad (4\text{-}31)$$

式中，K_A2 为 PI 调节器的比例放大倍数，τ 为 PI 调节器的积分时间常数。将积分时间常数 $\tau = T_\mathrm{d} = 6 \times 10^{-6} \mathrm{s}$，校正后的开环对数幅频特性以 $-20\mathrm{dB/dec}$ 的斜率穿越零分贝线，在 $\dfrac{1}{T_\mathrm{d}}$ 转折点处，开环对数幅频特性下降了约 $10\mathrm{dB} = 3.16$，也就是要求 PI 调节器的比例放大倍数为 $K_\mathrm{A2} = 3.16$，取 $K_\mathrm{A2} = 4$。将参数代入得到 PI 调节器的传递函数为

$$W_\mathrm{PI}(S) = \frac{4 \times (6 \times 10^{-6} S + 1)}{6 \times 10^{-6} S} = 4 + \frac{1}{1.5 \times 10^{-6} S}$$

校正后的电流开环传递函数为

$$G_\mathrm{o}(S) = \frac{K_\mathrm{A2} K_\mathrm{I} a_\mathrm{I}}{\tau S} \qquad (4\text{-}32)$$

校正后的电流闭环传递函数为

$$\frac{I_1(S)}{U_\mathrm{I}^*(S)} = \frac{K_\mathrm{BI}}{1 + T_\mathrm{Bd} S} \qquad (4\text{-}33)$$

其中

$$T_\mathrm{Bd} = \frac{a_\mathrm{I} \tau}{K_\mathrm{A2} K_\mathrm{I}} = \frac{0.25 \times 6 \times 10^{-6}}{4 \times 1} = 0.375 \times 10^{-6} \mathrm{s}$$

$$K_\mathrm{BI} = 1$$

（3）磁耦合谐振器传递函数

磁耦合谐振器的电流-电压传输系数由第 2 章的磁耦合谐振器模型中电压传输比和电流传输比的关系可求得，即 $K_{MIV} = \dfrac{U_2}{I_1}$。

对于串-串联谐振器 $\qquad\qquad K_{MIV} = \dfrac{\omega M R_L}{R_2 + R_L}$

对于串-并联谐振器 $\qquad\qquad K_{MIV} = \dfrac{\omega M R_L}{\dfrac{L_2}{R_2 C_2} + R_L}$

对于并-串联谐振器 $\qquad\qquad K_{MIV} = \dfrac{\omega M R_L}{R_2 + R_L}$

对于并-并联谐振器 $\qquad\qquad K_{MIV} = \dfrac{\omega M R_L}{\dfrac{L_2}{R_2 C_2} + R_L}$

对于 $LCL - LCL$ 谐振器 $\qquad\qquad K_{MIV} = \dfrac{\omega L_1 L_2}{M}$

对于 $LCC - LCC$ 谐振器 $\qquad\qquad K_{MIV} = \dfrac{\omega L_1 L_2}{M}$

磁耦合谐振器的电流-电压传递函数可以看成一个非线性比例环节，其比例大小主要和互感系数 M 有关。在具有导磁结构的传输线圈中，互感系数 M 和传输电流及传输距离有关。

（4）整流器与滤波传递函数

与式(4-6) 相同。

（5）电压反馈传递函数

与式(4-11) 相同，电压反馈可以看成具有纯滞后的比例环节，即

$$\frac{U_{o3}(S)}{U_o(S)} = K_\alpha e^{-T_\alpha S}$$

式中，$K_\alpha = K_C K_W K_P$；T_α 为信号无线传输延时时间。

4. 逆变电流和输出电压双闭环无线充电控制系统的动态结构图和传递函数

逆变电流和输出电压双闭环无线充电控制系统的动态结构如图 4-24 所示。

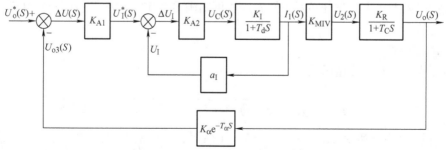

图 4-24　逆变电流和输出电压双闭环无线充电控制系统的动态结构图

开环传递函数

$$G(S) = \frac{K_{A1} K_{BI} K_{MIV} K_R a K_\alpha e^{-T_\alpha S}}{(1 + T_{Bd} S)(1 + T_C S)} \tag{4-34}$$

如前文所述，将电压反馈环节的传递函数近似成一阶惯性环节，即

$$\frac{U_{o3}(S)}{U_o(S)} = K_\alpha e^{-T_\alpha S} \approx \frac{K_\alpha}{T_\alpha S + 1}$$

逆变电流和输出电压双闭环无线充电控制系统的开环传递函数近似表示为

$$G(S) = \frac{K}{(1 + T_{Bd}S)(1 + T_C S)(1 + T_\alpha S)} \qquad (4-35)$$

其中

$$K = K_{A1} K_{BI} K_{MIV} K_R a K_\alpha$$

闭环传递函数为

$$\frac{U_o(S)}{U_o^*(S)} = \frac{K}{K + (1 + T_{Bd}S)(1 + T_C S)(1 + T_\alpha S)} \qquad (4-36)$$

5. 逆变电流和输出电压双闭环无线充电系统的稳定性和动态校正

（1）稳定性判断

电压负反馈单闭环无线充电系统的闭环特征方程为

$$\frac{T_{Bd} T_C T_\alpha}{K+1} S^3 + \frac{T_{Bd} T_C + T_{Bd} T_\alpha + T_C T_\alpha}{K+1} S^2 + \frac{T_{Bd} + T_C + T_\alpha}{K+1} S + 1 = 0 \qquad (4-37)$$

根据自动控制理论中的劳斯稳定性判据，由于系统中开环放大倍数和时间常数都是正实数，因此特征方程中的各项系数都大于零，在此条件下，上式特征方程表示的三阶系统稳定的充分必要条件是

$$\frac{T_{Bd} T_C + T_{Bd} T_\alpha + T_C T_\alpha}{K+1} \frac{T_{Bd} + T_C + T_\alpha}{K+1} > \frac{T_{Bd} T_C T_\alpha}{K+1}$$

取电压比例放大器输出 5V，输出充电电压 $U_o = 300V$，取谐振器比例 $K_{MIV} = \frac{U_2}{I_1} = 15$，取整流和滤波器比例 $K_R = 1$，输出控制电压 $U_o^* = 5V$，则 $K_\alpha = 1/60$，先取电压放大器 $K_{A1} = 4$，开环总放大倍数为 $K = K_{A1} K_{BI} K_{MIV} K_R K_\alpha = 1$。

与前文相同，取 $T_C = 5 \times 10^{-6}$s，$T_\alpha = 20$ms $= 20 \times 10^{-3}$s，$T_{Bd} = 0.375 \times 10^{-6}$s，将参数代入式(4-37) 的系统特征方程为

$$1.875 \times 10^{-12} S^3 + 0.375 \times 10^{-7} S^2 + 1.0 \times 10^{-2} S + 1 = 0$$

将参数代入上文中的充分必要条件表达式可知满足 $0.375 \times 10^{-9} > 1.875 \times 10^{-12}$ 的条件，系统是稳定的。

（2）动态校正

将参数代入，开环传递函数为

$$G(S) = \frac{1}{(1 + 0.375 \times 10^{-6} S)(1 + 5 \times 10^{-6} S)(1 + 20 \times 10^{-3} S)}$$

三个转折频率分别为 $\omega_1 = \frac{1}{T_{Bd}} = 2.67 \times 10^6 \text{s}^{-1}$，$\omega_2 = \frac{1}{T_C} = 2 \times 10^5 \text{s}^{-1}$，$\omega_3 = \frac{1}{T_\alpha} = 5 \times 10^1 \text{s}^{-1}$，和图 4-13 中三个转折频率相比，$\omega_1$ 比其更偏向于高频，因此 PI 调节器可采用式(4-18)的结构形式，参数选择也相同。

4.4 传输电压和输出电压双独立单闭环无线充电控制系统设计

在4.2和4.3节讨论了充电电压/电流负反馈单闭环无线充电控制系统是以稳定充电电压/电流为控制目标，而在发射侧增加逆变电流闭环控制内环，是以有效控制逆变电流的最大值为控制目标，但最大的一个问题是输出充电电压和电流的反馈参数要通过无线传送方式进行。前面已经分析了在有数据交换的无线充电控制系统中采用通信方式时，当电压反馈回路的延时时间为20ms时，系统的调节时间接近150ms，当电压反馈回路的延时时间增加到100ms时，系统的调节时间接近1500ms，因此不能保证充电过程的稳定性、充电电压/电流的控制精度和可靠性。

如果把接收端充电电压和电流进行单独闭环控制，可有效提高充电过程电压和电流的控制精度和快速响应，传输电压在接收侧进行检测，形成传输电压独立闭环控制，建立两个独立的闭环控制系统，如图4-25所示。

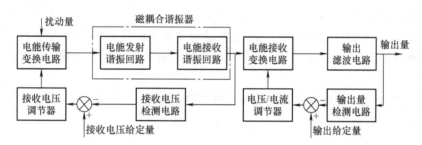

图4-25　传输电压和输出双独立单闭环无线充电控制系统

由于输出充电电流系统结构和传输充电电压系统结构类似，所以传输电压和输出电流双独立单闭环无线充电控制系统分析不再赘述。

1. 传输电压和输出电压双独立单闭环无线充电控制系统的组成

图4-26是在图4-4的基础上将反馈检测点从输出电压检测点移到磁耦合谐振器输出点，增加了输出电压闭环控制部分。

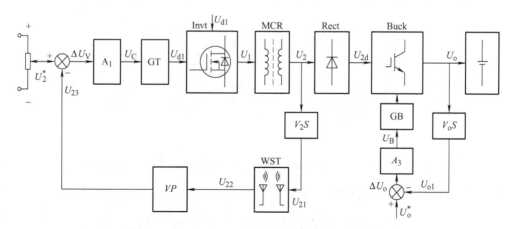

图4-26　传输电压独立闭环和输出电压独立闭环无线充电控制系统组成

图 4-26 中，传输电压闭环中 A_1 为放大器，GT 为驱动电路，Invt 为逆变器，逆变器的输入电压为 U_{d1}，输出电压为 U_1，MCR 为磁耦合谐振器（包括电能发射谐振回路、电能接收谐振回路），U_2 为磁耦合谐振器输出传输电压，V_2S 为传输电压采样电路，WST 为无线信号传输电路，VP 为电压采样信号处理电路；输出电压闭环中，Rect 为接收侧高频整流器，Buck 为直流斩波电路，用于控制充电电压，V_oS 为充电电压检测电路，A_3 为充电电压调节器，GB 为斩波驱动电路。

2. 传输电压独立单闭环无线充电控制系统的静态特性

电压比较环节 $\qquad\qquad\qquad \Delta U = U_2^* - U_{23}$

传输电压放大器 $\qquad\qquad\quad U_C = K_{A1}\Delta U_V$

驱动与逆变器 $\qquad\qquad\qquad U_1 = K_V U_C$

磁耦合谐振器 $\qquad\qquad\qquad U_2 = K_{MV} U_1$

传输电压采样 $\qquad\qquad\qquad U_{21} = K_C U_2$

无线信号通信 $\qquad\qquad\qquad U_{22} = K_W U_{21}$

电压采样信号处理 $\qquad\qquad U_{23} = K_P U_{22}$

式中，K_{A1} 为电压放大器的放大系数；K_V 为驱动与逆变器的等效电压放大倍数；K_{MV} 为磁耦合谐振器电压传输系数；K_C 为电压采样系数；K_W 为无线信号传输系数；K_P 为电压采样信号处理系数。

3. 输出电压独立单闭环无线充电控制系统的静态特性

输出电压比较环节 $\qquad\qquad \Delta U_o = U_o^* - U_{o1}$

输出电压放大器 $\qquad\qquad\quad U_B = K_{A3}\Delta U_o$

驱动与斩波器 $\qquad\qquad\qquad U_{2d1} = K_B U_B$

输出充电电压采样 $\begin{aligned}&U_o = aU_{2d1}\\[4pt]&U_{o1} = a_V U_o\end{aligned}$

式中，K_{A3} 为输出充电电压放大器的放大系数；K_B 为斩波器等效电压变换系数；a_V 为电压反馈系数。

传输电压和输出电压双独立单闭环无线充电控制系统的静态结构图如图 4-27 所示。

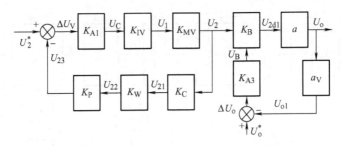

图4-27　传输电压和输出电压双独立单闭环无线充电控制系统静态结构图

传输电压独立单闭环静态特性方程为

$$U_2 = \frac{K_{A1}K_V K_{MV}}{1 + K_{A1}K_V K_{MV}K_C K_W K_P}U_2^* = \frac{K_{A1}K_V K_{MV}}{1 + K_{U1}}U_2^* \qquad (4\text{-}38)$$

$$K_{U1} = K_{A1}K_V K_{MV}K_C K_W K_P$$

输出电压独立单闭环静态特性方程为

$$U_o = \frac{K_{A3}K_B}{1 + K_{A3}K_B a a_V}U_o^* = \frac{K_{A3}K_B}{1 + K_{U2}}U_o^* \qquad (4\text{-}39)$$

4. 传输电压独立单闭环无线充电控制系统动态分析

（1）驱动与逆变器传递函数

与 4.2.1 节相同，磁耦合谐振器传递函数是一个纯比例放大环节，其电压传输放大系数 K_{MV} 和 $\omega M R_L$ 之间呈非线性关系。

（2）磁耦合谐振器传递函数

与 4.2.1 节相同。

（3）传输电压反馈传递函数

与式（4-11）相同。

5. 传输电压独立单闭环无线充电控制系统动态结构图和传递函数

传输电压独立单闭环动态结构图如图 4-28 所示。

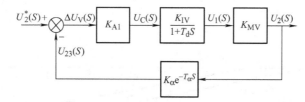

图 4-28　传输电压独立单闭环无线充电控制系统动态结构图

传输电压负反馈单闭环无线充电系统的开环传递函数近似表示为

$$G(S) = \frac{K}{(1 + T_d S)(1 + T_\alpha S)} \qquad (4\text{-}40)$$

其中

$$K = K_{A1}K_{IV}K_{MV}K_\alpha$$

闭环传递函数为

$$\frac{U_2(S)}{U_2^*(S)} = \frac{K}{K + (1 + T_d S)(1 + T_\alpha S)} \qquad (4\text{-}41)$$

6. 传输电压独立单闭环无线充电控制系统稳定性和动态校正

（1）稳定性判断

闭环特征方程为

$$\frac{T_d T_\alpha}{K + 1}S^2 + \frac{T_d + T_\alpha}{K + 1}S + 1 = 0$$

根据自动控制理论中的劳斯稳定性判据，由于系统中开环放大倍数和时间常数都是正实数，因此特征方程中的各项系数都大于零，在此条件下，上式特征方程表示的二阶系统是稳定的。

（2）动态校正

按照图 4-28 设逆变器输出电压 U_1 为 375V，逆变器驱动电压 U_C 为 5V，则逆变器电压放大倍数为 $K_{IV} = 75$，传输输出电压 $U_2 = 375V$，磁耦合谐振器电压传输比 $K_{MV} = \dfrac{U_2}{U_1} = 1$，传输

控制电压 $U_2^* = 5\mathrm{V}$，取电压放大器 $K_{\mathrm{A1}} = 1$，这样开环总放大倍数为 $K = K_{\mathrm{A1}}K_{\mathrm{IV}}K_{\mathrm{MV}}K_\alpha = 1$。

设全桥逆变器工作频率 80kHz 时脉宽调制最大失控时间为 $T_\mathrm{d} = 6\mu\mathrm{s} = 6 \times 10^{-6}\mathrm{s}$；传输电压反馈无线信号传输采用通信方式，包括采样、信号串行发送、信号串行接收等产生的延时，在这里取电压反馈回路总时间常数为 $T_\alpha = 20\mathrm{ms} = 20 \times 10^{-3}\mathrm{s}$。

将参数代入式（4-40）得开环传递函数为

$$G(S) = \frac{1}{(1 + 6 \times 10^{-6}S)(1 + 20 \times 10^{-3}S)}$$

相应的开环对数幅频特性绘于图 4-29 中曲线①，其中两个转折频率分别为 $\omega_1 = \frac{1}{T_\mathrm{d}} = 1.67 \times 10^5\mathrm{s}^{-1}$，$\omega_2 = \frac{1}{T_\alpha} = 5 \times 10^1\mathrm{s}^{-1}$。

按照 $\omega_\mathrm{c} \leqslant \frac{1}{3T_\alpha}$ 的要求，穿越角频率 $\omega_\mathrm{c} \leqslant \frac{1}{3T_\alpha} = 1.67 \times 10^1\mathrm{s}^{-1}$，取 $\omega_\mathrm{c} = 1 \times 10^1\mathrm{s}^{-1}$。

根据图 4-29 中开环对数幅频特性，PI 调节器传递函数和式（4-18）相同。

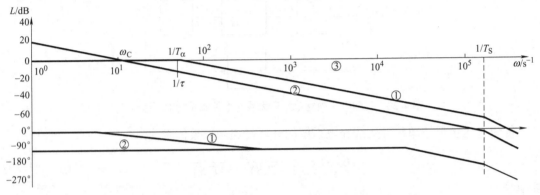

图 4-29　传输电压独立单闭环无线充电控制系统的串联 PI 校正

7. 输出电压独立单闭环动态分析

（1）驱动与整流斩波器传递函数

电能接收变换与滤波电路包括高频整流电路、直流斩波电路和滤波电路，如图 4-30 所示。

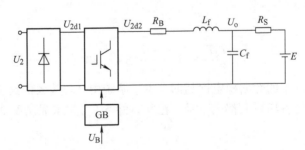

图 4-30　电能接收变换与滤波电路结构图

斩波控制电压 U_B 变化到斩波 PWM 输出变化的延时失控时间如图 4-31 所示。图中 t_2 是控制电压变化时间，t_3 是斩波输出 PWM 脉宽变化的时间，t_2 到 t_3 为失控时间。失控时间最大出现在控制电压变化时间为 t_1 的情况，延时时间为 PWM 脉冲的周期，斩波频率越高，PWM 脉冲周期越小，最大失控时间也就越小。

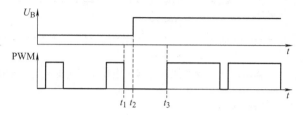

图 4-31   直流斩波调压脉宽调制失控时间

从控制电压 U_B 到斩波 PWM 输出之间的传递函数可表示为

$$\frac{U_{2d2}(S)}{U_B(S)} = K_B e^{-T_B S} \tag{4-42}$$

由于延时时间 T_B 很小，为了分析和设计方便，当系统的截止频率满足 $\omega_c \leqslant \dfrac{1}{3T_B}$ 时，可将驱动与逆变器环节的传递函数近似成一阶惯性环节，即

$$\frac{U_{2d2}(S)}{U_B(S)} = K_B e^{-T_B S} \approx \frac{K_B}{T_B S + 1} \tag{4-43}$$

（2）滤波传递函数

滤波电路由滤波电感 L_f 和滤波电容 C_f 组成，考虑斩波回路内阻 R_B 和蓄电池内阻 R_S，其传递函数为

$$U_o(S) = \frac{\dfrac{R_S}{R_B + R_S} U_{2d2}(S)}{\dfrac{R_S}{R_B + R_S} L_f C_f S^2 + \dfrac{R_S}{R_B + R_S}\left(R_B C_f + \dfrac{L_f}{R_S}\right)S + 1} + \frac{\dfrac{R_B}{R_B + R_S}\left(1 + \dfrac{L_f}{R_B}S\right)E(S)}{\dfrac{R_S}{R_B + R_S} L_f C_f S^2 + \dfrac{R_S}{R_B + R_S}\left(R_B C_f + \dfrac{L_f}{R_S}\right)S + 1}$$

$$= \frac{a U_{2d2}(S)}{\dfrac{R_S}{R_B + R_S} L_f C_f S^2 + \dfrac{R_S}{R_B + R_S}\left(R_B C_f + \dfrac{L_f}{R_S}\right)S + 1} + \frac{b\left(1 + \dfrac{L_f}{R_B}S\right)E(S)}{\dfrac{R_S}{R_B + R_S} L_f C_f S^2 + \dfrac{R_S}{R_B + R_S}\left(R_B C_f + \dfrac{L_f}{R_S}\right)S + 1}$$

实际系统中，滤波回路的等效电阻 $R_B \ll R_S$，$a = 1$，$b = 0$ 上式可简化为

$$U_o(S) = \frac{U_{2d2}(S)}{L_f C_f S^2 + \left(R_B C_f + \dfrac{L_f}{R_S}\right)S + 1} = \frac{U_{2d2}(S)}{(T_C S + 1)(T_L S + 1)} \tag{4-44}$$

其中 $T_C = R_B C_f$，$T_L = \dfrac{L_f}{R_S}$。

8. 输出电压独立单闭环无线充电控制动态结构图和传递函数

将上述各环节的传递函数组合得到输出电压独立单闭环无线充电控制系统的动态结构图如图 4-32 所示。其开环传递函数为

$$G(S) = \frac{K_{A3} K_B a_V}{(1 + T_B S)(1 + T_C S)(1 + T_L S)} = \frac{K}{(1 + T_B S)(1 + T_C S)(1 + T_L S)} \tag{4-45}$$

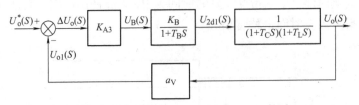

图 4-32 输出电压独立单闭环无线充电控制系统的动态结构图

其中 $K = K_{A3}K_B a_V$。闭环传递函数为

$$\frac{U_o(S)}{U_o^*(S)} = \frac{K}{K + (1 + T_B S)(1 + T_C S)(1 + T_L S)} \tag{4-46}$$

9. 输出电压独立单闭环无线充电控制系统的稳定性和动态校正

（1）稳定性判断

闭环特征方程为

$$\frac{T_B T_C T_L}{K+1} S^3 + \frac{T_B T_C + T_B T_L + T_C T_L}{K+1} S^2 + \frac{T_B + T_C + T_L}{K+1} S + 1 = 0 \tag{4-47}$$

根据自动控制理论中的劳斯稳定性判据，系统中开环放大倍数和时间常数都是正实数，此特征方程中的各项系数都大于零，特征方程表示的三阶系统稳定的充分必要条件是

$$\frac{T_B T_C + T_B T_L + T_C T_L}{K+1} \frac{T_B + T_C + T_L}{K+1} > \frac{T_B T_C T_L}{K+1} \tag{4-48}$$

按照图 4-32，设 $U_B = 5V$，$U_o = 300V$，整流和滤波器比例 $K_B = 60$，输出控制电压 $U_o^* = 5V$，则 $a_V = 1/60$，取电压放大器的放大系数 $K_{A3} = 1$，开环总放大倍数为 $K = K_{A3}K_B a_V = 1$。

设直流斩波 PWM 频率为 20kHz，则 $T_B = 50 \times 10^{-6}$s，滤波电容 $C_f = 100\mu F$，滤波电感 $L_f = 600\mu H$，输出整流回路等效内阻为 $R_B = 0.05\Omega$，蓄电池回路内阻 $R_S = 0.3\Omega$，则 $T_C = R_B C_f = 5 \times 10^{-6}$s，$T_L = \frac{L_f}{R_S} = 2.0 \times 10^{-3}$s。

将参数代入式（4-47）得 $2.5 \times 10^{-12} S^3 + 5.5125 \times 10^{-8} S^2 + 1.0 \times 10^{-3} S + 1 = 0$，各项系数大于零，满足稳定的第一个条件。将参数代入式（4-48）得 $5.5125 \times 10^{-11} > 2.5 \times 10^{-12}$，满足稳定的第二个条件。

（2）动态校正

将参数代入式（4-45），得开环传递函数为

$$G(S) = \frac{1}{(1 + 5 \times 10^{-5} S)(1 + 5 \times 10^{-6} S)(1 + 2 \times 10^{-3} S)}$$

相应的开环对数幅频特性绘于图 4-33 中的曲线①，其中三个转折频率分别为 $\omega_1 = \frac{1}{T_L} = 5 \times 10^2 \mathrm{s}^{-1}$，$\omega_2 = \frac{1}{T_B} = 2 \times 10^4 \mathrm{s}^{-1}$，$\omega_3 = \frac{1}{T_C} = 2 \times 10^5 \mathrm{s}^{-1}$。

从图 4-33 的曲线①可以求出截止频率为 $\omega_{C1} = 5 \times 10^2 \mathrm{s}^{-1}$，相角裕量为 $\gamma = 180° - \arctan\omega_{C1} T_L = 135°$，闭环系统是稳定的。但是，在低频段的斜率是平坦的，增益为零，系统的稳态精度差。由 PI 调节器构成的滞后校正，可以保证稳态精度。

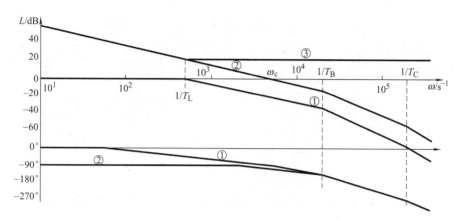

图 4-33　输出电压独立单闭环充电控制系统的串联 PI 校正

按照 $\omega_C \leqslant \dfrac{1}{3T_B}$ 的要求，截止频率 $\omega_C \leqslant \dfrac{1}{3T_B} = 6.67 \times 10^3 \mathrm{s}^{-1}$，取 $\omega_C = 5 \times 10^3 \mathrm{s}^{-1}$。

PI 调节器滞后校正的传递函数为

$$W_{PI}(S) = \frac{K_{PI}(\tau S + 1)}{\tau S}$$

取校正装置的比例微分项 $\tau S + 1$ 与原始系统中的反馈延时环节近似的最大惯性环节 $\dfrac{1}{T_L S + 1}$ 相抵消，这样可确定校正环节的转折频率。

为了使校正后的系统具有足够的稳定裕量，校正后的开环对数幅频特性以 $-20\mathrm{dB/dec}$ 的斜率穿越零分贝线，在 $\dfrac{1}{T_L}$ 转折点处，开环对数幅频特性下降了约 $22\mathrm{dB} = 12.6$，也就是要求 PI 调节器的比例放大倍数为 12.6。将参数代入得到 PI 调节器的传递函数为

$$W_{PI}(S) = \frac{12.6 \times (2 \times 10^{-3} S + 1)}{2 \times 10^{-3} S} = 12.6 + \frac{1}{1.6 \times 10^{-4} S}$$

校正后的相位裕度 $\gamma = 180° - 90° - \arctan\omega_{C1}T_B - \arctan\omega_{C1}T_c = 74.6°$。

4.5　传输电压逆变电流双闭环和输出电压/电流单闭环无线充电控制系统设计

本节讨论传输电压和逆变电流双闭环控制部分，由于输出电压/电流单闭环无线充电控制部分与前文相同，本节不再赘述。在传输电压单闭环中增加逆变电流内环组成双闭环控制系统，如图 4-34 所示。

1. 传输电压逆变电流双闭环和输出电压/电流单闭环无线充电控制系统的组成

图 4-35 是在图 4-26 的基础上增加了逆变电流内环。图 4-35 中，A_2 为内环电流放大器，$I_1 S$ 为电流反馈电路。

2. 传输电压逆变电流双闭环无线充电控制系统的静态特性

图 4-34 中各环节的关系为

电压比较环节　　　　　　　　　　　$\Delta U_V = U_2^* - U_{23}$

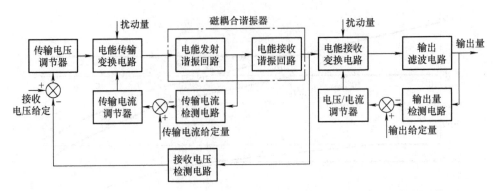

图 4-34 传输电压逆变电流双闭环和输出电压/电流单闭环无线充电控制系统

电压放大器	$U_I^* = K_{A1}\Delta U_V$
逆变电流比较环节	$\Delta U_I = U_I^* - U_I$
电流放大器	$U_C = K_{A2}\Delta U_I$
驱动与逆变器	$I_1 = K_I U_C$
磁耦合谐振器	$U_2 = K_{MIV}I_1$
电压采样	$U_{21} = K_C U_2$
无线信号通信	$U_{22} = K_W U_{21}$
电压采样信号处理	$U_{23} = K_P U_{22}$

式中，K_{A1} 为电压放大器的放大系数；K_{A2} 为电流放大器的放大系数；K_I 为驱动与逆变器的等效电流放大倍数；K_{MIV} 为磁耦合谐振器电流，电压传输系数；K_C 为电压采样系数；K_W 为无线信号传输系数；K_P 为电压采样信号处理系数。

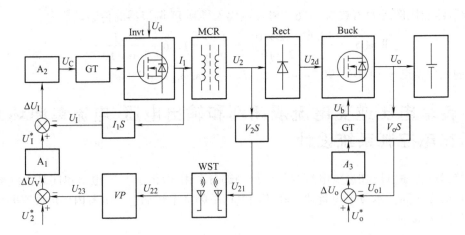

图 4-35 传输电压逆变电流双闭环和输出电压/电流单闭环无线充电控制系统组成

传输电压逆变电流双闭环和输出电压/电流单闭环无线充电控制系统的静态结构如图 4-36 所示。

传输电压逆变电流双闭环无线充电控制系统的静态特性方程包括传输电压闭环和逆变电流闭环。

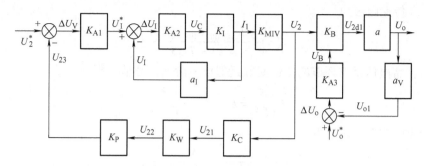

图 4-36　传输电压逆变电流双闭环和输出电压/电流单闭环无线充电控制系统静态结构图

逆变电流闭环的静态特性方程为

$$I_1 = \frac{K_{A2}K_I}{1 + K_{A2}K_I a_1}U_I^*$$ （4-49）

传输电压闭环静态特性方程为

$$U_2 = \frac{K_{A1}K_{A2}K_I K_{MIV}}{1 + K_{A2}K_I a_1 + K_{A1}K_{A2}K_I K_{MIV}K_C K_W K_P}U_2^* = \frac{K_{A1}K_{A2}K_I K_{MIV}}{1 + K}U_2^*$$ （4-50）

式中，$K = K_{A2}K_I a_1 + K_{A1}K_{A2}K_I K_{MIV}K_C K_W K_P$。

3. 传输电压逆变电流双闭环无线充电控制系统动态分析

（1）驱动与逆变器传递函数

驱动与逆变器传递函数与式(4-4) 相同。

（2）磁耦合谐振器传递函数

与 4.3 节 K_{MIV} 分析相同。

（3）传输电压反馈传递函数

与式(4-11) 相同，传输电压反馈传递函数为 $K_\alpha e^{-T_\alpha S}$。

（4）电流环传递函数

与 4.3 节 $G(S)$ 分析相同，电流环开环传递函数 $G(S) = \dfrac{K_I a_I}{T_d S + 1}$

（5）传输电压和逆变电流双闭环开环传递函数

图 4-37 是传输电压和逆变电流双闭环开环动态结构图。

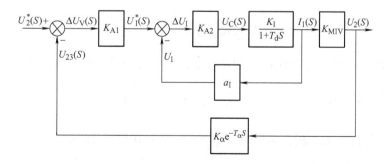

图 4-37　传输电压和逆变电流双闭环开环动态结构图

系统开环传递函数为

$$G(S) = \frac{K_{A1}K_{BI}K_{MIV}K_{\alpha}e^{-T_{\alpha}S}}{1 + T_{Bd}S} \tag{4-51}$$

同式(4-11)，将电压反馈环节的传递函数近似成一阶惯性环节，即

$$\frac{U_{23}(S)}{U_2(S)} = K_{\alpha}e^{-T_{\alpha}S} \approx \frac{K_{\alpha}}{T_{\alpha}S + 1} \tag{4-52}$$

开环传递函数近似表示为

$$G(S) = \frac{K}{(1 + T_{Bd}S)(1 + T_{\alpha}S)} \tag{4-53}$$

式中，$K = K_{A1}K_{BI}K_{MIV}K_{\alpha}$。

闭环传递函数为

$$\frac{U_2(S)}{U_2^*(S)} = \frac{K}{K + (1 + T_{Bd}S)(1 + T_{\alpha}S)} \tag{4-54}$$

4. 传输电压逆变电流双闭环无线充电控制系统稳定性和动态校正

（1）传输电压环稳定性判断

闭环特征方程为

$$\frac{T_{Bd}T_{\alpha}}{K+1}S^2 + \frac{T_{Bd} + T_{\alpha}}{K+1}S + 1 = 0 \tag{4-55}$$

根据自动控制理论中的劳斯稳定性判据，由于系统中开环放大倍数和时间常数都是正实数，因此特征方程中的各项系数都大于零，在此条件下，上式特征方程表示的二阶系统是稳定的。

（2）动态校正

按照图 4-37，设传输电压输出 U_2 为 380V，控制电压 $U_2^* = 5$V，则逆变器电压放大倍数为 $K_{\alpha} = 1/76$，谐振器电压传输比 $K_{MIV} = \dfrac{U_2}{I_1} = 19$，取电压放大器 $K_{A1} = 1$，电流环闭环放大系数为 $K_{BI} = 4$，开环总放大倍数为 $K = K_{A1}K_{BI}K_{MIV}K_{\alpha} = 1$。

逆变电流闭环中的惯性环节时间常数 $T_{Bd} = 0.375 \times 10^{-6}$s，电压反馈回路采样总延时时间常数为 $T_{\alpha} = 20\text{ms} = 20 \times 10^{-3}$s。

将参数代入，开环传递函数为

$$G(S) = \frac{1}{(1 + 0.375 \times 10^{-6}S)(1 + 20 \times 10^{-3}S)}$$

相应的开环对数幅频特性绘于图 4-38 中曲线①，其中两个转折频率分别为 $\omega_1 = \dfrac{1}{T_{Bd}} = 2.67 \times 10^6 \text{s}^{-1}$，$\omega_2 = \dfrac{1}{T_{\alpha}} = 5 \times 10^1 \text{s}^{-1}$。由于 $\omega_1 \gg \omega_2$，ω_1 可忽略不计。

按照 $\omega_C \leqslant \dfrac{1}{3T_{\alpha}}$ 的要求，截止频率 $\omega_C \leqslant \dfrac{1}{3T_{\alpha}} = 1.67 \times 10^1 \text{s}^{-1}$，取 $\omega_C = 1 \times 10^1 \text{s}^{-1}$。PI 调节器滞后校正的传递函数为

$$W_{PI}(S) = \frac{K_{PI}(\tau S + 1)}{\tau S}$$

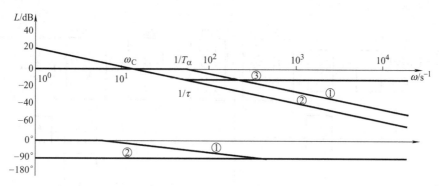

图 4-38　传输电压闭环无线充电控制系统的串联 PI 校正

参数代入得到 PI 调节器的传递函数为

$$W_{\mathrm{PI}}(S) = \frac{10 \times (20 \times 10^{-3} S + 1)}{20 \times 10^{-3} S} = 10 + \frac{1}{2 \times 10^{-3} S}$$

4.6　逆变电流和输出电压双独立单闭环无线充电控制系统设计

　　为了更好地避免在有数据交换的无线充电控制系统中存在的数据延时问题，保证充电过程的稳定性、充电电流/电压的控制精度和可靠性，去除了传输电压控制闭环，接收侧和发射侧没有数据交换环节，将发射侧逆变电流进行独立闭环控制，这样发射侧和接收侧建立两个独立的闭环控制系统，如图 4-39 所示。在发射侧和接收侧独立闭环控制无线充电系统中，通过发射侧谐振回路的电压/电流来计算谐振回路的反射阻抗，从而跟踪发射侧所需要的电能传输量来控制逆变电流的大小，达到发射侧和接收侧的电能传输平衡。发射侧谐振回路的反射阻抗和接收侧的负载之间是动态非线性关系，可通过建立数学模型进行预测，也可以通过实时检测发射回路电压/电流进行快速辨识。

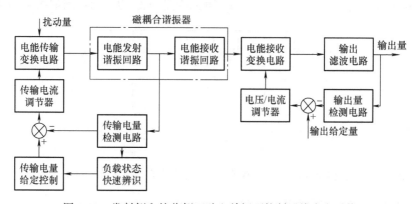

图 4-39　发射侧和接收侧双独立单闭环控制无线充电系统

1. 逆变电流和输出电压双独立单闭环无线充电控制系统的组成

　　图 4-40 是在图 4-35 的基础上去除了传输电压外环，剩下逆变电流单闭环和输出电压单闭环。

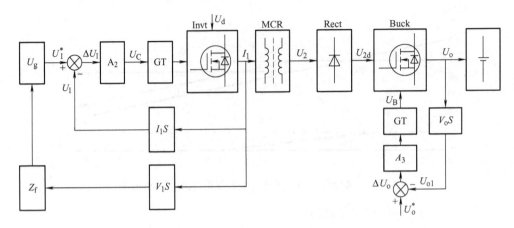

图 4-40　逆变电流和输出电压双独立单闭环无线充电控制系统组成

2. 逆变电流和输出电压双独立单闭环无线充电控制系统的静态特性

图 4-40 中各环节的关系为

电流放大器 $\qquad U_C = K_{A2}\Delta U_I$

驱动与逆变器 $\qquad I_1 = K_I U_C$

输出电压比较环节 $\qquad \Delta U_o = U_o^* - U_{o1}$

输出电压放大器 $\qquad U_B = K_{A3}\Delta U_o$

驱动与斩波器 $\qquad U_{2d1} = K_B U_B$

输出充电电压采样 $\qquad U_o = aU_{2d1}$

$\qquad U_{o1} = a_V U_o$

式中，K_{A2} 为电流放大器的放大系数；K_I 为驱动与逆变器的等效电流放大倍数；K_{A3} 为输出电压放大器的放大系数；K_B 为斩波器等效电压变换系数；a_V 为电压反馈系数。

逆变电流和输出电压双独立单闭环无线充电控制系统的静态结构图如图 4-41 所示。

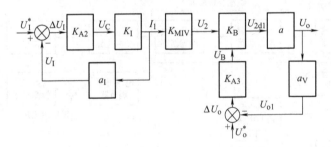

图 4-41　逆变电流和输出电压双独立单闭环无线充电控制系统的静态结构图

逆变电流独立单闭环静态特性方程和式（4-28）相同为

$$I_1 = \frac{K_{A2}K_I}{1 + K_{A2}K_I a_I}U_I^*$$

输出电压独立单闭环静态特性方程和式（4-42）相同为

$$U_o = \frac{K_{A3}K_B}{1 + K_{A3}K_B a_V}U_o^* = \frac{K_{A3}K_B}{1 + K_{U2}}U_o^*$$

3. 逆变电流和输出电压双独立单闭环无线充电控制系统的动态特性

图 4-42 是逆变电流和输出电压双独立双单闭环无线充电控制系统的动态结构图，图中磁耦合谐振器的功能是将发射侧的逆变电流 I_1 传输到接收侧传输电压 U_2，发射侧逆变电流单闭环控制动态分析和 4.3 节中部分内容相同。

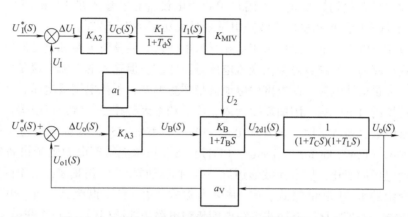

图 4-42　逆变电流和输出电压双独立单闭环无线充电控制系统的动态结构图

第5章 单相供电电磁共振式无线充电系统设计

按照《供电营业规则》规定，当用户单相用电设备总容量不足 10kW 时采用低压单相 220V 供电。本章设计的单相供电无线充电系统最大功率小于 10kW。

传统的单相供电电力电子设备采用单相交流电输入，经整流电路和电容滤波获得直流电压，这种变换电路的主要缺点是输入交流电压是正弦波，但输入的交流电流是脉冲电流，交流电流中含有大量谐波电流，使电网中电流波形严重畸变，干扰电网线电压，产生向四周辐射和沿导线传播的电磁干扰，因而需要加入相应的功率因数校正装置加以改善。为了实现低谐波和高功率因数，通常采用二极管加 Boost-PWM 斩波的方式，这种电路通常称为功率因数校正电路 PFC（Power Factor Corrector，PFC），PFC 技术能够使电力电子设备的输入电流跟踪输入电网电压的变化，使电流波形逼近与电网电压同相位的正弦波，功率因数接近 1。

第 3 章介绍的串-串联谐振式、串-并联谐振式、并-串联谐振式、并-并联谐振式、$LCL-LCL$ 谐振式、$LCC-LCC$ 谐振式无线电能传输电路拓扑结构中，串-串联谐振式、串-并联谐振式和 $LCC-LCC$ 谐振式无线电能传输电路从电路结构、控制方式和传输效率等方面具有较好的应用前景，因此本章主要介绍这三种传输电路的系统设计。主要内容包括单相供电电磁共振式无线充电系统组成、单相功率因数校正电路、具有 PFC 的对称半桥逆变调频控制无线充电系统设计、具有 PFC 的对称半桥逆变 PWM 控制无线充电系统设计、具有 PFC 的不对称半桥逆变 PWM 控制无线充电系统设计、具有两级交错 PFC 的全桥逆变移相 PWM 控制无线充电系统设计、具有三级交错 PFC 的全桥逆变无线充电系统设计、具有 PFC 的 $LCC-LCC$ 磁耦合谐振式无线充电系统设计。

5.1 单相供电电磁共振式无线充电系统组成

单相供电电磁共振式无线充电系统由单相整流与功率因数校正电路（PFC）、功率控制与逆变电路、磁耦合谐振器（包括发射线圈、发射侧补偿电容、接收线圈、接收侧补偿电容）、接收侧整流与变换电路和输出滤波电路等组成。

功率控制与逆变电路有两种形式，一是功率控制采用直流斩波调压，逆变电路进行 DC/AC 变换；二是逆变电路在完成 DC/DC 变换的基础上，还要进行功率控制。主要控制有调频控制方式，通过改变逆变电路的输出频率，实质是改变逆变输出电压和电流的相位角来实现调节逆变输出的有功功率。此处还有 PWM 脉宽调制控制方式，包括直接 PWM 和移相 SPWM，实质是改变逆变输出电压的平均值。

接收侧整流与变换电路也有两种形式，一是接收侧只有高频整流电路，输出充电和充电电流的控制由发射侧功率控制与逆变电路来完成，这里存在第 4 章已经讨论过的无线信号反馈延时导致调节滞后问题；二是高频整流后加 DC/AC 变换电路，接收侧直接控制输出充电电压和充电电流，避免控制滞后的问题。

图 5-1 是传输功率采用斩波调压控制的单相供电电磁共振式无线充电系统框图。图中主

电路由二极管整流和 PFC 电路、直流斩波电路、逆变电路、发射侧谐振回路、接收侧谐振回路和输出高频整流电路等组成，控制电路由 PFC 控制电路、频率跟踪斩波控制电路、斩波驱动电路、逆变驱动电路、充电过程控制电路和无线数据传送电路等组成。

　　单相整流一般采用全桥二极管整流电路，功率因数校正 PFC 主要有单管 Boost 升压电路、双管软开关 Boost 升压电路和三管交替工作的交错式 Boost 升压电路等；逆变电路主要有全桥逆变电路和半桥逆变电路，在小功率场合还可以使用单管 E 类逆变电路；高频整流一般用全桥二极管高频整流电路，在输出低压的场合可以用高频变压器降压后的全波二极管整流电路；频率跟踪可采用锁相环电路，逆变控制可以采用调频控制、PWM 脉宽控制和移相控制等；充电过程控制采用 PID 调节器实现；无线数据传送可采用无线通信方式实现。为了实现智能化控制，还可以采用微处理器实现。

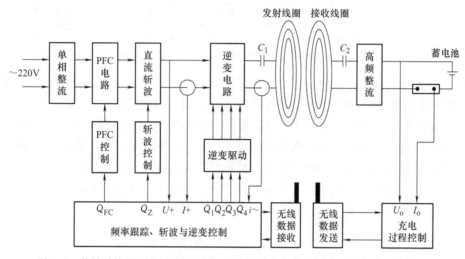

图 5-1　传输功率采用斩波调压控制的单相供电电磁共振式无线充电系统框图

　　系统工作原理：220V 交流输入电压经二极管整流加 PFC 和电容滤波变换成直流电压，直流斩波电路根据输出负载功率要求控制全桥逆变器输入端直流电压，经逆变电路变换成高频方波电压输送给电磁共振式无线电能传输发射侧，谐振补偿电容和发射线圈电感形成发射侧谐振回路，通过电磁耦合，在接收侧谐振补偿电容和接收线圈形成电磁共振，接收侧的电能经高频整流、电容滤波变换成直流电压，提供给充电负载。控制部分分为直流电压控制和频率跟踪逆变控制两部分。直流电压控制采用 PWM 脉宽调制技术，逆变器频率跟踪采用锁相环电压/电流相位控制技术，当发射侧和接受侧谐振回路参数变化时，及时改变逆变频率，保持逆变器输出电压和电流的相位稳定在设定的值，保证传输有功功率最大。

　　图 5-2 是传输功率采用逆变电路控制的单相供电电磁共振式无线充电系统框图，逆变电路除了进行直流到交流的变换，还要进行传输功率的调节。逆变电路功率控制方式有调频控制方式、PWM 脉宽控制方式和移相 SPWM 脉宽控制方式。

　　调频控制方式是通过调节逆变频率来改变逆变器输出电压和电流相位，从而实现控制输出有功功率，无功功率通过逆变电路回馈到直流侧。PWM 脉宽控制方式是调节逆变输出电压的脉冲宽度，从而改变逆变输出电压的平均值达到功率控制的目的，在 PWM 脉宽为零的时间段，谐振回路的储能要通过逆变电路回馈到直流侧，会增加回路损耗；移相 SPWM 脉

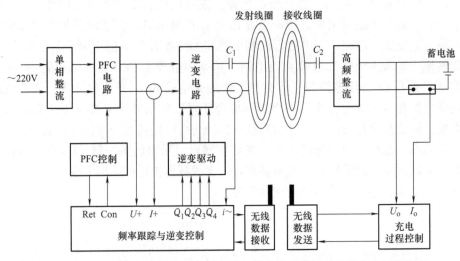

图 5-2　传输功率采用逆变电路控制的单相供电电磁共振式无线充电系统框图

宽控制方式也是通过调节脉宽占空比来调节逆变输出的平均电压，但在 PWM 脉宽为零的时间段，谐振回路的储能通过谐振回路进行内部循环，储能消耗在负载上。

图 5-3 是传输电压和输出充电两个独立控制的单相供电电磁共振式无线充电系统框图。图中接收侧直流斩波电路直接控制充电电压或充电电流，和充电过程由发射侧控制的情况相比，该方式可以使充电过程动态响应更快，控制精度更高，并有效避免充电过电压或过电流的问题。直流斩波前的传输电压由发射侧进行控制，传输电压反馈信号还要通过无线数据传送到发射侧形成闭环，反馈信号仍有延时。

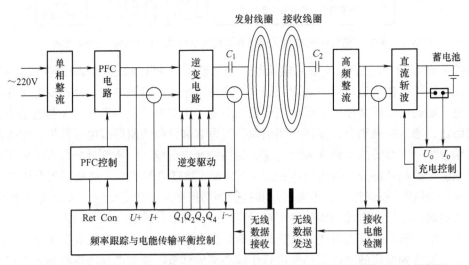

图 5-3　传输电压和输出充电两个独立控制的单相供电电磁共振式无线充电系统框图

图 5-4 是逆变电流和输出充电电压或电流两个独立控制的单相供电电磁共振无线充电系统框图。

图 5-4 中逆变电流的控制给定值根据充电状态快速辨识电路决定，直流斩波控制根据充电电压或充电电流要求控制 PWM 的占空比实现，发射侧通过控制逆变电流实现传输电能的平衡控制，发射侧和接收侧没有无线数据传送功能，因此没有反馈信号的延时。

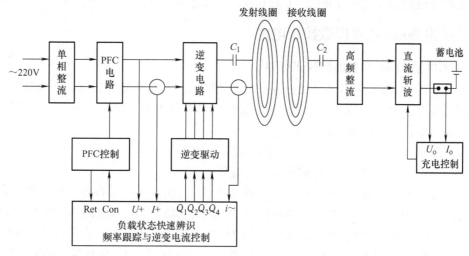

图 5-4 逆变电流和输出充电电压或电流两个独立控制的单相供电电磁共振式无线充电系统框图

5.2 单相功率因数校正电路

传统的 AC/DC 变换由交流电网经整流电路采用电容滤波获得直流电压，这种变换电路的主要缺点是输入交流电压是正弦波，但输入的交流电流是脉冲电流，交流电流中含有大量谐波电流，使电网中电流波形严重畸变，干扰电网线电压，产生向四周辐射和沿导线传播的电磁干扰。为解决充电电源的谐波污染问题，一是可以对充电电源交流输入增加谐波补偿装置来抑制谐波，二是可以对充电电源本身进行改造，使其不产生谐波，且功率因数可控制为 1。单相电磁共振式无线充电电源采用 APFC 有源功率因数校正电路来抑制谐波，提高功率因数。

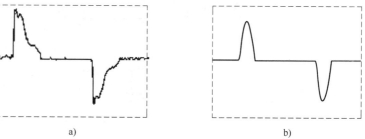

| a) | b) |

图 5-5 单相二极管整流交流输入电流波形

单相二极管整流加电容滤波电路中，交流侧电流呈脉冲状不规则波形，如图 5-5a 所示。如果单相二极管整流加电容滤波后同时在交流侧加电感滤波，这样交流侧电流波形就增加了光滑度，但仍是脉冲波，如图 5-5b 所示。

对单相二极管整流电路的交流输入电流波形进行频谱分析，可以得到谐波频谱分布，图 5-6 是典型的二极管整流电路中直流侧加 LC 滤波电路，

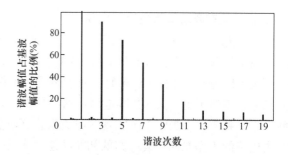

图 5-6 二极管整流电路输入交流侧电流的谐波频谱

输入交流侧电流的谐波频谱分布图，1 是基波，谐波主要有 3、5、7、9、11 次。

5.2.1 单相 Boost 功率因数校正电路

1. 基本单相 Boost 功率因数校正电路

图 5-7 是单相 Boost 功率因数校正电路总体结构图。主电路部分包括：单相交流电源经 L_1 和 C_1 滤波后通过整流变成直流电压 U_{in}，经由 L、VT 和 VD 组成的 Boost 功率因数校正电路，通过输出滤波电路输出直流电压 U_{dc}。

控制电路部分有三个反馈信号：①校正电路的输入电压 U_{in}；②输出直流电压 U_{dc} 经 R_2 和 R_3 分压得 U_{out}；③ 负载电流在电阻 R_1 上的电压 U_{if}。

电路的工作原理：输出反馈电压 U_{out} 和给定电压 U_{ref} 比较后，其误差经电压调节器 A 输出 U_e，和输入电压 U_{in} 的反馈电压 U_f 同时送乘法器 M，其输出 U_m 和负载电流的反馈电压 U_{if} 通过 PWM 电路和驱动电路，控制开关管 VT 的开通和关断，使电感电流 i_L 的峰值按照 U_{in} 的正弦波变化，同时其幅值又跟随输出电压 U_{dc} 变化。而电流反馈 U_{if} 的过零点决定 PWM 的开通时刻，U_{if} 的峰值点决定 PWM 的关断时刻。驱动电路将 PWM 控制信号经隔离、功率放大，从而控制开关管 VT 工作。

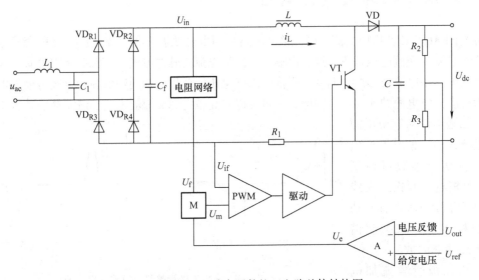

图 5-7　单相 Boost 功率因数校正电路总体结构图

2. 软开关有源功率因数校正电路

图 5-8 为零电压软开关功率因数校正 ZVT - PFC 电路，桥式整流电路后接基本的 Boost ZVT - PWM 变换器，VT_1 为主开关管，VT_2、L_2、C_2、VD_4 构成的谐振支路和主开关管并联。辅助开关 VT_2 先于主开关 VT_1 导通，使谐振网络工作，电容电压 U_{C2}（即主开关电压）谐振下降到零，创造了主开关管 VT_1 零电压导通的条件。在辅助开关管 VT_2 导通时，二极管 VD_2 电流线性下降到零，二极管 VD_3 实现零电流截止（软关断）。

主电路的工作原理：设电路的初始状态为主开关 VT_1 及辅助开关 VT_2 均为关断状态，二极管 VD_3 导通，电感 L 释放能量。其工作过程分成 6 个阶段。

第 1 阶段 $t_0 \sim t_1$：辅助开关 VT_2 零电流导通之后，电感 L_2 储能，i_{L2} 经过 VT_2 线性上升，

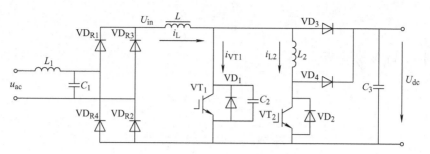

图 5-8 ZVT − PFC 电路

二极管 VD_3 的电流下降。这个时间段有

$$L_2 \frac{di_{L2}}{dt} = U_{dc} \tag{5-1}$$

由初始条件 $i_{L2} = 0$，得

$$i_{L2}(t) = \frac{U_{dc}}{L_2}(t - t_0) \tag{5-2}$$

第 2 阶段 $t_1 \sim t_2$：当 L_2 的电流 $i_{L2} = i_L$ 时，VD_3 关断，之后 L_2、C_2 开始谐振，C_2 中的储能向 L_2 转移，使 i_{L2} 继续上升。这个时间段有

$$\begin{cases} L_2 \dfrac{di_{L2}}{dt} = U_{C2} \\ C_2 \dfrac{dU_{C2}}{dt} = i_L - i_{L2} \end{cases} \tag{5-3}$$

由初始条件 $i_{L2} = i_L$，$U_{C2} = U_{dc}$，得

$$\begin{cases} U_{C2}(t) = U_{dc} \cos\omega_2(t - t_1) \\ i_{L2} = \dfrac{U_{dc}}{Z_2} \sin\omega_2(t - t_1) + i_L \end{cases} \tag{5-4}$$

式中，$\omega_2 = \dfrac{1}{\sqrt{L_2 C_2}}$；$Z_2 = \sqrt{\dfrac{L_2}{C_2}}$；$i_L$ 为输入电流。

第 3 阶段 $t_2 \sim t_3$：U_{C2} 下降到零，VT_1 的反并联二极管 VD_1 导通，L_2 和 C_2 停止谐振，C_2 上的电压箝位在零，电感电流 i_{L2} 保持恒定，这时 VT_1 导通。这个时间段有

$$U_{C2}(U_{VD2}) = 0$$

$$i_{L2} = i_L + \frac{U_{dc}}{Z_2}$$

$$i_{VT1} = i_L - i_{L2} = -\frac{U_{dc}}{Z_2} \tag{5-5}$$

$$U_{VD3} = U_{dc}$$

第 4 阶段 $t_3 \sim t_4$：关断 VT_2（硬关断），i_{L2} 通过 VD_4 流向输出，并在输出电压的作用下线性下降。这个时间段有

$$L_2 \frac{\mathrm{d}i_{L2}}{\mathrm{d}t} = -U_{dc} \qquad (5\text{-}6)$$

由初始条件 $i_{L2} = i_L + \dfrac{U_{dc}}{Z_2}$，得

$$i_{L2} = -\frac{U_{dc}}{L_2}(t - t_3) + i_L + \frac{U_{dc}}{Z_2} \qquad (5\text{-}7)$$

而

$$i_{VT1} = i_L - i_{L2} = \frac{U_{dc}\ (t - t_3)}{L_2} - \frac{U_{dc}}{Z_2} \qquad$$

第 5 阶段 $t_4 \sim t_5$：i_{L2} 下降到零，i_L 上升，VT_1 保持导通。

第 6 阶段：当 i_L 上升到峰值电流 $i_L = I_{L\text{-}PK}$ 时，VT_1 关断，由于 C_2 的存在，VT_1 关断时两端的电压为零，属于零电压（ZVS）关断方式。此后，C_2 充电到输出电压，VD_3 导通，回到第 1 阶段。这个时间段有

$$C_2 \frac{\mathrm{d}U_{C2}}{\mathrm{d}t} = i_L \qquad (5\text{-}8)$$

由初始条件 $U_{C2} = 0$，得

$$U_{C2} = \frac{i_L}{C_2}(t - t_5) \qquad (5\text{-}9)$$

VT_1 上的最大电压等于 U_{C2} 上的电压出现在第 3 阶段，为输出电压 U_{dc}，VT_2 上的最大电压出现在第 4 阶段，VD_4 导通后也等于输出电压 U_{dc}，所以 VT_1、VT_2 上的最大电压都是输出电压 U_{dc}。流过 VT_1 的最大电流 $i_{VT1} = i_L$ 出现在第 5 阶段，流过 VT_2 的最大电流 $i_{VT2} = i_L + \dfrac{U_{dc}}{Z_2}$。

为了满足主开关 VT_1 零电压导通的条件，辅助开关 VT_2 的导通时间 t_{VT2} 必须大于第 1 阶段时间加上第 2 阶段的时间。

由式(5-2)，第 1 阶段的时间为

$$t_1 - t_0 = \frac{L_2 i_L}{U_{dc}} \qquad (5\text{-}10)$$

由式(5-4)，第 2 阶段的时间由 $\cos\omega_2(t_2 - t_1) = 0$ 决定，即

$$t_2 - t_1 = \frac{\pi}{2\omega_2} = \frac{\pi}{2}\sqrt{L_2 C_2} \qquad (5\text{-}11)$$

辅助开关 VT_2 的导通时间为

$$t_{VT2} \geqslant \frac{\pi}{2}\sqrt{L_2 C_2} + \frac{L_2 i_L}{U_{dc}} \qquad (5\text{-}12)$$

ZVT - PFC 的主要优点：主开关管零电压导通并且保持恒频运行，二极管 VD_2 零电流截止，电流、电压应力小，工作范围宽。ZVT - PFC 的不足之处：辅助开关 VT_2 在硬开关条件下工作，但和主开关相比流经的电流很小，所以其损耗可忽略不计。

5.2.2　单相交错式功率因数校正电路

与单级功率因数校正技术相比，交错式升压功率因数校正（PFC）转换器已经成为许多高功率应用场合所选用的拓扑。通过在多个平衡相位中共享负载电流，可以显著减小每个相

位的 RMS 电流应力、电流纹波和升压电感尺寸，因此，可以显著提升重负载效率，从而允许选择价格低廉的功率 MOSFET 和升压二极管，同时延长了电源的使用寿命。交错并联有源功率因数校正技术适用于中大功率应用场合，交错并联功率因数校正模块设计涉及交流输入滤波电路、功率因数校正主电感、大功率 MOSFET、大功率二极管、输出滤波电容、交错控制电路等的设计计算与选型。

1. 两级交错式单相功率因数校正电路

两级交错并联 Boost 型 PFC 拓扑使用两个 Boost 升压电路直接并联的电路结构，在控制上两个开关管基本保持相同的占空比，但是相位在 1 个开关周期内相差 180°。

两级交错式 PFC 主电路结构如图 5-9 所示。L_1、L_2 为升压电感，VD_1、VD_2 为反向快恢复二极管，R_1、R_2 为 IGBT 电流检测电阻。L_1、VT_1、VD_1 构成第一级 APFC，L_2、VT_2、VD_2 构成第二级 APFC。

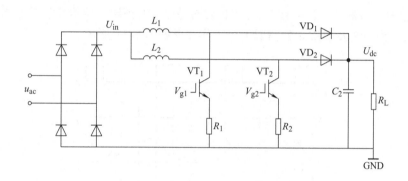

图 5-9　两级交错式 PFC 主电路结构

两级交错式 PFC 电路可分为 4 种工作模式。

模态 1：开关管 VT_1 和 VT_2 同时开通，二极管 VD_1、VD_2 反向截止关断，电感电流均线性上升，电感储存能量，输出电容 C_2 释放能量向负载提供电流。

模态 2：开关管 VT_1 开通，VT_2 关断，二极管 VD_2 续流导通，VD_1 反向截止关断，电感电流 i_{L1} 线性上升而 i_{L2} 线性下降，电感 L_1 储存能量，L_2 释放能量，向输出电容 C_2 及负载补充电流。

模态 3：开关管 VT_2 开通，VT_1 关断，二极管 VD_1 续流导通，VD_2 反向截止关断，电感电流 i_{L2} 线性上升，而 i_{L1} 线性下降，电感 L_2 储存能量，L_1 释放能量，向输出电容 C_2 及负载补充电流。

模态 4：开关管 VT_1 和 VT_2 同时关断，二极管 VD_1、VD_2 续流导通，电感电流 i_{L1}、i_{L2} 均线性下降，两个电感同时释放能量向输出电容 C_2 补充电流。

因为两个开关管 VT_1、VT_2 的驱动是交错的，而且占空比 D 相同，所以在 1 个开关周期内，4 种工作模式不会同时出现，只会工作在其中的 3 种开关模式。按照开关管是否同时导通来分成两种工作情况。

当占空比 $D > 50\%$ 时，开关管 VT_1 和 VT_2 同时导通，两级交错并联 Boost 型 PFC 工作在模态 1、模态 2 及模态 3 的情况下，工作波形如图 5-10 所示。

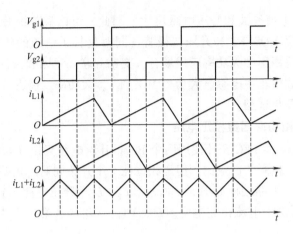

图 5-10　两级交错式 PFC 工作在占空比 $D > 50\%$ 时的工作波形

当占空比 $D < 50\%$ 时，开关管 VT_1、VT_2 无同时导通的情况，两级交错并联 Boost 型 PFC 工作在模式 2、模式 3 及模式 4 的情况下，工作波形如图 5-11 所示。

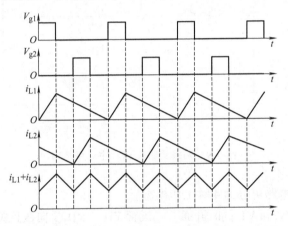

图 5-11　两级交错式 PFC 工作在占空比 $D < 50\%$ 时的工作波形

两级交错式 PFC 可选用 FAN9672，这是一个集成式两通道连续导通模式的功率因数校正控制器，包含实现前沿、平均电流、升压型功率因数校正的电路，因此能够用于设计完全符合 IEC1000 – 3 – 2 标准的电源。FAN9672 可在单、双通道之间切换和进行相位管理。

2. 三级交错式功率因数校正电路

三级交错并联 Boost 型 APFC 拓扑使用 3 个 Boost 升压电路直接并联的电路结构，在控制上，3 个开关管基本保持相同的占空比，但是相位在 1 个开关周期内相差 120°。其主电路结构如图 5-12 所示。L_1、L_2、L_3 为升压电感，VD_1、VD_2、VD_3 为反向快恢复二极管，R_1、R_2、R_3 为 IGBT 电流检测电阻。L_1、VT_1、VD_1 构成第一级 APFC，L_2、VT_2、VD_2 构成第二级 APFC。L_3、VT_3、VD_3 构成第三级 APFC。

三级交错式 PFC 电路工作可分为三种情况：占空比 $D < 1/3$；占空比 $1/3 < D < 2/3$；占空比 $2/3 < D < 1$。

第一种情况，占空比 $D < 1/3$。

模态 1：开关管 VT_1 开通，VT_2 和 VT_3 关断，二极管 VD_1 反向截止关断，电感电流 i_{L1} 线性

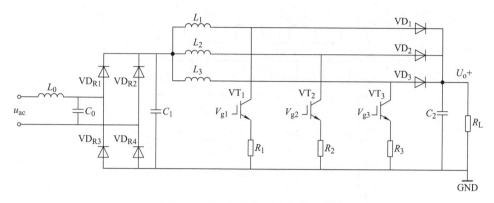

图 5-12　三级交错式 PFC 主电路结构

上升，电感储存能量，输出电容 C_2 释放能量向负载提供电流。

模态 2：开关管 VT_2 开通，VT_1 和 VT_3 关断，二极管 VD_2 反向截止关断，电感电流 i_{L2} 线性上升，电感储存能量，输出电容 C_2 释放能量向负载提供电流。

模态 3：开关管 VT_3 开通，VT_1 和 VT_2 关断，二极管 VD_3 反向截止关断，电感电流 i_{L3} 线性上升，电感储存能量，输出电容 C_1 释放能量向负载提供电流。

模态 4：开关管 VT_1、VT_2 和 VT_3
同时关断，二极管 VD_1、VD_2、VD_3
续流导通，电感电流 i_{L1}、i_{L2}、i_{L3} 均线性下降，三个电感同时释放能量向输出电容 C_2 补充电流。图 5-13 是工作在占空比 $D = 1/6$ 时的工作波形。

第二种情况，占空比 $1/3 < D < 2/3$。

模态 1：开关管 VT_1 和 VT_2 开通，VT_3 关断，二极管 VD_1 和 VD_2 反向截止关断，电感电流 i_{L1} 和 i_{L2} 线性上升储存能量，电容 C_2 释放能量向负载提供电流。

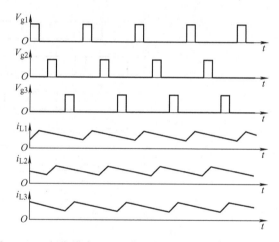

图 5-13　三级交错式 PFC 工作在占空比 $D = 1/6$ 时的工作波形

模态 2：开关管 VT_2 和 VT_3 开通，VT_1 关断，二极管 VD_2 和 VD_3 反向截止关断，电感电流 i_{L2} 和 i_{L3} 线性上升储存能量，电容 C_2 释放能量向负载提供电流。

模态 3：开关管 VT_3 和 VT_1 开通，VT_2 关断，二极管 VD_3 和 VD_1 反向截止关断，电感电流 i_{L3} 和 i_{L1} 线性上升储存能量，电容 C_2 释放能量向负载提供电流。

模态 4：开关管 VT_1、VT_2 和 VT_3 轮流单独导通，二极管 VD_1、VD_2、VD_3 轮流续流导通，电感电流 i_{L1}、i_{L2}、i_{L3} 轮流线性上升。图 5-14 是三级交错式 PFC 工作在占空比 $D = 1/2$ 时的工作波形。

第三种情况，占空比 $2/3 < D < 1$。

模态 1：开关管 VT_1、VT_2、VT_3 同时开通，二极管 VD_1、VD_2、VD_3 同时反向截止关断，电感电流 i_{L1}、i_{L2}、i_{L3} 线性上升储存能量，电容 C_2 释放能量向负载提供电流。

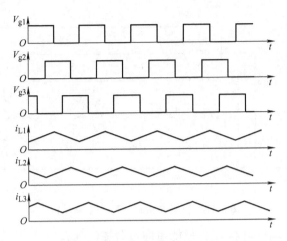

图 5-14　三级交错式 PFC 工作在占空比 $D = 1/2$ 时的工作波形

模态 2：开关管 VT_1、VT_2、VT_3 三个开关管两两开通、关断，二极管 VD_1、VD_2、VD_3 三个二极管两两反向截止关断。图 5-15 是三级交错式 PFC 工作在占空比 $D = 5/6$ 时的工作波形。

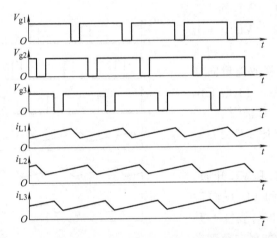

图5-15　三级交错式 PFC 工作在占空比 $D = 5/6$ 时的工作波形

三级交错式 PFC 可选用 FAN9673，这是一个集成式两通道和三通道连续导通模式的功率因数校正控制器，包含实现前沿、平均电流、升压型功率因数校正的电路，用于设计完全符合 IEC1000 - 3 - 2 标准的电源，可在单、双和三通道之间切换和进行相位管理，适合高达 9kW 的大功率 PFC 应用场合。

5.3　具有 PFC 的对称半桥逆变调频控制无线充电系统设计

具有 PFC 的对称半桥逆变调频控制无线充电系统分成无线电能发送侧和无线电能接收侧，如图 5-16 所示。无线电能发送侧包括整流与功率因数校正电路、对称半桥逆变电路、电能发送谐振回路、UC3854 功率因数校正控制电路、电流采样电路、调频控制电路、对称半桥驱动电路、无线通信电路、单片机控制电路及辅助电源；无线电能接收侧包括电能接收谐振回路、高频变压器、高频整流滤波电路、充电采样与控制电路、无线通信电路。

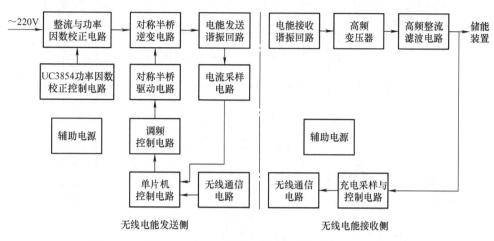

图 5-16　具有 PFC 的对称半桥逆变调频控制无线充电系统框图

5.3.1　具有 PFC 的 250W 对称半桥逆变调频控制无线充电主电路设计

具有 PFC 的对称半桥逆变调频控制无线充电系统的设计指标包括：输入单相交流 160 ~ 230V/50Hz，额定充电功率 250W，输入侧功率因数大于 0.99，额定充电电流 5A，额定充电电压 50V，额定工作效率大于 90%（其中 PFC 为 99%，逆变为 99%，无线电能传输为 93%，变压与高频整流为 99%），传输频率范围 80 ~ 90kHz。

图 5-17 是具有 PFC 的 250W 对称半桥逆变调频控制无线充电系统主电路，主电路包括由 L_A、C_{A1}、C_{A2}、C_{A3} 组成的 EMI 谐波抑制滤波器，由 L_1、VT_o、VD_o、C_{d1} 组成的整流与功率因数校正电路，由 C_{d2}、VT_1、VT_2、C_{P1}、C_{P2} 组成的对称半桥逆变电路，C_1 为发射侧补偿电容，和发射线圈等效电感组成串联谐振电路，C_2 为接收侧补偿电容，和接收线圈等效电感组成接收侧串联谐振电路，还可组成接收侧并联谐振电路，如图 5-15 的右上角电路部分。变压器 T 为降压变压器，其输出和额定充电电压匹配，VD_{r1}、VD_{r2}、VD_{r3}、VD_{r4}、C_{o1} 组成接收侧高频整流与滤波电路，负载为蓄电池 BT。

单相功率因数校正电路的工作原理：单相交流电源经 L_A、C_{A1}、C_{A2}、C_{A3} 滤波后，经由 L_1、VT_o、VD_o、C_{d1} 组成的整流与功率因数校正电路和滤波电路，输出直流电压 U_d。输入电压 V_{F1} 经互感器 L_1 的二次侧得到的输入反馈电压 V_{L2}、V_{L1} 和直流电压 U_d 经分压得到的直流反馈电压 V_d，通过功率因数校正控制电路 UC3854 输出驱动信号 V_{go} 控制开关管 VT_0 的开通和关断，使通过电感 L_1 的电流峰值按照正弦波变化，同时其幅值又跟随输出电压 U_d 变化。而电流反馈 V_1 峰值点决定 PWM 的关断时刻。

单相功率因数校正电路有三个采样信号提供给控制电路：①校正电路的输入电压 V_{F1}；②输出直流电压 U_d 经 R_{17}、R_{18} 分压得 V_d；③负载电流在电流采样电阻 R_1 上产生的电压 V_I。电感 L_1 耦合线圈二次侧的两端 V_{L2}、V_{L1} 提供 PFC 控制电路的工作电压。

对称半桥逆变器有一个采样信号，谐振电流通过电流互感器得到的输入侧谐振回路采样电流 $i \sim$。

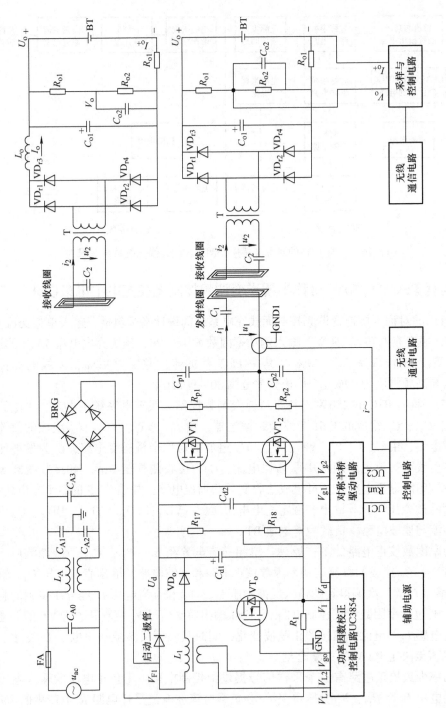

图 5-17　具有PFC的250W对称半桥逆变调频控制无线充电系统主电路

无线电能传输电路工作原理：发射侧补偿电容 C_1 和发射线圈等效电感组成串联谐振回路，通过电磁耦合将电能传送到接收线圈，接收线圈等效电感和接收侧补偿电容 C_2 组成串联谐振回路，通过电磁耦合接收电能。最后由变压器 T 降压，VD_{r1}、VD_{r2}、VD_{r3}、VD_{r4}、C_{o1} 组成接收侧高频整流与滤波电路，将高频交流电变换成和额定充电电压匹配的直流电压，对蓄电池 BT 进行充电。充电输出有两个采样信号：①充电电压通过电阻 R_{o1}、R_{o2} 分压 V_o；②充电电流通过电阻 R_{oi} 得到的采样电流 I_{o+}。

1. 单相整流与 PFC 电路参数计算

按照各部分效率分配，PFC 输出的功率 P_O 为 250W/0.91 = 275W，输入交流电压 u_{ac} 范围为 160~230V，输出直流电压 U_d 为 380V，PFC 开关频率为 $f_S = 100kHz$。

（1）整流桥 BRG 的选择

单相桥式二极管整流电路中，整流桥 BRG 承受的最大反向电压为 $\sqrt{2}u_{ac}$，流过 BRG 的电流平均值为 $I_d = \frac{1}{2}I_o$，流过 BRG 的电流有效值为 $I = \frac{\sqrt{2}}{2}I_o$，其中 I_o 为输出负载电流。按照输入交流电压 u_{ac} 为 220V，效率为 99%，要求功率因数校正电路总输出功率为 275W。

整流桥 BRG 的电压定额并留有裕量，即

$$U_D = (1.5 \sim 2)\sqrt{2}u_{ac}$$

计算得 $U_D = (1.5 \sim 2) \times 220\sqrt{2}V = 466 \sim 622V$。按照输入电压最低 160V，负载电流 $I_o = 275/160/0.99A = 1.74A$。

整流桥 BRG 的通态平均电流定额并留有裕量，即

$$I_D = (1.5 \sim 2)0.9I_o$$

计算得 $I_D = (1.5 \sim 2)0.9I_o = 2.35A \sim 3.2A$。可选择耐压 500V 以上、电流 3A 左右的单相整流桥。

（2）PFC 电路参数计算

1）开关管 VT_o 和续流二极管 VD_o 的电压定额计算。

开关管 VT_o 和续流二极管 VD_o 承受的最大电压为 $U_d = 380V$。开关管 VT_o 和续流二极管 VD_o 的电压定额为

$$U_{VT} = U_D = (1.5 \sim 2)U_d$$

计算得 $U_{VT} = U_D = (1.5 \sim 2)U_d = 570 \sim 760V$。

2）开关管 VT_o 和续流二极管 VD_o 的电流定额计算

开关管 VT_o 最小输入交流峰值电压时升压的占空比为

$$D_y = \frac{U_d - \sqrt{2}U_{acmin}}{U_d} \tag{5-13}$$

按照技术指标，$U_d = 380V$，$U_{acmin} = 160V$，$D_y = 0.421$。当处于最小输入交流电压峰值时，升压电感的最大电流纹波

$$\Delta i_L = \frac{\sqrt{2}U_{acmin}}{L}D_y\frac{1}{f_S} \tag{5-14}$$

升压电感的平均电流为

$$I_{L-AVG} = \frac{\sqrt{2}P_o}{U_{acmin}\eta} \tag{5-15}$$

按照技术指标，$P_o = 250\mathrm{W}$，$U_{\mathrm{acmin}} = 160\mathrm{V}$，$\eta = 99\%$，$I_{\mathrm{L-AVG}} = 2.23\mathrm{A}$。

电流纹波系数为

$$K_{\mathrm{RF}} = \frac{\Delta I_{\mathrm{L}}}{I_{\mathrm{L-AVG}}} \tag{5-16}$$

取 $K_{\mathrm{RF}} = 1$，升压电感为

$$L = \frac{\sqrt{2}\, U_{\mathrm{acmin}} D_y}{K_{\mathrm{RF}} I_{\mathrm{L-AVG}}} \frac{1}{f_{\mathrm{S}}} \tag{5-17}$$

将技术参数代入可得 $L = \dfrac{\sqrt{2}\, U_{\mathrm{acmin}} D_y}{K_{\mathrm{RF}} I_{\mathrm{L-AVG}}} \dfrac{1}{f_{\mathrm{S}}} = \dfrac{160\sqrt{2} \times 0.421}{1 \times 2.23} \dfrac{1}{100 \times 10^3}\mathrm{H} = 0.427\mathrm{mH}$，取 $0.43\mathrm{mH}$。

升压电感的最大电流为

$$I_{\mathrm{L-PK}} = I_{\mathrm{L-AVG}}\left(1 + \frac{K_{\mathrm{RF}}}{2}\right) \tag{5-18}$$

将参数代入得 $I_{\mathrm{L-PK}} = I_{\mathrm{L-AVG}}\left(1 + \dfrac{K_{\mathrm{RF}}}{2}\right) = 2.23 \times \left(1 + \dfrac{1}{2}\right)\mathrm{A} = 3.345\mathrm{A}$

开关管 $\mathrm{VT_o}$ 和续流二极管 $\mathrm{VD_o}$ 的电流定额为

$$I_{\mathrm{VT}} = I_{\mathrm{D}} = (1.5 \sim 2) I_{\mathrm{L-PK}} \tag{5-19}$$

代入参数得 $I_{\mathrm{VT}} = I_{\mathrm{D}} = (1.5 \sim 2) I_{\mathrm{L-PK}} = 5.01 \sim 6.69\mathrm{A}$。

根据计算得到的数据，可选择开关管 $\mathrm{VT_o}$ 的耐压为 $600\mathrm{V}$、电流为 $5 \sim 10\mathrm{A}$ 的 MOS 开关管。

（3）滤波电容的计算

滤波电容量按

$$C > \frac{I_{\mathrm{L-AVG}}}{2\pi f_{\mathrm{ac}} \Delta U_o} \tag{5-20}$$

计算，其中 f_{ac} 为输入交流电源的频率。取 $\Delta U_o = 5\% U_{\mathrm{d}}$，计算得 $C > \dfrac{I_{\mathrm{L-AVG}}}{2\pi f_{\mathrm{ac}} \Delta U_{\mathrm{dc}}} = \dfrac{2.23}{2\pi \times 50 \times 385 \times 5\%}\mathrm{F} = 369\mu\mathrm{F}$，取 C_{d1} 为 $470\mu\mathrm{F}$，耐压为 $450\mathrm{V}$ 的电解电容。

2. 对称半桥逆变器参数计算

（1）开关管 $\mathrm{VT_1}$、$\mathrm{VT_2}$ 参数计算

逆变器的输入电压 $U_{\mathrm{d}} = 380\mathrm{V}$，按照逆变器效率，输出功率为 $P = 272\mathrm{W}$，由 $P = \dfrac{1}{2} U_{\mathrm{d}} i_o$ 可得负载上的电流有效值为

$$i_o = \frac{2P}{U_{\mathrm{d}}} = \frac{U_{\mathrm{d}}}{2R} \tag{5-21}$$

将参数代入得 $i_o = 1.43\mathrm{A}$。

开关管 $\mathrm{VT_1}$、$\mathrm{VT_2}$ 上的电压定额为

$$U_{\mathrm{VT}} = (1.5 \sim 2) U_{\mathrm{d}}$$

将参数代入得开关管 $\mathrm{VT_1}$、$\mathrm{VT_2}$ 上的电压定额为 $U_{\mathrm{VT}} = 570 \sim 760\mathrm{V}$。

开关管 $\mathrm{VT_1}$、$\mathrm{VT_2}$ 上的电流定额为

$$I_{\mathrm{VT}} = (1.5 \sim 2)\sqrt{2} i_o$$

将参数代入得开关管 VT_1、VT_2 上的电流定额为 $I_{VT} = 3.03 \sim 4.04A$。

开关管 VT_1、VT_2 除了选择电压和电流等级外，还要根据逆变器的开关频率选择开关管的开关时间。选 VT_1、VT_2 为耐压 600V，电流 3A，开关时间小于 500ns 的 MOS 开关管。

适合这个指标的 MOS 开关管很多。如果选 IXTP8N50PM，V_{DS} 为 500V，25℃ 时 I_D 为 4A，总开关时间 133ns，最大导通电阻 $R_{DS}(on)$ 为 0.88Ω，反并联二极管反向恢复 t_{rr} 为 400ns，栅极电荷 Q_g 为 20nC，封装 TO-220。

（2）桥臂电容 C_{P1}、C_{P2} 参数计算

在逆变器的输入端有 PFC 输出的滤波电容 C_{d1} 为 $470\mu F$，和高频滤波电容 C_{d2}，C_{d2} 可取 $10\mu F$，由于靠近开关管 VT_1、VT_2，逆变器输入端的直流电压波动已经很小，桥臂电容 C_{P1}、C_{P2} 的容量主要考虑逆变器开关过程中的高频纹波电压，可按式(5-22)计算，即

$$C > \frac{T}{R \ln \frac{1}{1-\gamma_u}} \tag{5-22}$$

按照技术指标，开关频率 f 取 80kHz，$T = 1/f = 12.5\mu s$，逆变器输入电压 380V，逆变器输出电压为 $U_o = \frac{1}{2} U_d = 190V$，输出电流 $i_o = 1.43A$，逆变器输出等效负载电阻 $R = 132\Omega$，逆变器输出电压 U_o 的纹波 $\gamma_u = 5\%$，代入式(5-22)计算得桥臂电容 $C_{P1} = C_{P2} = 1.85\mu F$，取 $4.7\mu F$。均压电阻可取 $R_{P1} = R_{P2} = 100k\Omega$。

3. 变压器参数计算

当接收侧采用串联谐振回路时，高频变压器输入和输出都是 $80 \sim 90kHz$ 的高频方波电压；当接收侧采用并联谐振回路时，高频变压器输入和输出都是 $80 \sim 90kHz$ 的高频正弦波电压。

额定充电功率时等效负载电阻为 $50V/5A = 10\Omega$。按照电压传输比 1:1 计算，接收侧的电压幅值为 190V，通过变压器降压到 50V，考虑到高频整流二极管的压降、充电电压裕量等因素，取变压器电压比为 7:2，这样在接收侧的输出等效负载电阻 $R_L = 3.5^2 \times 10\Omega = 122.5\Omega$。

4. 发射侧和接收侧谐振回路参数计算

发射侧和接收侧谐振回路参数主要包括发射线圈和接收线圈的电感 L_1、L_2，互感 M，补偿电容 C_1、C_2。由谐振频率和谐振回路的品质因数得方程组

$$\begin{cases} f = \frac{1}{2\pi \sqrt{L_1 C_1}} = 85 \times 10^3 \text{Hz} \\ Q = \frac{1}{R} \sqrt{\frac{L_1}{C_1}} = \frac{1}{132} \sqrt{\frac{L_1}{C_1}} = 5 \end{cases} \tag{5-23}$$

可解出发射线圈需要的电感 $L_1 = 1.24mH$，补偿电容 $C_1 = 2.84nF$，接收回路取相同的参数，接收线圈需要的电感 $L_2 = 1.24mH$，补偿电容 $C_2 = 2.84nF$。

由式(2-37)，输入回路等效电阻为 $Z_i = R_1 + Z_f$，$Z_f = \frac{\omega^2 M^2}{R_L + R_2}$，由于线圈内阻 R_1、R_2 很小可忽略。

根据逆变器输出等效负载电阻为 132Ω 的要求，发射阻抗和逆变器输出电阻相等，即

$$Z_f = \frac{\omega^2 M^2}{R_L} = \frac{(2\pi f)^2 M^2}{R_L} = \frac{(2\pi \times 85 \times 10^3)^2 M^2}{122.5} = 132\Omega$$

计算得发射线圈和接收线圈之间在额定传输功率时的互感为 $M = 238\mu H$。

5. 高频整流二极管参数计算

按照充电电压 50V，充电电流 5A 的要求选择高频整流二极管。

整流桥的电压定额并留有裕量，即 $U_D = (1.5 \sim 2) \times 50V = 75 \sim 100V$。充电电流 $I_o = 5A$，整流桥的通态平均电流定额并留有裕量，即 $I_D = (1.5 \sim 2)I_o = 7.5 \sim 10A$，选择耐压 100V、电流 10A 左右的快恢复二极管组成整流桥。

5.3.2 UC3854 功率因数校正控制电路

图 5-18 所示为由 UC3854 组成的 250W 功率因数校正控制电路图。

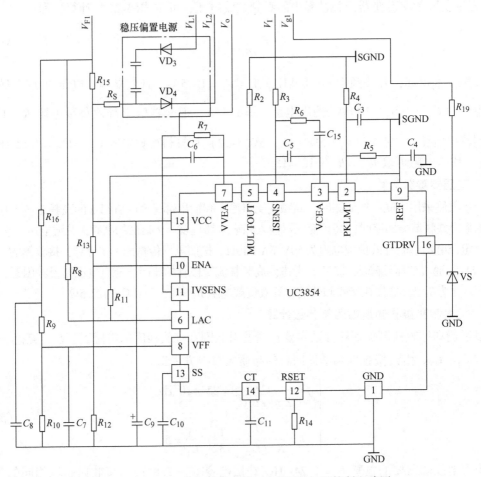

图 5-18 由 UC3854 组成的 250W 功率因数校正控制电路图

UC3854 的工作电源：起动时，由 R_{15}、R_{12}、R_{13}、C_9 组成的分压电路提供起动工作电压。工作时主电路中的电感 L_1 的交流成分通过二次侧输出端 V_{L1}、V_{L2} 经过 VD_3、VD_4 稳压偏置电路整流滤波，R_S、R_{12}、R_{13}、C_9 组成的稳压滤波电路提供工作电压。工作电源也可另外由稳压电源提供，这部分电路可不用。

乘法器的输入：功率因数校正电路的输出电压经主电路（如图 5-17 所示）中的 R_{17}、R_{18} 分压后得到分压电压 V_d，输入 11 引脚，C_6、R_7 组成电压调节器。功率因数校正电路的输

入整流电压 V_{F1} 经 R_8 输入 6 引脚，另一路经 R_{16}、R_9、R_{10}、C_8 组成的分压电路输入 8 引脚。

电流调节器：主电路中的 R_1 为电流取样电阻，R_2、R_3、R_6、C_5、C_{15} 组成电流调节器。

输出驱动：由 VS、R_{19} 组成输出驱动电路，输出驱动信号 V_{g1} 控制主电路开关管 VT_1。

其他电路：C_{11} 提供振荡频率，R_4、R_5、C_3、C_4 组成过电流保护电路。

5.4 具有 PFC 的对称半桥逆变 PWM 控制无线充电系统设计

具有 PFC 的对称半桥逆变 PWM 控制无线充电系统分成无线电能发送侧和无线电能接收侧，如图 5-19 所示。无线电能发送侧包括整流与功率因数校正电路、对称半桥逆变电路、电能发送谐振回路、FAN4822 功率因数校正控制电路、电流采样电路、DSP 调频控制电路、对称半桥驱动电路、无线通信电路及辅助电源；无线电能接收侧包括电能接收谐振回路、高频变压器、高频整流滤波电路、充电采样与控制电路、无线通信电路。

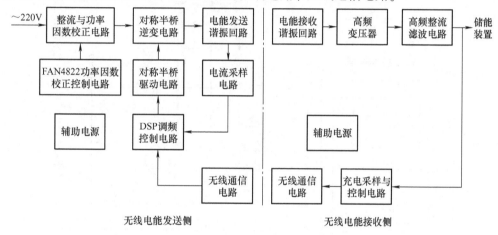

图 5-19　具有 PFC 的对称半桥逆变 PWM 控制无线充电系统框图

5.4.1 具有 PFC 的 500W 对称半桥 PWM 控制无线充电主电路设计

具有 PFC 的对称半桥逆变 PWM 控制无线充电系统的设计指标包括：输入单相交流 160～230V/50Hz，额定充电功率 500W，输入侧功率因数大于 0.99，额定充电电流 10A，额定充电电压 50V，额定工作效率大于 90%（其中 PFC 为 99%，逆变为 99%，无线电能传输为 93%，变压与高频整流为 99%），传输频率范围 80～90kHz。

图 5-20 是具有 PFC 的 500W 对称半桥 PWM 控制无线充电系统主电路，主电路包括由 L_X、C_{X1}、C_{X2}、C_{X3}、C_{X4} 组成的 EMI 谐波抑制滤波器，由 L_{I1}、Q_1、VD、C_{A8} 组成的功率因数校正主电路和由 L_{I2}、Q_2、VD_{A3}、VD_{A5}、VD_{A6}、C_{A7}、R_{A10} 组成的功率因数校正辅助软开关电路，由 VT_1、VT_2、R_{P1}、R_{P2} 组成的对称半桥逆变电路，C_1 为发射侧补偿电容，和发射线圈等效电感组成串联谐振电路，C_2 为接收侧补偿电容，和接收线圈等效电感组成接收侧串联谐振电路，还可组成接收侧并联谐振电路，如图 5-18 的右上角电路部分。变压器 T 为降压变压器，其输出和额定充电电压匹配，VD_{r1}、VD_{r2}、VD_{r3}、VD_{r4}、C_{o1} 组成接收侧高频整流与滤波电路，负载为蓄电池 BT。

通常情况下，输入电压范围宽的 PFC 升压型转换器由于其开关损耗的增加，往往要损失很大的输出功率。而使用零电压开关（ZVS）功率因数校正电路技术则可大大减少

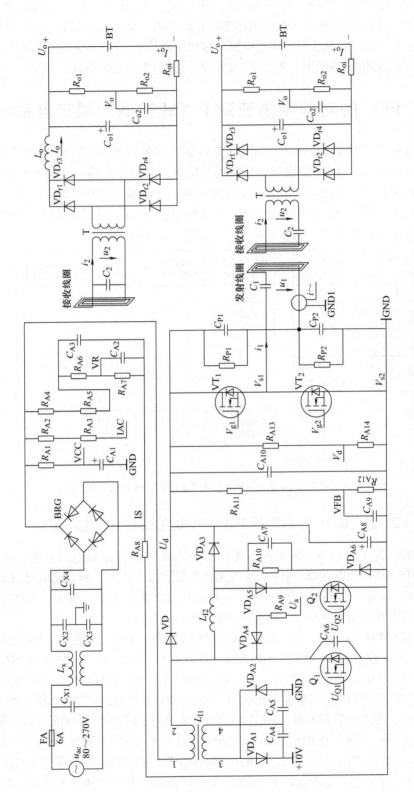

图 5 - 20　具有PFC的500W对称半桥PWM控制无线充电系统主电路

MOSFET的开关损耗,从而较大地改善 PFC 电路的工作效率。因此,设计中增加一个较小的 MOSFET 开关管 Q_2 和一个电感储能元件 L_{l2} 来完成 ZVS 功能,将 PFC 的 MOSFET 管的开关损耗转换成有效的输出功率。

零电压软开关功率因数校正 ZVT－PFC 工作原理:设电路的初始状态为主开关 Q_1 及辅助开关 Q_2 均为关断状态,二极管 VD 导通,电感 L_{l1} 释放能量。其工作过程分成 6 个阶段。

第 1 阶段,辅助开关 Q_2 零电流导通后,电感 L_{l2} 储能,i_{Ll2} 经过 Q_2 线性上升,二极管 VD 的电流下降。

第 2 阶段,L_{l2} 的电流 $i_{Ll2} = I_i$,VD 关断之后 L_{l2}、C_{A6} 开始谐振,C_{A6} 中的储能向 L_{l2} 转移,使 i_{Ll2} 继续上升。

第 3 阶段,V_{CA6} 下降到零,Q_1 的反并联二极管导通,L_{l2}、C_{A6} 停止谐振,C_{A6} 上的电压箝位在零,电感电流 i_{Ll2} 保持恒定,这时 Q_1 导通。

第 4 阶段,关断 Q_2(硬关断),i_{Ll2} 通过 VD_{A3} 流向输出,并在输出电压的作用下线性下降。

第 5 阶段,i_{Ll2} 下降到零,i_{Ll1} 上升到 I_i,Q_1 保持导通。

第 6 阶段,当 i_{Ll1} 上升到峰值电流时,Q_1 关断,由于 C_{A6} 的存在,Q_1 关断时两端的电压为零,属于零电压(ZVS)关断方式。此后,C_{A6} 充电到输出电压,VD 导通,回到第 1 阶段。

单相功率因数校正电路有四个采样信号提供给控制电路:①校正电路的输入电压通过 R_{A4}、R_{A5}、R_{A6}、R_{A7} 的分压 VR;②校正电路的输入电流通过 R_{A2}、R_{A3} 的电流采样信号 IAC;③输出直流电压 U_d 经 R_{A11}、R_{A12} 分压得 VFB;④负载电流在电阻 R_{AS} 上的电流采样信号 IS。电感 L_{l1} 耦合线圈的两端输出经 VD_{A1}、VD_{A2} 整流提供给 PFC 控制电路 10V 的工作电压。

对称半桥逆变器有两个采样信号:①直流输入电压采样信号 V_d;②谐振电流通过电流互感器得到的采样电流 i~。

无线电能传输电路工作原理:发射侧补偿电容 C_1 和发射线圈等效电感组成串联谐振回路,通过电磁耦合将电能传送到接收线圈,接收线圈等效电感和接收侧补偿电容 C_2 组成串联谐振回路,通过电磁耦合接收电能,最后由变压器 T 降压、VD_{r1}、VD_{r2}、VD_{r3}、VD_{r4}、C_{o1} 组成接收侧高频整流与滤波电路,将高频交流电变换成和额定充电电压匹配的直流电压,对蓄电池 BT 进行充电。

充电输出有两个采样信号:①充电电压通过电阻 R_{o1}、R_{o2} 分压得采样电压 V_o;②充电电流通过电阻 R_{oi} 得到的采样电流 I_{o+}。

1. 单相整流与 PFC 电路参数计算

按照各部分效率分配,PFC 输出的功率 P_o 为 500W/0.90 = 556W,输入交流电压 u_{ac} 范围为 160 ~ 230V,输出直流电压 U_d 为 380V,PFC 开关频率为 $f_S = 80\text{kHz}$。

(1)整流桥 BRG 的选择

单相桥式二极管整流电路中,整流桥 BRG 承受的最大反向电压为 $\sqrt{2}\,u_{ac}$,流过 BRG 的电流平均值为 $I_d = \dfrac{1}{2}I_o$,流过 BRG 的电流有效值为 $I = \dfrac{\sqrt{2}}{2}I_o$,其中 I_o 为输出负载电流。按照输入交流电压 u_{ac} 为 220V,效率为 99%,要求功率因数校正电路总输出功率为 556W。

整流桥 BRG 的电压定额并留有裕量，即

$$U_D = (1.5 \sim 2)\sqrt{2}\, u_{ac}$$

将输入交流电压 u_{ac} 的额定值代入得

$$U_D = (1.5 \sim 2) \times 220\sqrt{2}\,V = 466 \sim 622V$$

按照输入电压最低 160V，负载电流 $I_o = 556/160/0.99A = 3.5A$，得整流桥 BRG 的通态平均电流定额并留有裕量，即

$$I_D = (1.5 \sim 2)0.9I_o$$

计算得

$$I_D = (1.5 \sim 2)0.9I_o = 4.7 \sim 6.3A$$

可选择耐压 500V 以上，电流 6A 左右的单相整流桥。

（2）PFC 电路参数计算

1）开关管 Q_1 和续流二极管 VD 的电压定额计算。

开关管 Q_1 和续流二极管 VD 承受的最大电压为 $U_d = 380V$，Q_1 和 VD 电压定额为

$$U_{Q1} = U_{VD1} = (1.3 \sim 1.5)U_d$$

将 $U_d = 380V$ 代入得

$$U_{Q1} = U_{VD1} = (1.3 \sim 1.5)U_d = 494 \sim 570V$$

2）开关管 Q_1 和续流二极管 VD 的电流定额计算。

开关管 Q_1 最小输入交流峰值电压时升压的占空比按照式（5-13）计算，其中 $U_d = 380V$，$U_{acmin} = 160V$，得 $D_y = 0.421$。

按照技术指标，$P_o = 500W$，$U_{acmin} = 160V$，$\eta = 99\%$，由式（5-15）得最小输入交流电压峰值时升压电感的平均电流 $I_{L-AVG} = 4.46A$。

电流纹波系数取 $K_{RF} = 1$，将技术参数代入式（5-15）、式（5-16）、式（5-17）可得升压电感为

$$L_{I1} = \frac{\sqrt{2}\, U_{acmin} D_y}{K_{RF} I_{L-AVG}} \frac{1}{f_S} = \frac{160\sqrt{2} \times 0.421}{1 \times 4.46} \frac{1}{80 \times 10^3}H = 0.267mH$$

取 0.27mH。将参数代入式（5-18）得升压电感的最大电流为

$$I_{L-PK} = I_{L-AVG}\left(1 + \frac{K_{RF}}{2}\right) = 4.46\left(1 + \frac{1}{2}\right)A = 6.69A$$

开关管 Q_1 和续流二极管 VD_1 的电流定额为

$$I_{Q1} = I_{VD1} = (1.5 \sim 2)I_{L-PK} = 10.0 \sim 13.38A$$

根据计算得到的数据，可选择 Q_1 为耐压 $500 \sim 600V$、电流 $10 \sim 15A$ 的 MOS 开关管，选择 VD 为耐压 $500 \sim 600V$、电流 $10 \sim 15A$ 的续流二极管。

3）辅助 ZVS 零电压软开关参数计算。

取辅助 Q_2 的开关频率为 1.25MHz，导通时间为 400ns，选择 Q_2 为 Q_1 的 1/4 电流定额，可选 Q_2 为耐压 $500 \sim 600V$、电流 $3 \sim 5A$ 的 MOS 开关管。

软开关电感 L_{I2} 和电容 C_{A6} 由 $f = \dfrac{1}{2\pi\sqrt{L_2 C_{22}}} = 1.25 \times 10^6 Hz$ 和特征阻抗 $Z = \sqrt{\dfrac{L_2}{C_{22}}} = 20\Omega$，计算得 $L_{I2} = 2.55\mu H$，$C_{22} = 6.4nF$。

（3）滤波电容的计算

取 $\Delta U_0 = 5\%U_d$，滤波电容按式(5-20) 计算

$$C_{A8} > \frac{I_{L-AVG}}{2\pi f_{ac}\Delta U_{dc}} = \frac{4.46}{2\pi \times 50 \times 380 \times 5\%}\text{F} = 747\mu\text{F}$$

取 C_{A8} 为 $1000\mu\text{F}$，耐压 450V 的电解电容。

2. 对称半桥逆变器参数计算

（1）开关管 VT_1、VT_2 参数计算

逆变器的输入电压 $U_d = 380\text{V}$，按照逆变器效率，输出功率为 $P = 543\text{W}$，由 $P = \frac{1}{2}U_d i_o$ 可得负载上的电流有效值为

$$i_o = \frac{2P}{U_d}$$

将参数代入得 $i_o = 2.86\text{A}$。

开关管 VT_1、VT_2 上的电压定额为

$$U_{VT} = (1.3 \sim 1.5)U_d$$

将参数代入得开关管 VT_1、VT_2 上的电压定额为 $U_{VT} = 494 \sim 570\text{V}$。

开关管 VT_1、VT_2 上的电流定额为

$$I_{VT} = (1.5 \sim 2)\sqrt{2}i_o$$

将参数代入得开关管 VT_1、VT_2 上的电流定额为 $I_{VT} = 6.06 \sim 8.06\text{A}$。

开关管 VT_1、VT_2 除了选择电压和电流等级外，还要根据逆变器的开关频率选择开关管的开关时间。选 VT_1、VT_2 为耐压 $500 \sim 600\text{V}$、电流 $5 \sim 10\text{A}$、开关时间小于 500ns 的 MOS 开关管。

（2）桥臂电容 C_{P1}、C_{P2} 参数的计算

在逆变器的输入端有 PFC 输出的滤波电容 C_{d1} 为 $470\mu\text{F}$，和高频滤波电容 C_{d2}，C_{d2} 可取 $10\mu\text{F}$，由于靠近开关管 VT_1、VT_2，逆变器输入端的直流电压波动已经很小，桥臂电容 C_{P1}、C_{P2} 的容量主要考虑逆变器开关过程中的高频纹波电压，可按式(5-22) 计算。

按照技术指标，开关频率 f 取 80kHz，$T = \frac{1}{f} = 12.5\mu\text{s}$，逆变器输入电压 380V，逆变器输出电压为 $U_o = \frac{U_d}{2} = 190\text{V}$，输出电流 $i_o = 2.86\text{A}$，逆变器输出等效负载电阻 $R = 66\Omega$，逆变器输出电压 U_o 的纹波 $\gamma_u = 5\%$，代入式(5-22) 计算得桥臂电容 $C_{P1} = C_{P2} = 3.7\mu\text{F}$，取 $4.7\mu\text{F}$。均压电阻可取 $R_{P1} = R_{P2} = 100\text{k}\Omega$。

3. 变压器参数计算

当接收侧采用串联谐振回路时，高频变压器输入和输出都是 $80 \sim 90\text{kHz}$ 的高频方波电压；当接收侧采用并联谐振回路时，高频变压器输入和输出都是 $80 \sim 90\text{kHz}$ 的高频正弦波电压。

额定充电功率时等效负载电阻为 $50\text{V}/10\text{A} = 5\Omega$。按照电压传输比 $1:1$ 计算，接收侧的电压幅值为 190V，通过变压器降压到 50V，考虑到高频整流二极管的压降、充电电压裕量等因素，取变压器电压比为 $3.5:1$，这样在接收侧的输出等效负载电阻 $R_L = 3.5^2 \times 5\Omega = 61.25\Omega$。

4. 发射侧和接收侧谐振回路参数计算

发射侧和接收侧谐振回路参数主要包括发射线圈和接收线圈的电感 L_1、L_2，互感 M，补偿电容 C_1、C_2。由谐振频率和谐振回路的品质因数可得方程组

$$\begin{cases} f = \dfrac{1}{2\pi\sqrt{L_1 C_1}} = 85 \times 10^3 \text{Hz} \\ Q = \dfrac{1}{R}\sqrt{\dfrac{L_1}{C_1}} = \dfrac{1}{61.25}\sqrt{\dfrac{L_1}{C_1}} = 5 \end{cases} \quad (5\text{-}24)$$

可解出发射线圈需要的电感 $L_1 = 0.573\text{mH}$，补偿电容 $C_1 = 6.12\text{nF}$，接收回路取相同的参数，接收线圈需要的电感 $L_2 = 0.573\text{mH}$，补偿电容 $C_2 = 6.12\text{nF}$。

由式(2-37)，输入回路等效电阻为 $Z_i = R_1 + Z_f$，$Z_f = \dfrac{\omega^2 M^2}{R_L + R_2}$，由于线圈内阻 R_1、R_2 很小可忽略。

根据逆变器输出等效负载电阻为 66Ω 的要求，反射阻抗和逆变器输出电阻相等，即

$$Z_f = \frac{\omega^2 M^2}{R_L} = \frac{(2\pi f)^2 M^2}{R_L} = \frac{(2\pi \times 85 \times 10^3 \text{Hz})^2 M^2}{61.25\Omega} = 61.25\Omega$$

计算得发射线圈和接收线圈之间在额定传输功率时的互感为 $M = 115\mu\text{H}$。

5. 高频整流二极管参数计算

按照充电电压 50V，充电电流 10A 的要求选择高频整流二极管。整流桥的电压定额并留有裕量，即 $U_D = (1.5 \sim 2) \times 50\text{V} = 75 \sim 100\text{V}$。充电电流 $I_o = 10\text{A}$，整流桥的通态平均电流定额并留有裕量，即 $I_D = (1.5 \sim 2) I_o = 15 \sim 20\text{A}$，可选择耐压 100V、电流 20A 左右的快恢复二极管组成整流桥。

5.4.2 FAN4822 功率因数校正控制电路

FAN4822 是快捷半导体公司为大功率电源应用领域而专门设计的功率因数校正（PFC）控制芯片，采用零电压开关控制器来减少二极管恢复时间和 MOSFET 场效应晶体管开关损耗，采用平均电流型 PFC 控制可提供很高的功率因数，谐波失真小。另外 FAN4822 控制器还具有欠电压锁定、过电压保护、峰值电流限制和输入节电保护等功能。通过 FAN4822 中的 ZVS 控制电路可驱动一个由 MOSFET、二极管、电感和其他元器件组成的零电压开关电路，可最大限度地减小 EMI 电磁干扰。FAN4822 的主要特点包括：具有平均电流检测、持续推动、前沿触发等功能；具有很低的整体谐波失真和接近于理想的（98% 以上）效率；片内 ZVS 开关控制器可在大功率应用时实现高效、快速响应；可通过降压控制方式来对平均线电压进行补偿；内含增益调节器，可改善电路的噪声性能。

FAN4822 的基本功能是提供功率因数校正，可对连续平均电流模式进行控制的直流总线电压进行调节。与 Micro Linear 公司的 PFC/PWM 系列控制器件一样，FAN4822 也使用上升沿脉冲宽度调制的方法来减少系统的噪声并使频率同步到 PWM 中的一个下降沿，以实现尽可能高的直流总线电压宽度。但是，FAN4822 与 Micro Linear 公司的此类器件所不同的是，FAN4822 将 MOSFET 零电压软开关的控制电路集成到了 FAN4822 芯片之内，因此 FAN4822 所控制的开关损耗可以达到最小。

图 5-21 是 FAN4822 功率因数校正控制电路，图中和主电路连接的信号如下。

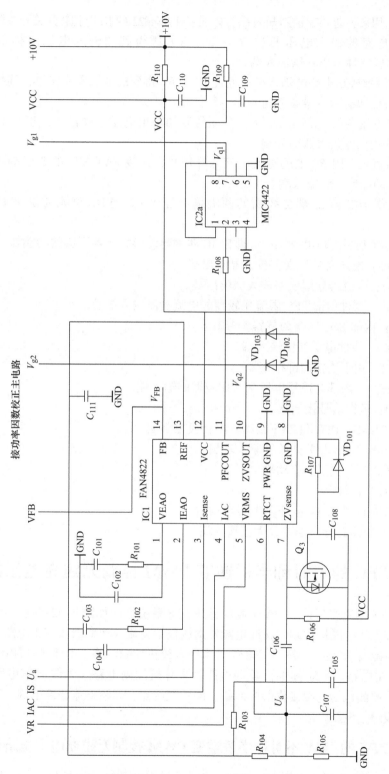

图 5-21 FAN4822功率因数校正控制电路

驱动信号 V_{g1} 用于驱动 PFC 的主开关 Q_1，V_{g1} 由 FAN4822 的 11 引脚主开关驱动输出经 MIC4422 放大而得。

驱动信号 V_{g2} 用来驱动 ZVS 辅助开关 Q_2，V_{g2} 连接 FAN4822 的 10 引脚软开关开关管驱动输出。

VR 是校正电路的输入电压通过 R_{A6}、R_{A7} 的分压得到的输入电压采样信号，连接 FAN4822 的 5 引脚线性电压补偿输入端。

IAC 是功率因数校正电路的输入电流通过 R_{A2}、R_{A3} 得到的电流采样信号，连接 FAN4822 的 4 引脚内部 PFC 增益调节器参考输入。

VFB 是输出直流电压 U_d 经 R_{A11}、R_{A12} 分压得到的输出电压采样信号，连接 FAN4822 的 14 引脚电压跨导型误差放大器输入端。

IS 是负载电流在电阻 R_{AS} 上的直流电流采样信号，连接 FAN4822 的 3 引脚器件内部的 PFC 限流比较器的电流检测输入端。

10V 工作电压是电感 L_{11} 耦合线圈的两端输出经 VD_{A1}、VD_{A2} 整流提供给 PFC 的控制电压。

FAN4822 具有 14 引脚 DIP 和 16 引脚 SOIC 两种封装形式，各引脚的功能如下。

1 引脚 VEAO：电压跨导型误差放大器输出端。

2 引脚 IEAO：电流跨导型误差放大器输出端。

3 引脚 Isense：器件内部 PFC 限流比较器的电流检测输入端。

4 引脚 IAC：内部 PFC 增益调节器参考输入。

5 引脚 VRMS：线性电压补偿输入端。

6 引脚 RTCT：用于连接内部振荡器。

7 引脚 ZVsense：内部高速零电压交叉比较器的输入端。

8 引脚 GND：模拟信号接地端。

9 引脚 PWR GND：PFC 和 ZVS 驱动输出转换控制端。

10 引脚 ZVSOUT：软开关开关管驱动输出。

11 引脚 PFCOUT：主开关驱动输出。

12 引脚 VCC：电源端。

13 引脚 REF：内部 7.5V 电压参考缓冲输出。

14 引脚 FB：电压跨导型误差放大器输入端。

5.5 具有 PFC 的不对称半桥逆变 PWM 控制无线充电系统设计

具有 PFC 的不对称半桥逆变 PWM 控制无线充电系统框图如图 5-22 所示。系统分成无线电能发送侧和无线电能接收侧。无线电能发送侧包括整流与功率因数校正电路、不对称半桥逆变电路、电能发送谐振回路、UC3855 功率因数校正控制电路、电流采样频率跟踪电路、不对称 PWM 控制电路、不对称半桥驱动电路、单片机控制电路、无线通信电路及辅助电源；无线电能接收侧包括电能接收谐振回路、高频变压器、高频整流滤波电路、充电采样与控制电路、无线通信电路。

5.5.1 具有 PFC 的 1kW 不对称半桥逆变 PWM 控制无线充电主电路设计

具有 PFC 的 1kW 不对称半桥逆变 PWM 控制无线充电系统设计指标包括：输入单相交

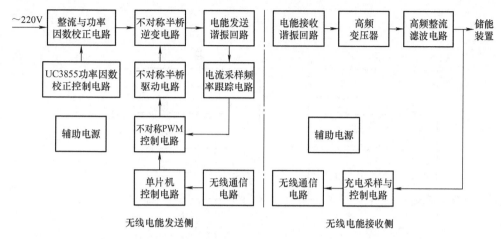

图 5-22　具有 PFC 的不对称半桥逆变 PWM 控制无线充电系统框图

流 160～230V/50Hz，额定充电功率 1kW，输入侧功率因数大于 0.99，额定充电电流 20A，额定充电电压 50V，额定工作效率大于 90%（其中 PFC 为 99%，逆变为 99%，无线电能传输为 93%，变压与高频整流为 99%），传输频率范围 80～90kHz。

图 5-23 是具有 PFC 的 1kW 不对称半桥逆变 PWM 控制无线充电主电路，主电路包括由 L_A、C_{A1}、C_{A2}、C_{A3} 组成的 EMI 谐波抑制滤波器，由 L_{l1}、L_{l2}、Q_1、Q_2、VD_1、VD_2、VD_3、VD_4、VD_5、C_{A5}、R_{A4}、C_{A7} 组成的功率因数校正辅助软开关电路，由 C_{A8}、VT_1、VT_2 组成的不对称半桥逆变电路，C_1 为发射侧补偿电容，和发射线圈等效电感组成串联谐振电路，C_2 为接收侧补偿电容，和接收线圈等效电感组成接收侧串联谐振电路，还可组成接收侧并联谐振电路，如图 5-21 的右上角电路部分。变压器 T 为降压变压器，其输出和额定充电电压匹配，VD_{r1}、VD_{r2}、VD_{r3}、VD_{r4}、C_{o1} 组成接收侧高频整流与滤波电路，负载为蓄电池 BT。

通常情况下，输入电压范围宽的 PFC 升压型转换器由于其开关损耗的增加，若使用零电压开关（ZVS）功率因数校正电路技术则可大大减少 MOSFET 的开关损耗，从而较大地改善大功率 PFC 电路的工作效率。

单相功率因数校正电路有四个采样信号提供给控制电路：①校正电路的输入电压通过 R_{A1}、R_{A2} 的分压得 VRMS；②校正电路的输入电流通过 R_{A3} 得采样电流 IAC；③ 输出直流电压 U_d 经 R_{A5}、R_{A6} 分压得 OVP；④PFC 电流在互感器 CT 的二次侧输出端 Ion1、Ion2 得到，单相功率因数校正电路有两个驱动信号 V_{q1}、V_{q2}，有一个主开关零电压检测信号 ZVS。

对称半桥逆变器有两个采样信号：①直流输入电压采样通过 R_{A7}、R_{A8} 分压得 V_d；②谐振电流通过电流互感器得到的采样电流 $i\sim$。

无线电能传输电路工作原理：发射侧补偿电容 C_1 和发射线圈等效电感组成串联谐振回路，通过电磁耦合将电能传送到接收线圈，接收线圈等效电感和接收侧补偿电容 C_2 组成串联谐振回路，通过电磁耦合接收电能，由变压器 T 降压，通过高频整流与滤波电路，变换成直流电压，对蓄电池 BT 进行充电。

充电输出有两个采样信号：①充电电压通过 R_{o1}、R_{o2} 分压得 V_o；②充电电流通过 R_{oi} 得到的采样电流 I_{o+}。

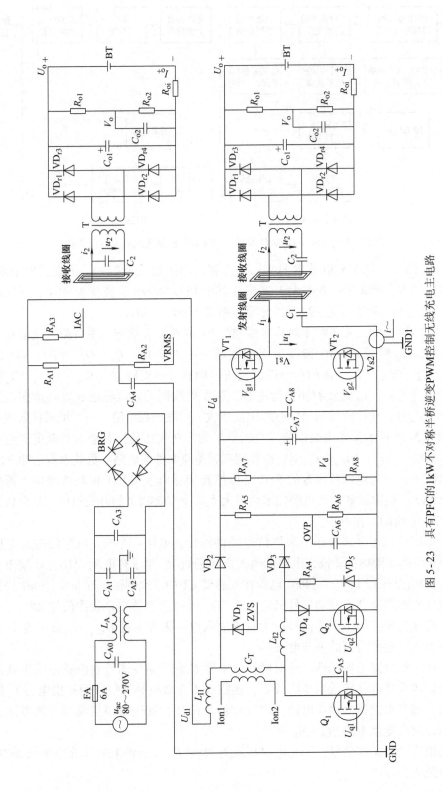

图 5-23 具有 PFC 的 1kW 不对称半桥逆变 PWM 控制无线充电主电路

1. 单相整流与 PFC 电路参数计算

按照各部分效率分配，PFC 输出的功率 P_o 为 1kW/0.90 = 1.111kW，输入交流电压 u_{ac} 范围为 160～230V，输出直流电压 U_d 为 380V，PFC 开关频率为 $f_s = 80$kHz。

（1）整流桥 BRG 的选择

单相桥式二极管整流电路中，整流桥 BRG 承受的最大反向电压为 $\sqrt{2}u_{ac}$，流过 BRG 的电流平均值为 $I_d = \dfrac{1}{2}I_o$，流过 BRG 的电流有效值为 $I = \dfrac{\sqrt{2}}{2}I_o$，其中 I_o 为输出负载电流。按照输入交流电压 u_{ac} 为 220V，效率为 99%，要求功率因数校正电路总输出功率为 1.111kW。

整流桥 BRG 的电压定额并留有裕量，即

$$U_D = (1.5 \sim 2)\sqrt{2}u_{ac}$$

将 $u_{ac} = 220$V 代入得，$U_D = (1.5 \sim 2) \times 220\sqrt{2} = 466 \sim 622$V。按照输入电压最低 160V，负载电流为

$$I_o = 1111/160/0.99\text{A} = 7\text{A}$$

整流桥 BRG 的通态平均电流定额并留有裕量，即

$$I_D = (1.5 \sim 2)0.9I_o$$

计算得 $I_D = (1.5 \sim 2)0.9I_o = 9.46 \sim 12.63$A。可选择耐压 500V 以上、电流 12A 左右的单相整流桥。

（2）PFC 电路参数计算

1）开关管 Q_1 和续流二极管 VD_2 的电压定额计算。

开关管 Q_1 和续流二极管 VD_2 承受的最大电压为 $U_d = 380$V，Q_1 和 VD_2 电压定额为

$$U_{Q1} = U_{VD1} = (1.5 \sim 2)U_d$$

取 $U_{Q1} = U_{VD2} = (1.3 \sim 1.5)U_d = 494 \sim 570$V。

2）开关管 Q_1 和续流二极管 VD_2 的电流定额计算。

将技术参数代入式(5-13)、式(5-14)、式(5-15)、式(5-16)、式(5-17) 可得

$$L_{I1} = \frac{\sqrt{2}U_{acmin}D_y}{K_{RF}I_{L-AVG}}\frac{1}{f_S} = \frac{160\sqrt{2} \times 0.421}{1 \times 8.93}\frac{1}{80 \times 10^3}\text{H} = 0.134\text{mH}$$

取 $L_{I1} = 0.14$mH。将参数代入式(5-18) 得升压电感的最大电流为

$$I_{L-PK} = I_{L-AVG}\left(1 + \frac{K_{RF}}{2}\right) = 8.93\left(1 + \frac{1}{2}\right)\text{A} = 13.4\text{A}$$

开关管 Q_1 和续流二极管 VD_2 的电流定额为

$$I_{VT} = I_D = (1.5 \sim 2)I_{L-PK}$$

代入参数得 $I_{Q1} = I_{VD2} = (1.5 \sim 2)I_{L-PK} = 20.0 \sim 26.8$A。

根据计算得到的数据，可选择 Q_1 为耐压 500～600V、电流 20～30A 的 MOS 开关管，选择耐压 500～600V、电流 20～30A 的续流二极管。

3）辅助 ZVS 零电压软开关参数计算。

取辅助 Q_2 的开关频率为 1.25MHz，导通时间为 400ns，选择开关管 Q_2 为 Q_1 的 1/4 电流定额，可选 Q_2 为耐压 500～600V、电流 5～10A 的 MOS 开关管。

软开关电感 L_2 和电容 C_{A5} 由 $f = \dfrac{1}{2\pi \sqrt{L_2 C_{A5}}} = 2.5 \times 10^6\,\text{Hz}$ 和特征阻抗 $Z = \sqrt{\dfrac{L_2}{C_{A5}}} = 120\,\Omega$，
可求得 $C_{A5} = 530\,\text{pF}$，$L_2 = 7.6\,\mu\text{H}$，取 $C_{A5} = 500\,\text{pF}$，$L_2 = 8\,\mu\text{H}$。

（3）滤波电容的计算

滤波电容由式(5-20)计算

$$C > \frac{I_{\text{L-AVG}}}{2\pi f_{\text{ac}} \Delta U_{\text{o}}}$$

式中，f_{ac} 为输入交流电源的频率。取 $\Delta U_{\text{o}} = 5\% U_{\text{d}}$，$C > \dfrac{I_{\text{L-AVG}}}{2\pi f_{\text{ac}} \Delta U_{\text{dc}}} = \dfrac{8.93}{2\pi \times 50 \times 380 \times 5\%}\,\text{F} = $

$1496\,\mu\text{F}$，取 C_{A7} 为 $1500\,\mu\text{F}$，耐压 450V 的电解电容。

2. 不对称半桥逆变器参数计算

逆变器的输入电压 $U_{\text{d}} = 380\text{V}$，按照逆变器效率为 99%，输出功率为 $P = 1087\text{W}$，由 $P = U_{\text{d}} i_{\text{o}}/2$ 可得负载上的电流有效值为

$$i_{\text{o}} = \frac{2P}{U_{\text{d}}}$$

将参数代入得 $i_{\text{o}} = 5.72\text{A}$。

开关管 VT_1、VT_2 上的电压定额为

$$U_{\text{VT}} = (1.3 \sim 1.5) U_{\text{d}}$$

将参数代入得开关管 VT_1、VT_2 上的电压定额为 $U_{\text{VT}} = 494 \sim 570\text{V}$。

开关管 VT_1、VT_2 上的电流定额为

$$I_{\text{VT}} = (1.5 \sim 2)\sqrt{2}\, i_{\text{o}}$$

将参数代入得开关管 VT_1、VT_2 上的电流定额为 $I_{\text{VT}} = 12.13 \sim 16.18\text{A}$。

开关管 VT_1、VT_2 除了选择电压和电流等级外，还要根据逆变器的开关频率选择开关管的开关时间。选 VT_1、VT_2 为耐压 $500 \sim 600\text{V}$、电流 $15 \sim 20\text{A}$、开关时间小于 500ns 的 MOS 开关管。

3. 变压器参数计算

当接收侧采用串联谐振回路时，高频变压器输入和输出都是 $80 \sim 90\text{kHz}$ 的高频方波电压；当接收侧采用并联谐振回路时，高频变压器输入和输出都是 $80 \sim 90\text{kHz}$ 的高频正弦波电压。

额定充电功率时等效负载电阻为 $50\text{V}/20\text{A} = 2.5\,\Omega$。按照电压传输比 $1:1$ 计算，接收侧的电压幅值为 190V，通过变压器降压到 50V，考虑到高频整流二极管的压降、充电电压裕量等因素，取变压器电压比为 $3.5:1$，这样在接收侧的输出等效负载电阻 $R_{\text{L}} = 3.5^2 \times 2.5\,\Omega = 30.625\,\Omega$。

4. 发射侧和接收侧谐振回路参数计算

发射侧和接收侧谐振回路参数主要包括发射线圈和接收线圈的电感 L_1、L_2，互感 M，补偿电容 C_1、C_2。由谐振频率和谐振回路的品质因数可得方程组

$$\begin{cases} f = \dfrac{1}{2\pi \sqrt{L_1 C_1}} = 85 \times 10^3\,\text{Hz} \\[3mm] Q = \dfrac{1}{R}\sqrt{\dfrac{L_1}{C_1}} = \dfrac{1}{30.25}\sqrt{\dfrac{L_1}{C_1}} = 5 \end{cases} \tag{5-25}$$

由式(5-25) 解出发射线圈需要的电感 $L_1 = 0.283\text{mH}$，补偿电容 $C_1 = 12.4\text{nF}$，接收回路取相同的参数，接收线圈需要的电感 $L_2 = 0.283\text{mH}$，补偿电容 $C_2 = 12.4\text{nF}$。

由式(2-37)，输入回路等效电阻为 $Z_i = R_1 + Z_f$，$Z_f = \dfrac{\omega^2 M^2}{R_L + R_2}$，由于线圈内阻 R_1、R_2 很小可忽略。

根据逆变器输出等效负载电阻为 30.25Ω 的要求，反射阻抗和逆变器输出电阻相等，即

$$Z_f = \frac{\omega^2 M^2}{R_L} = \frac{(2\pi f)^2 M^2}{R_L} = \frac{(2\pi \times 85 \times 10^3 \text{Hz})^2 M^2}{30.25\Omega} = 30.25\Omega$$

可解出发射线圈和接收线圈之间在额定传输功率时的互感为 $M = 56.6\mu\text{H}$。

5. 高频整流二极管参数计算

按照充电电压 50V，充电电流 20A 的要求选择高频整流二极管。整流桥的电压定额并留有裕量，即 $U_D = (1.5 \sim 2) \times 50\text{V} = 75 \sim 100\text{V}$。充电电流 $I_o = 20\text{A}$，整流桥的通态平均电流定额并留有裕量，即 $I_D = (1.5 \sim 2)I_o = 30 \sim 40\text{A}$，可选择耐压 100V、电流 40A 左右的快恢复二极管组成整流桥。

5.5.2 UC3855 功率因数校正控制电路

图 5-24 是 UC3855 功率因数校正控制电路。UC3855 是一种能实现零电压转换的高功率因数校正器集成控制芯片，采用零电压转换电路、平均电流模式产生稳定的、低畸变的交流输入电流，无须斜坡补偿，最高工作频率可达 500kHz，其内部有 ZVS 检测、一个主输出驱动和一个 ZVT 输出驱动。由于采用软开关技术，可以极大地减小二极管反向恢复时间和MOSFET 开通时的损耗，从而具有低电磁辐射和高效率的特点。

UC3855 主要由乘法电路、除法电路、平方电路构成，为电流环提供编程的电流信号。芯片内部有一个高性能、带宽为 5MHz 的电流放大器，并具有过电压、过电流和回差式欠电压保护功能，输入线电压箝位功能，低电流起动功能，内部乘法器电流限制功能，在低线电压时能抑制功率输出。和 UC3854 相比，UC3855 增加的电路功能主要有：过电压保护，工作达 500kHz 时的零电压转换（ZVT）控制电路，因此 UC3855 具有更高的的功率因数，更高的效率和更低的电磁干扰（EMI）。

引脚功能如下。

1 引脚 CAO：宽带电流放大器输出端。同时也是 PWM 占空比比较器的输入端。

2 引脚 RVS：外接电阻端，将电流信号变成电压信号，送至电流加法器的输入端。

3 引脚 CI：电平转移电流监测信号输入端，该端接电容到 GND。

4 引脚 ION：电流检测输入端，连接到电流互感器的二次侧，一次侧串联到升压开关电路。

5 引脚 CS：在 CI 端上由电流互感器产生的信号经过一个二极管的电平转移后送至 CS。在电流放大器的反相输入端和 CS 端之间引入电流放大器的输入电阻，比较 CS 端和乘法器输出的波形。峰值电流限定比较器的信号也送到 CS 端。该端高于 1.5V 时比较器工作，并中止栅极驱动信号。

6 引脚 VRMS：乘法器的前馈源电压输入端，连接与交流整流电路相连的分压器，检测交流电压的变化。

7 引脚 OVP：输出分压电路取样端。

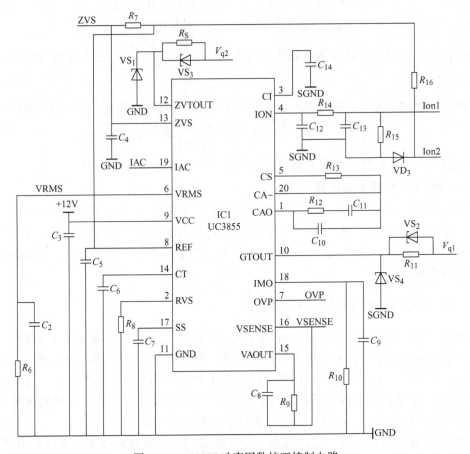

图 5-24 UC3855 功率因数校正控制电路

8 引脚 REF：基准电压端，提供 7.5V 的输出基准电压。

9 引脚 VCC：电源供电电压端。UC3855A 导通门限电压为 15.5V，UC3855B 导通门限电压为 10.5V。

10 引脚 GTOUT：主开关栅极驱动信号输出端。最大输出峰值电流 1.5A。

11 引脚 GND：信号地。

12 引脚 ZVTOUT：辅助开关栅极驱动信号输出端。

13 引脚 ZVS：用于检测主开关的漏极电压。

14 引脚 CT：该端到 GND 接电容 CT，决定 PWM 振荡器的工作频率。

15 引脚 VAOUT：电压放大器输入端，与给定电压端 VRMS 比较组成电压调节器。

16 引脚 VSENSE：电压放大器反相输入端，通过分压器检测输出电压。

17 引脚 SS：电压放大器输出端。

18 引脚 IMO：乘法器的输出端，也是电流放大器的同相输入端。

19 引脚 IAC：乘法器的电流输入端，该电流值对应与整流后的交流输入电源电压的瞬时值。

20 引脚 CA－：电流放大器的反相输入端。在 CAO 和 CA－之间连接补偿元件。该端的共模输入电压范围为 0.3 ~ 5V。

5.6 具有两级交错 PFC 的全桥逆变移相 PWM 控制无线充电系统设计

具有两级交错 PFC 的全桥逆变移相 PWM 控制无线充电系统框图如图 5-25 所示。系统分成无线电能发送侧和无线电能接收侧。无线电能发送侧包括整流与功率因数校正电路、全桥逆变电路、电能发送谐振回路、FAN9672 功率因数校正控制电路、电流采样频率跟踪电路、移相 PWM 控制电路、全桥驱动电路、单片机控制电路、无线通信电路及辅助电源；无线电能接收侧包括电能接收谐振回路、高频整流滤波电路、充电采样与控制电路、无线通信电路。

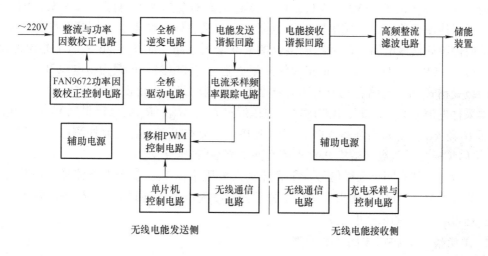

图 5-25　具有两级交错 PFC 的全桥逆变移相 PWM 控制无线充电系统框图

功率因数校正控制 FAN9672 和 FAN9673 是仙童半导体（Fairchild）公司的一种两级和三级交错式 PFC 控制器产品，是一个集成式两通道和三通道连续导通模式的功率因数校正控制器。FAN9672 和 FAN9673 包含实现前沿、平均电流、升压型功率因数校正的电路，因此能够用于设计完全符合 IEC1000 – 3 – 2 标准的电源。FAN9672 和 FAN9673 采用创新的通道管理功能，允许次级通道的功率电平根据 CM 引脚的设置电压进行平稳加载和卸载，从而提高 PFC 转换器的负载瞬态响应。特点包括连续导通模式控制，二通道和三通道交错式 PFC 控制，实施前沿、平均电流模式控制，二通道和三通道管理功能。可编程工作频率范围为 18 ~ 40kHz 或 55 ~ 75kHz。可编程 PFC 可实现输出电压、两种限流、三种故障检测以及差分电流检测，欠电压锁定，软起动等功能。FAN9672 和 FAN9673 可采用最小的电感和最低额定功率开关器件进行大功率 PFC 控制。

FAN9672 可在单、双通道之间切换和相位管理。FAN9673 可在单、双和三通道之间切换和相位管理，适合高达 9kW 的大功率 PFC 应用场合。与传统 PFC 相比，交错 PFC 具有总输入电流纹波减小、简化 EMI 滤波器设计、支路的功率减小、有效降低开关损耗等优点，器件选型和优化设计更加容易。其中，电感容量减少可简化电感设计。

5.6.1 具有两级交错 PFC 的 3.5kW 全桥逆变移相 PWM 控制无线充电主电路设计

具有两级交错 PFC 的 3.5kW 全桥逆变移相 PWM 控制无线充电主电路设计指标包括：输入单相交流 160～230V/50Hz，额定充电功率 3.5kW，输入侧功率因数大于 0.99，额定充电电压 350V，额定充电电流 10A，额定工作效率大于 90%（其中 PFC 为 99%，逆变为 99%，无线电能传输为 93%，变压与高频整流为 99%），传输频率范围 80～90kHz。

图 5-26 是具有两级交错 PFC 的 3.5kW 全桥逆变移相 PWM 控制无线充电主电路，主电路包括由 NTC、K_P、BG_K、R_K、C_K 组成的开机电容充电延时电路、由 L_X、C_{X1}、C_{X2}、C_{X3}、C_{X4}、R_{X1}、R_{X2} 组成的 EMI 谐波抑制滤波器，由 BRG、C_{A1}、C_{A2}、C_{A3}、C_{A4}、C_{A5}、L_{l1}、L_{l2}、VQ_1、VQ_2、VD_{l1}、VD_{l2}、R_{A1}、R_{A2}、R_{A3}、R_{A4}、R_{A5}、R_{A6}、R_{A7}、R_{A8} 组成的两级交错式功率因数校正主电路，由 C_d、VT_1、VT_2、VT_3、VT_4 组成的全桥逆变电路，C_1 为发射侧补偿电容，与发射线圈等效电感组成串联谐振电路，C_2 为接收侧补偿电容，与接收线圈等效电感组成接收侧串联谐振电路，还可组成接收侧并联谐振电路，如图 5-26 的右上角电路部分。VD_{r1}、VD_{r2}、VD_{r3}、VD_{r4}、C_{o1} 组成接收侧高频整流与滤波电路，负载为蓄电池 BT。

两级交错式 PFC 电路有四个采样信号提供给控制电路：①校正电路的输入电流通过 R_{A1} 采样得采样电流 IAC；②校正电路的输入电压通过 R_{A2}、R_{A3}、R_{A4} 的分压得到 VR；③ 输出直流电压 U_d 经 R_{A5}、R_{A6} 的分压得 VFB；④两级 PFC 电流在 R_{G3}、R_{G6} 电流检测电阻上的采样电压 CS+1、CS+2。两级交错式 PFC 电路有两个驱动信号：U_{q1}、U_{q2}。

全桥桥逆变器有两个采样信号：①直流输入电压采样 V_d；②谐振电流通过电流互感器得到的采样电流 i～。充电输出有两个采样信号：①充电电压通过 R_{o1}、R_{o2} 分压得 V_o；②充电电流通过 R_{oi} 得到的采样电流 I_{o+}。

1. 单相整流与 PFC 电路参数计算

按照各部分效率分配，PFC 输出的功率 P_o 为 3.5kW/0.90 = 3.89kW，输入交流电压 u_{ac} 范围为 160～230V，输出直流电压 U_d 为 380V，PFC 开关频率为 f_S = 80kHz。

（1）整流桥 BRG 的选择

单相桥式二极管整流电路中，整流桥 BRG 承受的最大反向电压为 $\sqrt{2}u_{ac}$，流过 BRG 的电流平均值为 $I_d = \frac{1}{2}I_o$，流过 BRG 的电流有效值为 $I = \frac{\sqrt{2}}{2}I_o$，其中 I_o 为输出负载电流。按照输入交流电压 u_{ac} 为 220V，效率为 99%，要求功率因数校正电路总输出功率为 3.89kW。

整流桥 BRG 的电压定额并留有裕量，即

$$U_D = (1.5～2)\sqrt{2}u_{ac}$$

将 u_{ac} = 220V 代入得，$U_D = (1.5～2)\times 220\sqrt{2} = 466～622V$。按照输入电压最低 160V，负载电流

$$I_o = 3889/160/0.99 = 24.55A$$

整流桥 BRG 的通态平均电流定额并留有裕量，即

$$I_D = (1.5～2)0.9I_o$$

计算得 $I_D = (1.5～2)0.9I_o = 40.9－54.6A$。可选择耐压 500V 以上、电流 50A 左右的单相整流桥。

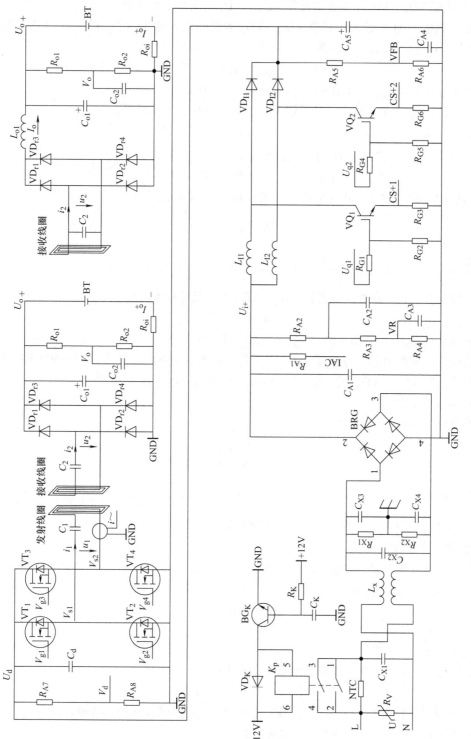

图 5-26 具有两级交错PFC的3.5kW全桥逆变移相PWM控制无线充电主电路

（2）PFC 电路参数计算

1）开关管 VQ_1、VQ_2 和续流二极管 VD_{I1}、VD_{I2} 的电压定额计算。

开关管 VQ_1、VQ_2 和续流二极管 VD_{I1}、VD_{I2} 承受的最大电压为 $U_d = 380V$，VQ_1、VQ_2 和续流二极管 VD_{I1}、VD_{I2} 电压定额为

$$U_{Q1} = U_{VD1} = (1.5 \sim 2)U_d$$

取 $U_{Q1} = U_{Q2} = U_{VD1} = U_{VD2} = (1.3 \sim 1.5)U_{dc} = 494 \sim 570V$。

2）开关管 VQ_1、VQ_2 和续流二极管 VD_{I1}、VD_{I2} 的电流定额计算。

将技术参数代入式(5-13)、式(5-14)、式(5-15)、式(5-16)、式(5-17) 可得

$$L = \frac{\sqrt{2}U_{acmin}D_y}{K_{RF}I_{L-AVG}}\frac{1}{f_S} = \frac{160\sqrt{2} \times 0.421}{1 \times 15.62}\frac{1}{40 \times 10^3}H = 0.152mH$$

取 $L = 0.16mH$。将参数代入式（5-18）得升压电感的最大电流为

$$I_{L-PK} = I_{L-AVG}\left(1 + \frac{K_{RF}}{2}\right)$$

将参数代入得 $I_{L-PK} = I_{L-AVG}\left(1 + \frac{K_{RF}}{2}\right) = 15.62 \times \left(1 + \frac{1}{2}\right)A = 23.4A$

开关管 VQ_1、VQ_2 和续流二极管 VD_{I1}、VD_{I2} 的电流定额为

$$I_{VT} = I_D = (1.5 \sim 2)I_{L-PK}$$

代入参数得 $I_{Q1} = I_{VD1} = (1.5 \sim 2)I_{L-PK} = 35.1 \sim 46.8A$。

根据计算得到的数据，可选择 VQ_1、VQ_2 为耐压 $500 \sim 600V$、电流为 $40 \sim 50A$ 的 MOS 开关管，或者选择 VD_{I1}、VD_{I2} 为耐压 $500 \sim 600V$、电流为 $40 \sim 50A$ 的续流二极管。

（3）滤波电容的计算

滤波电容按式(5-20) 计算

$$C > \frac{I_{L-AVG}}{2\pi f_{ac}\Delta U_o}$$

式中，f_{ac} 为输入交流电源的频率。取 $\Delta U_o = 5\% U_d$，得 $C > \frac{I_{L-AVG}}{2\pi f_{ac}\Delta U_{dc}} = \frac{15.62}{2\pi \times 50 \times 380 \times 5\%}F = 2616\mu F$，取 C_{A5} 为 $2700\mu F$，耐压 $450V$ 的电解电容。

2. 全桥逆变器参数计算

逆变器的输入电压 $U_d = 380V$，按照逆变器效率为 99%，输出功率为 $P = 3.85kW$，由 $P = U_d i_o$ 可得负载上的电流有效值为

$$i_o = \frac{P}{U_d}$$

将参数代入得 $i_o = 10.12A$。

开关管 VT_1、VT_2、VT_3、VT_4 上的电压定额为

$$U_{VT} = (1.3 \sim 1.5)U_d$$

将参数代入得开关管 VT_1、VT_2、VT_3、VT_4 上的电压定额为 $U_{VT} = 494 \sim 570V$。

开关管 VT_1、VT_2、VT_3、VT_4 上的电流定额为

$$I_{VT} = (1.5 \sim 2)\sqrt{2}i_o$$

将参数代入得开关管 VT_1、VT_2、VT_3、VT_4 上的电流定额为 $I_{VT} = 21.5 \sim 28.6A$。

开关管 VT_1、VT_2、VT_3、VT_4 除了选择电压和电流等级外，还要根据逆变器的开关频率选择开关管的开关时间。选 VT_1、VT_2、VT_3、VT_4 为耐压 500~600V、电流 30A、开关时间小于 500ns 的 MOS 开关管。

3. 发射侧和接收侧谐振回路参数计算

额定充电功率时等效负载电阻为 350V/10A = 35Ω，接收侧的输出等效负载电阻 R_L = 35Ω。发射侧和接收侧谐振回路参数主要包括发射线圈和接收线圈的电感 L_1、L_2，互感 M，补偿电容 C_1、C_2。由

$$\begin{cases} f = \dfrac{1}{2\pi \sqrt{L_1 C_1}} = 85 \times 10^3 \text{Hz} \\[3mm] Q = \dfrac{1}{R}\sqrt{\dfrac{L_1}{C_1}} = \dfrac{1}{35}\sqrt{\dfrac{L_1}{C_1}} = 5 \end{cases} \tag{5-26}$$

由式 (5-26) 解出发射线圈需要的电感 $L_1 = 0.328\text{mH}$，补偿电容 $C_1 = 10.7\text{nF}$，接收回路取相同的参数，接收线圈需要的电感 $L_2 = 0.328\text{mH}$，补偿电容 $C_2 = 10.7\text{nF}$。

根据串-串联谐振式输入回路等效电阻 $Z_i = R_1 + Z_f$，$Z_f = \dfrac{\omega^2 M^2}{R_L + R_2}$，忽略线圈内阻 R_1、R_2，同时根据逆变器输出等效负载电阻为 35Ω 的要求，反射阻抗和逆变器输出电阻必须相等，即

$$Z_f = \frac{\omega^2 M^2}{R_L} = \frac{(2\pi f)^2 M^2}{R_L} = \frac{(2\pi \times 85 \times 10^3 \text{Hz})^2 M^2}{35\Omega} = 35\Omega$$

可解出发射线圈和接收线圈之间在额定传输功率时要求的互感为 $M = 65\mu\text{H}$。

4. 高频整流二极管参数计算

按照充电电压 350V，充电电流 10A 的要求选择高频整流二极管。

整流桥的电压定额并留有裕量，即 $U_D = (1.5 \sim 2) \times 350\text{V} = 525 \sim 700\text{V}$。充电电流 $I_o = 10\text{A}$，整流桥的通态平均电流定额并留有裕量，即 $I_D = (1.5 \sim 2)I_o = 15 \sim 20\text{A}$，可选择耐压 600V、电流 20A 左右的快恢复二极管组成整流桥。

5.6.2 FAN9672 功率因数校正电路

FAN9672 和 FAN9673 的引脚功能如下。

1 引脚：BIBO 芯片，FAN9672 开通/关闭电平设置。这个引脚用于 FAN9672 和 FAN9673 的启动/关闭。

16 引脚：VIR 输入电压范围设定。一个电容和一个电阻并联在一起连接到地。当 $V_{VIR} > 3.5\text{V}$ 时，PFC 控制器适用于高压输入范围（AC 180~264V）。当 $V_{VIR} < 1.5\text{V}$ 时，PFC 输入电压范围为 AC 90~264 V，V_{VIR} 为 1.5~3.5V 是不允许的。

32 引脚：IAC。FAN9672 和 FAN9673 使用 IAC 引脚来检测线路电压的峰值，线路电压的峰值由峰值检测电路使用采样保持方法来获取。同时，通过检测经 R_{IAC} 流入 IAC 引脚的电流来获得瞬时线路电压信息。应根据输入电压范围来选择 R_{IAC}。推荐的最大电流为 100μA。

对于通用 AC 输入（85~264V），V_{VIR} 应设为小于 1.5V，R_{IAC} 应选择 6MΩ，R_{VIR} 设置为 10kΩ，通电欠电压为 AC 85/75V。若输入是高压单相 AC 输入（180~264V），则 V_{VIR} 应设为大于 3.5V（最大值是 5V），R_{IAC} 应选择 12MΩ，R_{VIR} 设置为 470kΩ，通电欠电压为 AC 170/160V。

FAN9673 有一个内部 AC UVP 比较器，用于监控 AC 输入电压并在 V_{BIBO} 小于 1.05V 且保持时间达 450ms 时禁用 PFC 级。若 V_{BIBO} 大于 1.9V/1.75V，则使能 PFC 级。

2 引脚：PVO 可编程输出电压控制，范围为 0.5～3.5V，从微处理器（MCU）输出的直流电压可以应用于该引脚编程的输出电压值。

当控制电压 V_{pvo} <0.5V 时，PVO 功能被禁用。如果 PFC 输出电压远高于 AC 输入的峰值电压，可从 MCU 向 PVO 引脚输入直流电平来降低 PFC 输出电压。一般要求 PFC 输出电压比 AC 输入峰值电压至少高 25V，否则功率因数指标会降低。

3 引脚：Ilimit 电流箝位设置。平均电流模式是控制电感电流平均值，平均限制值由连接到该引脚上的电阻和电容值确定。

7 引脚：Ilimit2 峰值电流限制设定。将一个电阻和一个电容并联连接到这个引脚以设置过电流限制阈值，保护电源设备免受电感饱和造成的损坏。这个引脚设置是周期电流限制的过电流阈值。

30 引脚：VEA，PFC 电压反馈回路的误差放大器输出。一补偿网络连接在引脚和接地之间。

FAN9672 和 FAN9673 通过 VEA、Ilimit 和 Ilimit2 提供三种情况下的限电流保护，用来过电流保护和电感饱和保护。可通过电阻编程设置限流阈值 $V_{Ilimit1}$ 和 $V_{Ilimit2}$。第 1 种情况：功率（正常状态）。在正常情况下，应该由增益调制器发出的命令 VM 来控制电流/功率。当 V_{VEA} 升高至 6V 时，系统的输出功率和电流达到峰值。功率和电流不再增加。第 2 种情况：限流1（异常状态）。当系统处于异常状态时，例如 AC 周期丢失并在较短时间内返回时，V_{LPK} 在返回到初始电平前会出现延迟，此延迟将导致大幅度增加 V_{LPK}。若命令大于 Ilimit 箝位电平 V_{Ilimit}，则按第 2 种情况加以限制。若电感电流未饱和，则此状态的峰值电流可以作为每个通道的最大电流设计。

4 引脚：GC，增益调制器的整定。从这个引脚连接一个电阻和小电容并联到 GND，用来调整增益调制器的输出电平，同时滤除噪声。

17 引脚：LS，电流预测函数的设置。一个电阻从这个引脚连接到地面，用来调整线性补偿预测函数（LPT）。从这个引脚连接小电容接地进行噪声过滤。

线性预测（LPT）功能用于预测开关位于关断区域时的电感电流特性。增益改变（GC）引脚和 LS 引脚用于调节 LPT 功能参数。

5 引脚：RI，振荡器设置。有两个振荡器频率范围：18～40kHz 和 50～75kHz。从 RI 接地的电阻决定开关频率，电阻值范围为 10.6～44.4kΩ。

6 引脚：RLPK，峰值检测电路通过比率识别来自交流输入端 IAC 电流的输入 VIN 信息。将电阻和电容并联连接到这个引脚上，以调整 VIN 峰值的比率。典型值为 12.4kΩ（1:100 的 V_{LPK} 和输入电压的峰值）。

8 引脚：LPK，线电压峰值检测信号。此引脚可用于提供有关的输入交流峰值电压的采样信号。

9 引脚：RDY，输出就绪信号。当引脚 FBPFC 反馈电压达到 2.4V 时，RDY 引脚输出高电平信号通知 MCU，下级功率电路可以开始正常运行。

10 引脚：IEA1，PFC 电流放大器的输出 1。该引脚的信号与内部锯齿波比较，确定 PFC 门驱动器 1 的脉冲宽度。

11 引脚：IEA2，PFC 电流放大器的输出 2。该引脚的信号与内部锯齿波比较，确定 PFC

门驱动器 2 的脉冲宽度。

12 引脚：IEA3（FAN9672 为空引脚），PFC 电流放大器的输出 3。该引脚的信号与内部锯齿波比较，确定 PFC 门驱动器 3 的脉冲宽度。

13 引脚：CM1，第 1 频道管理设置。此引脚用于配置 PFC 启用/禁用的特性。当引脚为低电平（0V）时，该通道工作，当引脚拉到高电平 4V 时，该通道被禁用。

14 引脚：CM2，第 2 频道管理设置。通道 2 有两种控制方法，第一种方法是使用外部信号启用/禁用通道 2，当引脚为低电平（0V）时，该通道工作，当引脚拉到高电平 4V 时，该通道被禁用；第二种方法是使用线性增长。当 VCM2 介于 4~0V 之间时，改变 V_{CM2} 的斜率可增加/减少通道负载，并减少 PFC 输出电压的过冲/欠冲。

15 引脚：CM3（FAN9672 为空引脚），第 3 频道管理设置。通道 3 有两种控制方法，第一种方法是使用外部信号启用/禁用通道 3，当引脚为低电平（0V）时，该通道工作，当引脚拉到高电平 4V 时，该通道被禁用；第二种方法是使用线性增长。当 VCM3 介于 4~0V 之间时，改变 V_{CM3} 的斜率可增加/减少通道负载，并减少 PFC 输出电压的过冲/欠冲。

18 引脚：CS－3（FAN9672 为空引脚），第三通道 PFC 电感电流采样负极。连接到 PFC 转换器第三通道电感电流检测电阻的负端。

19 引脚：CS＋3（FAN9672 为空引脚），第三通道 PFC 电感电流采样正极。连接到 PFC 转换器第三通道电感电流检测电阻的正端。

20 引脚：CS－2，第二通道 PFC 电感电流采样负极，连接到 PFC 转换器第二通道电感电流检测电阻的负端。

21 引脚：CS＋2，第二通道 PFC 电感电流采样正极，连接到 PFC 转换器第二通道电感电流检测电阻的正端。

22 引脚：CS－1，第一通道 PFC 电感电流采样负极，连接到 PFC 转换器第一通道电感电流检测电阻的负端。

23 引脚，CS＋1，第一通道 PFC 电感电流采样正极，连接到 PFC 转换器第一通道电感电流检测电阻的正端。

24 引脚，GND，地。

25 引脚：OPFC3（FAN9672 为空引脚），功率管驱动器 3。用于 PWM MOSFET 或 IGBT 的图腾柱输出驱动器。这个引脚有一个内部 15V 钳位保护开关。

26 引脚：OPFC2 功率晶体管驱动器 2，用于 PWM MOSFET 或 IGBT 的图腾柱输出驱动器。这个引脚有一个内部 15V 钳位保护开关。

27 引脚：OPFC1 功率晶体管驱动器 1，用于 PWM MOSFET 或 IGBT 的图腾柱输出驱动器。这个引脚有一个内部 15V 钳位保护开关。

28 引脚：VDD，外部供电电源正极。典型的开启电压和关断阈值电压分别为 12.8V 和 10.8V。

29 引脚：FBPFC，误差放大器反相输入端反馈输入电压。此引脚通过电阻分压器网络连接 PFC 输出电压。

31 引脚：SS 软起动。将电容连接到该引脚以设置软起动时间。把这个引脚拉到地，软起动不起作用。FAN9672 和 FAN9673 采用软起动电压 V_{SS} 来箝位电压环路 V_{VEA} 的 PFC 功率命令。要延长软起动时间，可增加软起动电容值 C_{SS}。

FAN9672 和 FAN9673 采用电压/电流双闭环控制，工作在 CCM 模式下。双闭环控制的基本原理是使电感电流跟随整流电压波形，从而达到功率因数校正的目的。两级交错 PFC 各 IGBT 驱动脉冲信号移相 180°，三级交错 APFC 各 IGBT 驱动脉冲信号移相 120°，每一级交错 PFC 采用各自电感电流进行电流环控制。

两级交错式 FAN9672 控制电路如图 5-27 所示。图中 30 引脚 VEA 连接 RC 补偿网络，组成电压调节器；10 引脚 IEA1 和 11 引脚 IEA2 分别连接 RC 补偿网络，组成两个电流调节器。26 引脚 OPFC2 和 27 引脚 OPFC1 输出 PFC 驱动信号，分别通过 Q_{A1}、Q_{A2} 和 Q_{B1}、Q_{B2} 组成的推挽电路进行驱动功率放大，分别驱动两个 PFC 通道的 IGBT 开关管。5 引脚 RI 接电阻 20kΩ 到地，设置 IGBT 的开关频率为 40kHz。13、14 引脚 CM1 和 CM2 接地，两个通道全部开启。2 引脚 PVO 接地，PFC 输出电压不受外部控制。16 引脚 VIR 接 470kΩ 电阻到地，R_{IAC} 连接 12MΩ 电阻到输入电压，交流输入电压范围为 180～264V。图 5-27 中电阻电容的具体参数可参考 FAN9672 的官方文件。

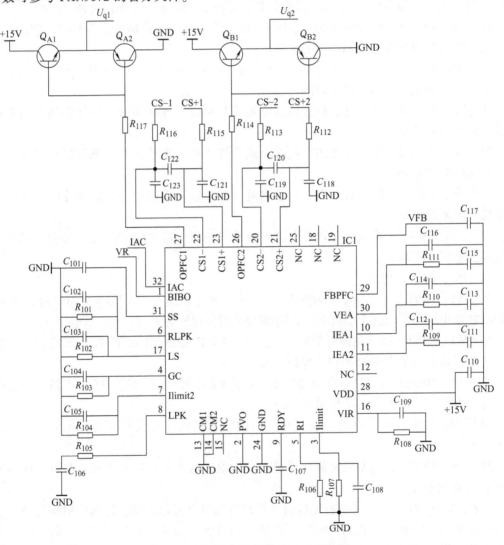

图 5-27　两级交错式 FAN9672 控制电路

两级交错式 FAN9672 控制电路有四个采样信号输入：①图 5-26 主电路中的采样电流 IAC；②输入电压分压 VR；③ 输出直流电压分压 V_{FB}；④两级 PFC 电流采样电压 CS + 1、CS + 2。两级交错式 FAN9672 控制电路有两个驱动信号 U_{q1}、U_{q2} 输出。

5.7　具有三级交错 PFC 的全桥逆变无线充电系统设计

具有三级交错 PFC 的全桥逆变无线充电系统框图如图 5-28 所示。系统分成无线电能发送侧和无线电能接收侧。无线电能发送侧包括整流与功率因数校正电路、全桥逆变电路、电能发送谐振回路、FAN9673 功率因数校正控制电路、电流采样电路、频率跟踪电路、移相 PWM 控制电路、全桥驱动电路、无线通信电路及辅助电源。其中频率跟踪和移相控制由 DSP 和 CPLD 实现；无线电能接收侧包括电能接收谐振回路、高频整流滤波电路、充电采样与控制电路、无线通信电路。

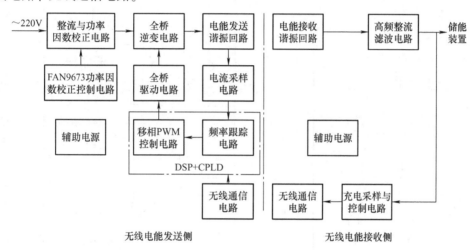

图 5-28　具有三级交错 PFC 的全桥逆变无线充电系统框图

5.7.1　具有三级交错 PFC 的 7kW 全桥逆变无线充电主电路设计

具有三级交错 PFC 的 7kW 全桥逆变无线充电主电路设计指标包括：输入单相交流 180 ~ 264V/50Hz，额定充电功率 7kW，输入侧功率因数大于 0.99，额定充电电压 350V，额定充电电流 20A，额定工作效率大于 90%（其中 PFC 为 97%，逆变为 99%，无线电能传输为 95%，充电整流为 99%），传输频率范围 80 ~ 90kHz。

图 5-29 是具有三级交错 PFC 的 7kW 全桥逆变无线充电主电路，主电路包括由 NTC、K_P、BG_K、R_K、C_K 组成的开机电容充电延时电路、由 L_X、C_{X1}、C_{X2}、C_{X3}、C_{X4}、R_{X1}、R_{X2} 组成的 EMI 谐波抑制滤波器，由 BRG、C_{A1}、C_{A2}、C_{A3}、C_{A4}、C_{A5}、L_{I1}、L_{I2}、L_{I3}、VQ_1、VQ_2、VQ_3、VD_{I1}、VD_{I2}、VD_{I3}、R_{A1}、R_{A2}、R_{A3}、R_{A4}、R_{A5}、R_{A6}、R_{A7}、R_{A8} 组成的三级交错式功率因数校正主电路，由 C_d、VT_1、VT_2、VT_3、VT_4 组成的全桥逆变电路，C_1 为发射侧补偿电容，与发射线圈等效电感组成串联谐振电路，C_2 为接收侧补偿电容，与接收线圈等效电感组成接收侧串联谐振电路，还可组成接收侧并联谐振电路，如图 5-29 的右上角电路部分。VD_{r1}、VD_{r2}、VD_{r3}、VD_{r4}、C_{o1} 组成接收侧高频整流与滤波电路。

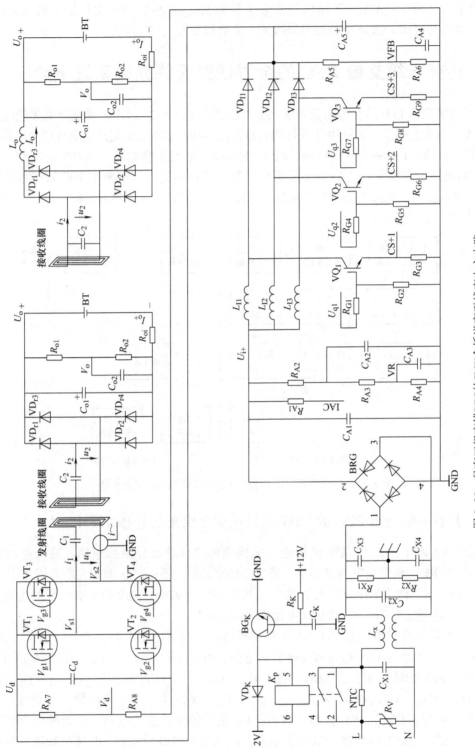

图 5-29　具有三级交错 PFC 的 7kW 全桥逆变无线充电主电路

三级交错并联 Boost 型功率因数校正 APFC 拓扑使用三个 Boost 升压电路直接并联的电路结构，在控制上，三个开关管基本保持相同的占空比，但是相位在一个开关周期内相差 120°。L_{I1}、L_{I2}、L_{I3} 为升压电感，VD_{I1}、VD_{I2}、VD_{I3} 为反向快恢复二极管，R_{G3}、R_{G6}、R_{G9} 为 IGBT 电流检测电阻。L_{I1}、VQ_1、VD_{I1} 构成第一级 APFC，L_{I2}、VQ_2、VD_{I2} 构成第二级 APFC。L_{I3}、VQ_3、VD_{I3} 构成第三级 APFC。

三级交错式 PFC 电路有四个采样信号提供给控制电路：①校正电路的输入电流通过 R_{A1} 采样得采样电流 IAC；②校正电路的输入电压通过 R_{A2}、R_{A3}、R_{A4} 的分压得到 VR；③ 输出直流电压 U_d 经 R_{A5}、R_{A6} 的分压得 VFB；④三级 PFC 电流在 R_{G3}、R_{G6}、R_{G9} 电流检测电阻上的采样电压 CS+1、CS+2、CS+3。

三级交错式 PFC 电路有三个驱动信号：U_{q1}、U_{q2}、U_{q3}。

全桥桥逆变器有两个采样信号：①直流输入电压采样 V_d；②谐振电流通过电流互感器得到的采样电流 $i\sim$。充电输出有两个采样信号：①充电电压通过 R_{o1}、R_{o2} 分压得 V_o；②充电电流通过 R_{oi} 得到的采样电流 I_{o+}。

1. 三级交错式 APFC 主电路参数计算

设计指标：线路电压范围 AC 180～264V，PFC 输出电压纹波 5%，交流输入电压频率 50Hz，开关频率 40kHz，标称 PFC 输出电压 V_{PFC} = 393V。当最小 PFC 输出电压 V_{PFCmin} = 350V 时，欠电压输入交流电压 u_{acmin} 为 AC 160V，输出功率 P_o = 7kW，通电输入交流电压 AC 170V，通道数 3。

（1）整流桥参数计算

1）估算输入额定功率和输出电流。

以充电输出功率 7kW 和总效率 90% 计算，得到交流输入功率为 7.78kW，按 APFC 级的效率 97% 计算，APFC 级的输出功率 P_{out} 为 7.55kW，输出电流为 $I_{out} = \dfrac{P_{out}}{U_{dc}} = 7550/393\text{A} = 19.2\text{A}$。三级交错式 APFC 每个通道的输出功率为 P_o = 2.59kW，每个通道输出电流为 6.4A。

2）整流桥 BRG 电压定额选择。

整流桥 BRG 的电压定额并留有裕量，即

$$U_D = (1.5 \sim 2) \times 220\sqrt{2}\text{V} = 466 \sim 622\text{V}。$$

3）整流桥 BRG 电流定额选择。

按照输入电压最低 160V，输入电流 I_{in} = 7780/160/0.97A = 50.13A。

整流桥 BRG 的通态平均电流定额并留有裕量，即

$$I_D = (1.5 \sim 2)0.9I_{in} = 67.7 \sim 90.2\text{A}$$

可选择 80A/800V 单相整流桥。

（2）三级交错式功率因数校正电路参数计算

1）开关管电压定额计算。

开关管 VQ_1、VQ_2、VQ_3 和续流二极管 VD_{I1}、VD_{I2}、VD_{I3} 承受的最大电压为 U_{dc} = 393V。开关管 VQ_1、VQ_2、VQ_3 和续流二极管 VD_{I1}、VD_{I2}、VD_{I3} 的电压定额为 $U_Q = U_{DI} = (1.3 \sim 2)U_{dc}$ = 510～786V。

2）开关管电流定额计算。

由式(5-13)计算得最小输入交流峰值电压时升压开关 VQ_1、VQ_2、VQ_3 的占空比为 D_y =

0.4123。由式(5-15) 计算得最小输入交流电压峰值时每个升压电感的平均电流为

$$I_{L-AVG} = \sqrt{2} P_o / U_{acmin} \eta = \sqrt{2} \times 2590 / (160 \times 0.97) A = 23.6A$$

电流纹波系数取 $K_{RF} = 1$，由式(5-18) 计算得升压电感的最大电流为 $I_{L-PK} = I_{L-AVG}(1 + K_{RF}/2) = 35.4A$，流过 VQ_1、VQ_2、VQ_3 和 VD_{I1}、VD_{I2}、VD_{I3} 的最大电流为 $I_{VT} = I_{VD} = I_L = I_{L-PK} = 35.4A$，$VQ_1$、$VQ_2$、$VQ_3$ 和 VD_{I1}、VD_{I2}、VD_{I3} 的电流定额为 $I_{VT} = I_{VD} = (1.5 \sim 2) I_{L-PK} = 53.1 \sim 70.8A$。

选择主开关管 VQ_1、VQ_2、VQ_3 为 600V/75A，选择续流二极管 VD_{I1}、VD_{I2}、VD_{I3} 为 600V/75A。

3）PFC 电感设计。

由式(5-17) 计算得升压电感为 $L_I = \dfrac{\sqrt{2} U_{acmin} D_y}{K_{RF} I_{L-AVG} f_S} = \sqrt{2} \times 160 \times \dfrac{0.4113}{23.6 \times 40 \times 10^3} H =$

98.57μH，取 $L_{I1} = L_{I2} = L_{I3} = 100μH$。由式(5-20) 计算滤波电容 $C_5 > \dfrac{I_{L-AVG}}{2\pi f_{ac} \Delta U_{dc}} =$

$\dfrac{23.6}{2\pi \times 50 \times 393 \times 5\%} F = 3773μF$，取 5 个 680μF/450V 并联，$C_6 = 3400μF$。

2. 全桥逆变器参数计算

逆变器的输入电压 $U_d = 393V$，按照逆变器效率为 99%，输入功率为 7.55kW，输出功率为 $P = 7.48kW$，由 $P = U_d i_o$ 可得负载上的电流有效值 $i_o = 19.03A$。

开关管 VT_1、VT_2、VT_3、VT_4 上的电压定额为

$$U_{VT} = (1.3 \sim 1.5) U_d$$

将参数代入得开关管 VT_1、VT_2、VT_3、VT_4 上的电压定额为 $U_{VT} = 511 \sim 590V$。开关管 VT_1、VT_2、VT_3、VT_4 上的电流定额为 $I_{VT} = (1.5 \sim 2)\sqrt{2} i_o = 40.4 \sim 53.8A$。

开关管 VT_1、VT_2、VT_3、VT_4 除了选择电压和电流等级外，还要根据逆变器的开关频率选择开关管的开关时间。选 VT_1、VT_2、VT_3、VT_4 为耐压 600V、电流 50A、开关时间小于 500ns 的 MOS 开关管。

3. 发射侧和接收侧谐振回路参数计算

额定充电功率时等效负载电阻为 350V/20A = 17.5Ω，接收侧的输出等效负载电阻 $R_L = 17.5Ω$。发射侧和接收侧谐振回路参数主要包括发射线圈和接收线圈的电感 L_1、L_2，互感 M，补偿电容 C_1、C_2。由

$$f = \frac{1}{2\pi \sqrt{L_1 C_1}} = 85 \times 10^3 Hz$$

$$(5\text{-}27)$$

$$Q = \frac{1}{R}\sqrt{\frac{L_1}{C_1}} = \frac{1}{17.5}\sqrt{\frac{L_1}{C_1}} = 5$$

可解出发射线圈需要的电感 $L_1 = 0.164mH$，补偿电容 $C_1 = 21.3nF$，接收回路取相同的参数，接收线圈需要的电感 $L_2 = 0.164mH$，补偿电容 $C_2 = 21.3nF$。

根据串–串联谐振式输入回路等效电阻 $Z_i = R_1 + Z_f$，$Z_f = \dfrac{\omega^2 M^2}{R_L + R_2}$，忽略线圈内阻 R_1、R_2，同时根据逆变器输出等效负载电阻为 17.5Ω 的要求，反射阻抗和逆变器输出电阻必须相等，即

$$Z_f = \frac{\omega^2 M^2}{R_L} = \frac{(2\pi f)^2 M^2}{R_L} = \frac{(2\pi \times 85 \times 10^3 Hz)^2 M^2}{17.5Ω} = 17.5Ω$$

可解出要求发射线圈和接收线圈之间在额定传输功率时的互感为 $M = 32.8\mu H$。

4. 高频整流二极管参数计算

按照充电电压 350V，充电电流 20A 的要求选择高频整流二极管。

整流桥的电压定额并留有裕量，即 $U_D = (1.5 \sim 2) \times 350V = 525 \sim 700V$。充电电流 $I_o = 20A$，整流桥的通态平均电流定额并留有裕量，即 $I_D = (1.5 \sim 2)I_o = 30 \sim 40A$，可选择耐压 600V、电流 40A 左右的快恢复二极管组成整流桥。

5.7.2　FAN9673 功率因数校正电路

FAN9673 是交错式连续导通模式 PFC 控制器，可采用最小的电感和最低额定功率开关器件进行大功率 PFC 控制。FAN9673 可在单、双和三通道之间切换和进行相位管理，适合高达 9kW 的大功率 PFC 应用场合。

三级交错式 FAN9673 控制电路如图 5-30 所示。图中 30 引脚 VEA 连接 RC 补偿网络，

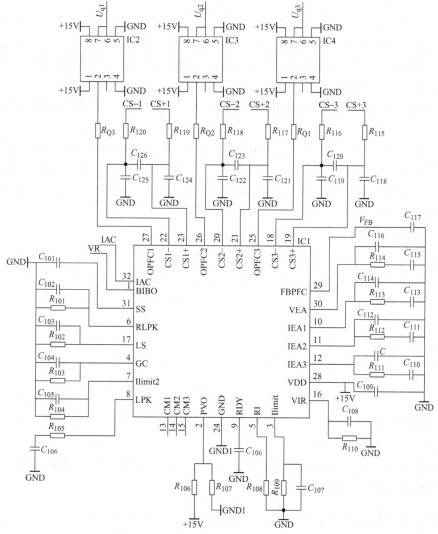

图 5-30　三级交错式 FAN9673 控制电路

组成电压调节器，10 引脚 IEA1、11 引脚 IEA2、12 引脚 IEA3 分别连接 RC 补偿网络，组成三个电流调节器。25 引脚 OPFC3、26 引脚 OPFC2 和 27 引脚 OPFC1 输出 PFC 驱动信号，分别通过 MIC4422 电路进行驱动功率放大，分别驱动三个 PFC 通道的 IGBT 开关管。5 引脚 RI 接电阻 20kΩ 到地，设置 IGBT 的开关频率为 40kHz。13、14、15 引脚 CM1、CM2 和 CM3 接地，三个通道全部开启。2 引脚 PVO 接地，PFC 输出电压不受外部控制。16 引脚 VIR 接 470kΩ 电阻到地，R_{IAC} 连接 12M 电阻到输入电压，交流输入电压范围为 180 ~ 264V。

三级交错式 FAN9673 控制电路有四个采样信号输入：①图 5-30 主电路中的采样电流 IAC；②输入电压分压 VR；③输出直流电压分压 V_{FB}；④三级 PFC 电流采样电压 CS + 1、CS + 2、CS + 3。三级交错式 FAN9673 控制电路有三个驱动信号 U_{q1}、U_{q2}、U_{q3} 输出。

5.8 具有 PFC 的 *LCC* – *LCC* 磁耦合谐振式无线充电系统设计

具有 PFC 的 *LCC* – *LCC* 磁耦合谐振式 8kW 无线充电主电路如图 5-31 所示，图中 L_1 和 L_2 分别表示磁耦合谐振器的一次线圈自感和二次线圈自感。补偿网络由三个元件构成，串联电感 L_f，并联电容 C_P，以及串联电容 C_1，图中的下标数字 1 和 2 分别用来区别一次侧补偿网络和二次侧补偿网络。图 5-31 中的其他部分和图 5-29 相同，计算方法类似。

图 5-31 中 u_1 为逆变器输出到发射侧谐振网络输入端的电压，u_2 为接收侧补偿网络输出端的电压。

8kW 全桥无线充电主电路设计指标包括：输入单相交流 180 ~ 264V/50Hz，额定充电功率 8kW，输入侧功率因数大于 0.99，额定充电电压 400V，额定充电电流 20A，额定工作效率大于 90%（其中 PFC 为 97%，逆变为 99%，无线电能传输为 95%，充电整流为 99%），传输频率范围为 80 ~ 90kHz。

1. 三级交错式 APFC 主电路参数计算

设计指标：线路电压范围 AC 180 ~ 264V，PFC 输出电压纹波 5%，交流输入电压频率 50Hz，开关频率 40kHz，标称 PFC 输出电压 V_{PFC} = 393V。当最小 PFC 输出电压 V_{PFC} = 350V 时，欠电压输入交流电压 u_{acmin} 为 AC 160V，通电输入交流电压 AC 170V，通道数 3。

（1）整流桥参数计算

1）估算输入额定功率和输出电流。

以充电输出功率 8kW 和总效率 90% 计算，得到交流输入功率为 8.89kW，按 PFC 级的效率 97% 计算，APFC 级的输出功率 P_{out} 为 8.6kW，输出电流为 $I_{out} = \dfrac{P_{out}}{U_{dc}} = \dfrac{8600}{393}A = 21.9A$。三级交错式 APFC 每个通道的输出功率为 P_o = 2.87kW，每个通道输出电流为 7.3A。

2）整流桥 BRG 电压定额选择。

整流桥 BRG 的电压定额并留有裕量，即 $U_D = (1.5 ~ 2) \times 220\sqrt{2}V = 466 ~ 622V$。

3）整流桥 BRG 电流定额选择。

按照输入电压最低 160V，输入电流 $I_{in} = \dfrac{8000}{160 \times 0.97}A = 50.55A$。

整流桥 BRG 的通态平均电流定额并留有裕量，即 $I_D = (1.5 ~ 2)0.9I_{in} = 67.7 ~ 90.2A$。

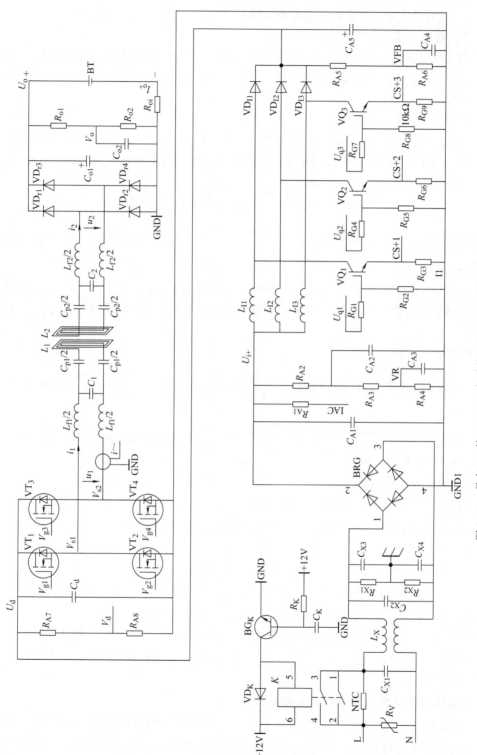

图 5-31 具有 PFC 的 LCC-LCC 电磁共振式 8kW 无线充电主电路

可选择 80A/800V 单相整流桥。

（2）三级交错式功率因数校正电路参数计算

1）开关管电压定额计算。

开关管 VQ_1、VQ_2、VQ_3 和续流二极管 VD_{I1}、VD_{I2}、VD_{I3} 承受的最大电压为 $U_{dc} = 393V$。开关管 VQ_1、VQ_2、VQ_3 和续流二极管 VD_{I1}、VD_{I2}、VD_{I3} 的电压定额为 $U_Q = U_{DI} = (1.3 \sim 2)$ $U_{dc} = 510 \sim 786V$。

2）开关管电流定额计算。

由式（5-13）计算得最小输入交流峰值电压时升压开关 VQ_1、VQ_2、VQ_3 的占空比为 $D_y = 0.4123$。由式（5-15）计算得最小输入交流电压峰值时每个升压电感的平均电流为

$$I_{L-AVG} = \frac{\sqrt{2} P_o}{u_{acmin} \eta} = \sqrt{2} \times \frac{2870}{160 \times 0.97} A = 26.2A$$

电流纹波系数取 $K_{RF} = 1$，由式（5-18）计算得升压电感的最大电流为 $I_{L-PK} = I_{L-AVG} \left(1 + \frac{K_{RF}}{2} \right) = 39.2A$，流过 VQ_1、VQ_2、VQ_3 和 VD_{I1}、VD_{I2}、VD_{I3} 的最大电流为 I_{L-PK}。

VQ_1、VQ_2、VQ_3 和 VD_{I1}、VD_{I2}、VD_{I3} 的电流定额为 $I_{VT} = I_{VD} = (1.5 \sim 2) I_{L-PK} = 58.8 \sim 78.4A$。选择主开关管 VQ_1、VQ_2、VQ_3 为 600V/75A，选择续流二极管 VD_{I1}、VD_{I2}、VD_{I3} 为 600V/75A。

3）PFC 电感设计。

由式（5-17）计算得升压电感为 $L_I = \frac{\sqrt{2} U_{acmin} D_y}{K_{RF} I_{L-AVG} f_S} = \frac{\sqrt{2} \times 160 \times 0.4113}{26.2 \times 40 \times 10^3} H = 88.8\mu H$，取 $L_{I1} = L_{I2} = L_{I3} = 100\mu H$。由式（5-20）计算滤波电容 $C_5 > \frac{I_{L-AVG}}{2\pi f_{ac} \Delta U_{dc}} = \frac{26.2}{2\pi \times 50 \times 393 \times 5\%} F = 4188\mu F$，取 6 个 680μF/450V 并联，$C_6 = 4080\mu F$。

2. 全桥逆变器参数计算

逆变器的输入电压 $U_d = 393V$，按照逆变器效率为 99%，输入功率为 8.6kW，输出功率为 $P = 8.68kW$，由 $P = U_d i_o$ 可得负载上的电流有效值 $i_o = 22.1A$。

开关管 VT_1、VT_2、VT_3、VT_4 上的电压定额为

$$U_{VT} = (1.3 \sim 1.5) U_d$$

将参数代入得开关管 VT_1、VT_2、VT_3、VT_4 上的电压定额为 $U_{VT} = 511 \sim 590V$。开关管 VT_1、VT_2、VT_3、VT_4 上的电流定额为 $I_{VT} = (1.5 \sim 2)\sqrt{2} i_o = 46.9 \sim 62.5A$。

开关管 VT_1、VT_2、VT_3、VT_4 除了选择电压和电流等级外，还要根据逆变器的开关频率选择开关管的开关时间。选 VT_1、VT_2、VT_3、VT_4 为耐压 600V、电流 60A、开关时间小于 500ns 的 MOS 开关管。

3. 发射侧和接收侧 *LCC* 谐振回路参数计算

由前文分析知，L_{f1} 是发射侧附加谐振电感，C_1 是发射端谐振补偿电容，C_{p1} 是发射侧隔直电容，C_2 是接收端的谐振补偿电容，C_{p2} 是发射侧隔直电容，L_{f2} 是接收侧附加谐振电感。隔直电容 C_{p1}、C_{p2} 参与谐振，使得传输线圈电感与隔直电容串联之后等效于 *LCL* 拓扑中的线圈电感。

图 5-31 中，u_1 是逆变器输出电压有效值，计算时将逆变器输入直流电压 U_d 等效于 $u_1 = 393V$，逆变器输出电流 $i_{f1} = 19A$，接收侧额定充电电压 U_{o+} 等效于 $u_2 = 400V$，额定充电电流 I_o 等效于 $i_2 = 20A$。设计时传输线圈上的电压不超过 3600V，这样可取发射侧附加谐振电感回路 $Q_{f1} = 1/R_i \times \sqrt{L_{f1}/C_1} = 1.5$，取发射线圈回路 $Q_1 = \dfrac{1}{R_{1f}} \times \sqrt{\dfrac{L_1 - L_{f1}}{C_{P1}}} = 6$。

由 $\omega = \dfrac{1}{\sqrt{L_{f1}C_1}} = 2\pi \times 85 \times 10^3 \, rad/s$，$R_i = \dfrac{u_1}{i_{f1}} = 393/19\,\Omega = 20.68\,\Omega$，$Q_{f1} = \dfrac{1}{R_i} \times \sqrt{\dfrac{L_{f1}}{C_1}} = 1.5$，解得 $L_{f1} = 58\mu H$，$C_1 = 60.4nF$。

由 $i_1 = \dfrac{u_1}{\omega L_{f1}} = 12.7A$，$u_{C1} = Q_{f1}u_1 = 589.5V$，$R_{1f} = \dfrac{R_L M^2}{L_{f2}^2} = \dfrac{u_{c1}}{i_1} = 46.4\,\Omega$，$R_L = \dfrac{400V}{20A} = 20\,\Omega$，解得 $M = 88\mu H$。

由 $\omega = \dfrac{1}{\sqrt{(L_1 - L_{f1})\,C_{P1}}}$，$Q_1 = \dfrac{1}{R_{1f}}\sqrt{\dfrac{L_1 - L_{f1}}{C_{P1}}} = 6$，解得 $C_{P1} = 6.7nF$，$L_1 = 526\mu F$。

4. 高频整流二极管参数计算

按照充电电压 400V，充电电流 20A 要求选择高频整流二极管。

整流桥的电压定额并留有裕量，即 $U_D = (1.5 \sim 2) \times 400V = 600 \sim 800V$。充电电流 $I_o = 20A$，整流桥的通态平均电流定额并留有裕量，即 $I_D = (1.5 \sim 2)I_o = 30 \sim 40A$，可选择耐压 800V、电流 40A 左右的快恢复二极管组成整流桥。

第6章　三相供电电磁共振式无线充电系统设计

按照《供电营业规则》规定，用户用电设备容量大于 10kW 的必须采用三相交流 380V 供电。对于三相供电的无线充电主电路，既要改善输入电流波形和减少基波功率因数角，还要维持直流电压有较高的平均值和较低的纹波电压峰值，以便减小后级充电电压的纹波。常用方法包括无源滤波、有源滤波以及混合滤波等。本章主要内容包括三相供电电磁共振式无线充电系统类型、三相整流与谐波抑制、三相四线交流输入全桥逆变无线充电系统设计、三相三线交流输入全桥逆变无线充电系统设计、具有无源滤波器的三相供电不对称半桥逆变无线充电系统设计、具有无源滤波器的三相供电全桥逆变无线充电系统设计、具有无源滤波器的三相供电倍频全桥逆变无线充电系统设计、具有有源滤波器的三相供电无线充电系统设计。

6.1　三相供电电磁共振式无线充电系统类型

三相供电电磁共谐振式无线充电系统由整流与谐波抑制电路、功率控制与逆变电路、磁耦合谐振器、接收侧整流与变换电路、输出滤波电路等组成。功率控制与逆变电路有两种形式，一是功率控制采用直流斩波调压，逆变电路进行 DC－AC 变换；二是逆变电路同时进行 DC－AC 变换和功率控制，这种控制方式主要有调频控制和 PWM 脉宽调制控制，包括直接 PWM 和移相 SPWM。

6.1.1　具有三个单相 PFC 的三相供电无线充电系统

1. 三相四线交流输入方式

图 6-1 是三相四线供电三组单相 PFC 合成磁耦合谐振式无线充电系统，三个逆变电路的输出通过高频变压器一次侧并联、二次侧串联进行功率合成，通过发射侧补偿电路和发射线圈形成发射侧谐振回路发送电能，接收侧补偿电路和接收线圈形成接收侧谐振回路接收电能，通过高频整流电路输出对蓄电池充电。控制电路由 PFC 控制电路、逆变驱动电路、发射侧电能传输控制电路、充电控制电路和无线数据传送电路等组成。采用三个高频变压器一次侧并联、二次侧串联合成主要是为了隔离三个交流单相电源。

2. 三相三线交流输入方式

图 6-2 是三相三线供电三组单相 PFC 和逆变合成磁耦合谐振式无线充电系统，和三相四线供电的主要区别是每组单相二极管整流和 PFC 电路的输入电压是单相线电压，这样要求整流和 PFC 电路、逆变电路、高频变压器一次侧的电压都要比三相四线供电的系统高出 $\sqrt{3}$ 倍。

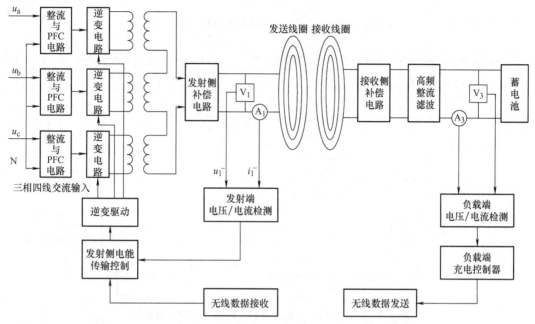

图 6-1　三相四线供电三组单相 PFC 合成磁耦合谐振式无线充电系统

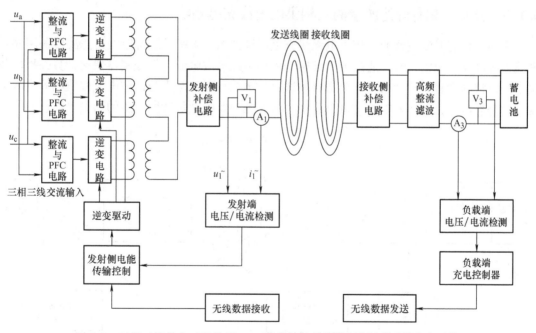

图 6-2　三相三线供电三组单相 PFC 和逆变合成磁耦合谐振式无线充电系统

6.1.2　具有三相无源滤波器的三相供电无线充电系统

具有三相无源滤波器的三相供电无线充电系统如图 6-3 所示。系统包括三相 *LC* 无源滤波器与三相全桥整流电路、逆变电路、发射侧补偿电路、发射侧电压/电流采样电路，发射侧控制电路、逆变驱动电路、无线数据接收电路，无线充电接收侧包括接收侧补偿电路、高频整流滤波、负载端电压/电流检测、无线数据发送电路。

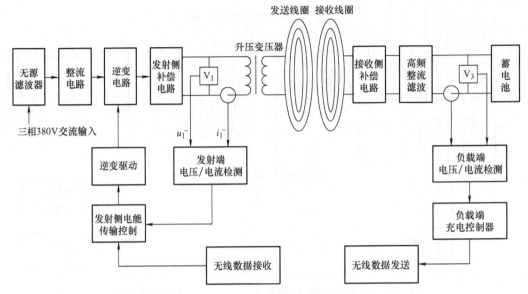

图 6-3　具有三相无源滤波器的三相供电无线充电系统

6.1.3　具有三相有源滤波器的三相供电无线充电系统

　　采用三相有源滤波器的三相供电无线充电系统如图 6-4 所示。有源电力滤波器采用并联方式,并联在交流输入端,通过电流互感器采集系统谐波电流,经控制器快速计算并提取各次谐波电流的含量,产生谐波电流指令,通过功率执行器件产生与谐波电流幅值相等、方向相反的补偿电流,并注入输入交流电路中,从而抵消非线性负载所产生的谐波电流。

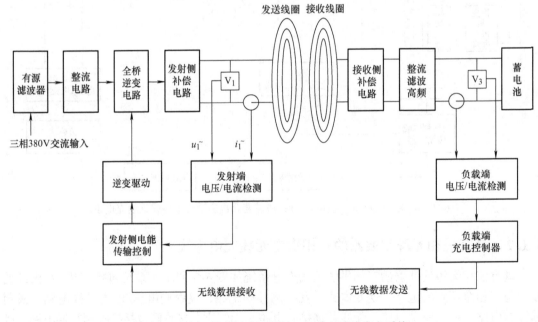

图 6-4　具有三相有源滤波器的三相供电无线充电系统

6.2 三相整流与谐波抑制

对于三相供电的无线充电系统，由于输入前级 AC - DC 变换为三相二极管整流桥，对于电网而言为非线性负载，即网侧电流含有大量的低次和较高次谐波电流，从而造成输入功率因数降低和总谐波电流畸变率 THDi 增高。为了抑制谐波，提高功率因数，可采用以下几种措施。一是在交流输入附加无源滤波器，使交流端输入电流中的谐波电流经 LC 谐振滤波器形成回路而不进入交流电源；二是在交流输入附加单调滤波器，用于滤除谐波源中的主要特征谐波；三是在交流输入附加有源电力滤波器，对频率和幅值都变化的谐波进行跟踪补偿，且补偿特性不受电网阻抗的影响，既可以对一个谐波和无功源单独补偿，也可以对多个谐波和无功源集中补偿。

无源滤波器又称 LC 滤波器，是利用电感、电容和电阻的组合设计构成的滤波电路，可滤除某一次或多次谐波，最普通易于采用的无源滤波器结构是将电感与电容串联，可对主要次谐波（3、5、7）构成低阻抗旁路，使谐波流入到滤波装置中。单调谐滤波器、双调谐滤波器及高通滤波器都属于无源滤波器。无源滤波器具有结构简单、成本低廉、运行可靠性较高、运行费用较低等优点，至今仍是被广泛应用于谐波治理方法。

有源电力滤波器（Active Power Filter，APF）是一种用于动态抑制谐波、补偿无功的新型电力电子装置，它能够对大小和频率都变化的谐波以及变化的无功进行补偿。有源电力滤波器之所以称为有源，是因为装置需要提供电源，用以补偿主电路的谐波，其应用可克服 LC 滤波器等传统的谐波抑制和无功补偿方法的缺点，实现动态跟踪补偿，而且可以既补谐波又补无功。三相电路瞬时无功功率理论是 APF 发展的主要基础理论。有源电力滤波器有并联型和串联型两种，并联型有源滤波器主要是治理电流谐波，串联型有源滤波器主要是治理电压谐波。有源滤波器同无源滤波器比较，治理效果更好，可以同时滤除多次及高次谐波，且不会引起谐振。

有源电力滤波器是采用现代电力电子技术和基于高速 DSP 器件的数字信号处理技术设计成的新型电力谐波治理专用设备，它由指令电流运算电路和补偿电流发生电路两个主要部分组成。指令电流运算电路实时监视线路中的电流，并将模拟电流信号转换为数字信号，送入高速数字信号处理器（DSP），对信号进行处理，将谐波与基波分离，并以脉宽调制（PWM）信号形式向补偿电流发生电路送出驱动脉冲，驱动功率模块生成与电网谐波电流幅值相等、极性相反的补偿电流注入电网，对谐波电流进行补偿或抵消，主动消除电力谐波。

有源滤波器和无源滤波器的主要区别如下。

1）成本价格：有源滤波器价格较高，无源滤波器相对便宜。

2）原理构成：有源滤波器主要是通过 IGBT 控制，当有谐波产生时会产生大小相等、方向相反的电流来抵消谐波电流；无源滤波器则是通过电容 + 电抗的组合 LC 回路对谐波产生低阻抗，让谐波电流流入到滤波装置中。

3）滤波效果：有源滤波器能够实现动态滤波，自动跟踪补偿电网中变化的谐波电流，具有高度可控性和快速响应性，能够在 $100\mu s$ 时间内计算出下一个开关频率的输出，故而响应速度不超过 $100\mu s$，对于变化较为频繁的谐波能够实现快速的补偿，补偿性能不受电网频率波动影响，滤波特性不受系统阻抗的影响，可消除与系统阻抗发生谐振的危险；而无源滤波器则由于结构简单，无法达到实时快速动态的效果，滤波效果相比有源滤波器还有一定的差距。

有源滤波器和无源滤波器都可以在滤除谐波的同时补偿无功功率。

6.2.1 三相整流与无源滤波器

图 6-5 是交流输入三相单级 *LC* 滤波器电路。单级无源滤波器结构简单，通过合理的参数配置可获得接近 1 的功率因数效果。采用单级 *LC* 无源滤波器的电感不宜过小，而且不宜共铁心，滤波电容置于电感之后。

无源滤波技术发展最早，目前已经出现了大量不同的无源滤波技术，如单级 *LC* 滤波器、多级 *LC* 滤波器、多种 3 次谐波注入的滤波器、变压器耦合滤波器及电感耦合滤波器等。在交流侧并联接入 *LC* 谐振滤波器，使交流端输入电

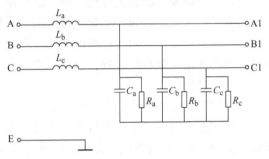

图 6-5　交流输入三相单级 *LC* 滤波器电路

流中的谐波电流经 *LC* 谐振滤波器形成回路而不进入交流电源。无源 *LC* 滤波器结构简单，成本低，可靠性高，电磁干扰 EMI 小；缺点是体积大，很难做到高功率因数，一般只能达到 0.9 左右，工作性能与频率、负载变化和输入电压的变化有很大关系，*LC* 回路有大的充放电流，还可能引发谐振，而且只能补偿固定频率的谐波，补偿效果也不理想，但还是目前谐波补偿的最主要手段之一。

图 6-6 是交流输入三相三级 *LC* 滤波器电路，能有效抑制共模和差模干扰，有优良的 EMI 噪声抑制能力。图中 L_{a1}、L_{b1}、L_{c1} 和 L_{a2}、L_{b2}、L_{c2} 对共模干扰信号（非对称干扰电流）呈现高阻抗，而对差模信号（对称干扰电流）和电源电流呈现低阻抗，这样就能保证电源电流

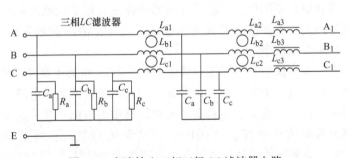

图 6-6　交流输入三相三级 *LC* 滤波器电路

的衰减很小，而同时又抑制了电流噪声。通常 L_{a1}、L_{b1}、L_{c1} 和 L_{a2}、L_{b2}、L_{c2} 的值很小且相等，对称地绕在同一个螺旋管上，这样在正常工作电流范围内，磁性材料产生的磁性互相补偿，以免磁通饱和。但是对于不对称干扰（共模）信号来说，这两个线圈产生的磁场是相互加强的，对外呈现出的总电感明显加大，这样对称干扰分量就被 L_{a1}、L_{b1}、L_{c1} 和 L_{a2}、L_{b2}、L_{c2} 和相线与零线之间的电容 C_a、C_b、C_c 大大抑制了。

LC 滤波器的技术参数包括：①插入损耗，由于电源滤波器串接于电网和设备电源线之间，而电源滤波器作为一种无源网络，势必造成电压的跌落，这就导致由滤波器引起的插入损耗；②工作电压，就是滤波器能安全工作的稳定电压，一般用于三相供电的工作电压为

420V；③工作电流，就是滤波器允许的安全工作电流；④漏电流，在滤波器电路中由于在相线和零线之间有电容器存在，当电源接通时，电流就会通过电容器流入地端，这就导致漏电流的存在，出于安全考虑和其他目的，必须对漏电流进行限制。

由三级三相交流输入 LC 滤波器、三相二极管整流桥、滤波电容组成的 AC‐DC 变换电路如图 6-7 所示。

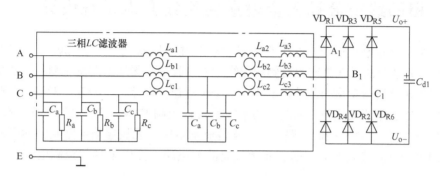

图 6-7　三相交流输入三级 LC 滤波器 AC‐DC 变换电路

6.2.2　三相整流与有源滤波器

虽然无源滤波器具有投资少、效率高、结构简单及维护方便等优点，在现阶段广泛用于配电网中，但由于滤波器特性受系统参数影响大，只能消除特定的几次谐波，而对某些次谐波会产生放大作用，甚至谐振现象等技术缺陷，随着电力电子技术的发展，人们将滤波研究方向逐步转向有源滤波器。

图 6-8 为最基本的有源滤波器的基本原理图。图中 U_S 表示交流电源，负载为非线性负载，它产生谐波并消耗无功功率。系统主要由两大部分组成，即指令电流运算电路和补偿电流发生电路。指令电流运算电路的核心是检测出补偿对象当中的谐波电流分量和无功电流分量等。补偿电流发生电路的作用是根据指令电流运算电路得出补偿电流的指令信号产生的实际补偿电流。

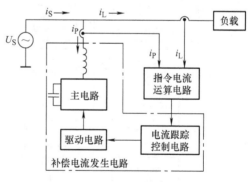

图 6-8　有源滤波器的基本原理图

有源电力滤波器的工作原理：指令电流计算电路在检测到负载电流后，通过算法检测负载电流信号中的谐波电流、无功电流及负序电流和零序电流，将这些电流检测信号转换成相应的变流器触发信号，通过电流跟踪控制电路形成触发脉冲去驱动变流器，使变流器产生的电流为上述电流之和，极性相反，再回注入电网，则电网中的谐波电流、无功电流、负序电流和零序电流被抵消为零，只剩下基波有功正序电流。

根据接入电网方式的不同，有源滤波器的结构与类型可以分为：并联型有源滤波器、串联型有源滤波器和两者混合使用的统一电能质量调节器。并联型有源滤波器与负载并联接入电网，主要适用于电流型负载的谐波、无功和负序电流的补偿。串联型有源滤波器与负载串联接入电网，主要消除电压型谐波源对系统的影响。串联型有源滤波器中流过的是正常负载电流，损耗较大，并且串联型有源滤波器的投切、故障后的退出及各种保护也比并联型有源滤波器复杂，因此使用范围受到很大的限制。

6.3 三相四线交流输入全桥逆变无线充电系统设计

具有三组单相相电压输入 PFC 加全桥逆变电路并联以及变压器合成的无线充电系统如图 6-9 所示。系统分成无线电能发射侧和无线充电接收侧。无线电能发送侧包括三相四线交流输入三组单相整流与功率因数校正电路、三个全桥逆变电路、三个变压器输入并联输出串联输出功率合成、电能发送谐振回路、功率因数校正控制 FAN9673、电流采样、频率跟踪、移相 PWM 控制电路、DSP 控制电路、三个全桥驱动电路、无线通信电路及辅助电源；无线充电接收侧包括电能接收谐振回路、高频整流滤波电路、充电采样与控制电路、无线通信电路。

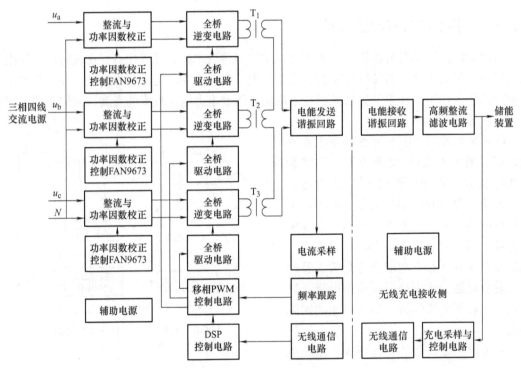

图 6-9 具有三组单相相电压输入 PFC 加全桥逆变电路并联以及变压器合成的无线充电系统

系统工作原理：三个单相交流 220V/50Hz 相电压 u_a、u_b、u_c 通过各相整流与功率因数校正电路变换为 380V 直流电压，经各相全桥逆变电路变换成高频电压，通过各相高频变压器 T_1、T_2、T_3 一次侧并联输入、二次侧串联输出形成隔离式功率合成，三个变压器输入侧的三个单相电路是完全独立的，而三个变压器输出侧电压是串联的，通过电能发送谐振回路发送电能。电能接收谐振回路接收电能，通过高频整流滤波电路输出直流电压，对储能装置进行充电。充电采样控制电路对充电过程的电压/电流进行采样和 PID 运算，通过接收侧通信电路发送 PID 控制信号，发射侧通信电路接收到 PID 控制信号后，通过 DSP 控制电路输出移相 PWM 控制信号，经全桥驱动电路对全桥逆变电路进行控制，实现充电过程的闭环控制。

6.3.1　21kW 三相四线交流输入全桥逆变无线充电主电路设计

21kW 全桥逆变无线充电主电路设计指标包括：输入电源为三相四线三个单相交流 180~264V/50Hz，额定充电功率为 21kW，输入侧功率因数大于 0.99，额定充电电压 350V，额定充电电流 60A，额定工作效率大于 90%（其中 PFC 为 97%，逆变为 99%，无线电能传输为 95%，充电整流为 99%），传输频率范围 80~90kHz。

主电路分为功率因数校正部分、逆变部分、变压器功率合成部分、无线电能传输部分和整流滤波部分。

图 6-10 是 21kW 三相四线交流输入三个单相整流与功率因数校正电路，每个 7kW 的主电路包括由 NTC、K_P、BG_K、R_K、C_K 组成的开机电容充电延时电路、由 L_X、C_{X1}、C_{X2}、C_{X3}、C_{X4}、R_{X1}、R_{X2} 组成的 EMI 谐波抑制滤波器，由 BRG、C_{A1}、C_{A2}、C_{A3}、C_{A4}、C_{A5}、L_{I1}、L_{I2}、L_{I3}、VQ_1、VQ_2、VQ_3、VD_{I1}、VD_{I2}、VD_{I3}、R_{A1}、R_{A2}、R_{A3}、R_{A4}、R_{A5}、R_{A6} 组成的三级交错式功率因数校正主电路。每个功率因数校正电路输出独立的直流电压 U_{da}、U_{db}、U_{dc}。

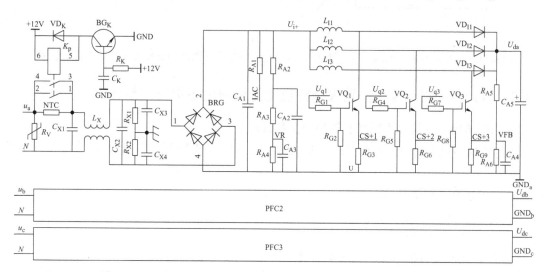

图 6-10　21kW 三相四线交流输入三个单相整流与功率因数校正电路

三组全桥逆变电路、变压器功率合成电路、串-串联磁耦合谐振器和整流滤波主电路如图 6-11 所示。主电路包括由 C_d、VT_1、VT_2、VT_3、VT_4 组成的 a 相全桥逆变电路，另外 b、c 相逆变电路和 a 相相同，三个变压器功率合成采用三组独立并联输入、三组串联输出的结构，这样可以保证对于三相相电压输入的等效负载是完全独立的。三个变压器输出也可以采用并联的结构，采用并联输出结构可以使三组输出电压相等，但三路电流不能保证均流，采用变压器串联输出可以使三个逆变桥输出电流均流。C_1 为发射侧补偿电容，和发射线圈等效电感组成串联谐振电路；C_2 为接收侧补偿电容，和接收线圈等效电感组成接收侧串联谐振电路，VD_{r11}、VD_{r12} 并联，VD_{r21}、VD_{r22} 并联，VD_{r31}、VD_{r32} 并联，VD_{r41}、VD_{r42} 并联，组成高频整流电路，C_{o1} 为接收侧滤波电容，负载为蓄电池 BT。

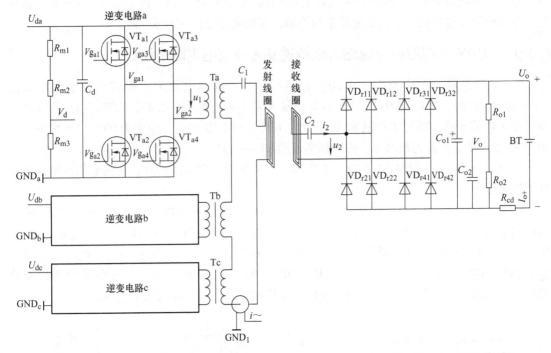

图 6-11   三组全桥逆变电路、变压器功率合成电路、串-串联磁耦合谐振器和整流滤波主电路

6.3.2   21kW 三相四线交流输入全桥逆变无线充电主电路参数计算

1. 三组单相整流与功率因数校正电路参数计算

三组单相整流与功率因数校正电路并联输出，每个功率因数校正电路独立计算，可参考 5.7.1 节。

2. 全桥逆变器参数计算

1）逆变器开关管的参数计算。

每组逆变器可参考 5.7.1 节。

2）发射侧和接收侧谐振回路参数计算。

额定充电功率时等效负载电阻为 $350V/60A = 5.83\Omega$，接收侧的输出等效负载电阻 $R_L = 5.83\Omega$。发射侧和接收侧谐振回路参数主要包括发射线圈和接收线圈的电感 L_1、L_2，互感 M，补偿电容 C_1、C_2。

由谐振频率 $f = 85kHz$ 和谐振回路的品质因数 $Q = 5$ 得方程组为

$$\begin{cases} f = \dfrac{1}{2\pi\sqrt{L_1 C_1}} = 85 \times 10^3 \text{Hz} \\[3mm] Q = \dfrac{1}{R}\sqrt{\dfrac{L_1}{C_1}} = \dfrac{1}{5.83}\sqrt{\dfrac{L_1}{C_1}} = 5 \end{cases} \qquad (6\text{-}1)$$

由式（6-1）解出发射线圈需要的电感 $L_1 = 0.343mH$，补偿电容 $C_1 = 10.2nF$，接收回路取相同的参数，接收线圈需要的电感 $L_2 = 0.343mH$，补偿电容 $C_2 = 10.2nF$。

根据串-串联谐振式磁耦合谐振器输入回路等效电阻 $Z_i = R_1 + Z_f$，反射阻抗 $Z_f = \dfrac{\omega^2 M^2}{R_L + R_2}$，忽略线圈内阻 R_1、R_2，按照三个变压器合成输出等效负载电阻 $R_L = 5.83\Omega$ 的要求，反射阻抗和逆变器输出电阻相等，即

$$Z_f = \frac{\omega^2 M^2}{R_L} = \frac{(2\pi f)^2 M^2}{R_L} = \frac{(2\pi \times 85 \times 10^3 \text{Hz})^2 M^2}{5.83\Omega} = 5.83\Omega \qquad (6\text{-}2)$$

解出发射线圈和接收线圈之间在额定传输功率时的互感为 $M = 10.9\mu\text{H}$。

3）高频整流二极管参数计算。

按照充电电压 350V，充电电流 60A 要求选择高频整流二极管。整流桥 VD_r 的电压定额并留有裕量，即

$$U_D = (1.5 \sim 2) \times 350\text{V} = 525 \sim 700\text{V}$$

充电电流 $I_o = 60\text{A}$，整流桥 VD_r 的通态平均电流定额并留有裕量，即

$$I_D = (1.5 \sim 2) I_o = 90 \sim 120\text{A}$$

可选择两个耐压 600V、电流 60A 左右的快恢复二极管并联组成整流桥。

6.4 三相三线交流输入全桥逆变无线充电系统设计

图 6-12 是具有三路单相线电压输入 PFC + 单相全桥逆变、三个变压器功率合成、单个电能发送回路和接收回路的三相三线交流输入全桥逆变无线充电系统框图。系统分成无线电

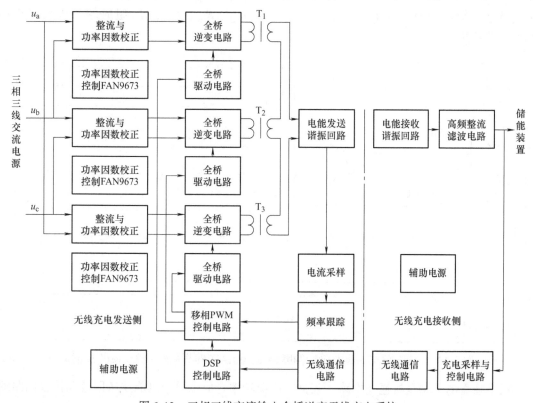

图 6-12 三相三线交流输入全桥逆变无线充电系统

能发送侧和无线充电接收侧。无线电能发送侧包括三相三线交流输入三个单相整流与功率因数校正电路、三个全桥逆变电路、三个变压器输入并联输出串联功率合成、电能发送谐振回路、三个独立的功率因数校正控制 FAN9673、三个独立的全桥逆变驱动电路、电流采样、频率跟踪、移相 PWM 控制电路、DSP 控制电路、无线通信电路及辅助电源；无线充电接收侧包括电能接收谐振回路、高频整流滤波电路、充电采样与控制电路、无线通信电路。

三路单相线电压输入和三个单相相电压输入的主要区别是单相线电压输入电压是交流 380V，而三个单相相电压输入电压是交流 220V，这样就要求整流与功率因数校正电路的开关管耐压单相线电压输入是相电压输入的 $\sqrt{3}$ 倍，输出直流电压也是 $\sqrt{3}$ 倍。

6.4.1　30kW 三相三线交流输入全桥逆变无线充电主电路设计

30kW 三相三线交流输入全桥逆变无线充电主电路设计指标包括：输入三相三线三个单相线电压交流 311~457V/50Hz，额定充电功率 30kW，输入侧功率因数大于 0.99，额定充电电压 600V，额定充电电流 50A，额定工作效率大于 90%（其中 PFC 为 97%，逆变为 99%，无线电能传输为 95%，充电整流为 99%），传输频率范围为 80~90kHz。

主电路分功率因数校正部分、逆变部分、无线电能传输部分和整流滤波部分。

图 6-13 是 30kW 三相三线交流输入三个单相线电压整流与功率因数校正独立输出主电路，每个 10kW 的 PFC 输入为三个单相线电压 u_{ab}、u_{bc}、u_{ca}，每个 10kW 的 PFC 的主电路包括由 NTC、K_P、BG_K、R_K、C_K 组成的开机电容充电延时电路、由 L_X、C_{X1}、C_{X2}、C_{X3}、C_{X4}、R_{X1}、R_{X2} 组成的 EMI 谐波抑制滤波器，由 BRG、C_{A1}、C_{A2}、C_{A3}、C_{A4}、C_{A5}、L_{I1}、L_{I2}、L_{I3}、VQ_1、VQ_2、VQ_3、VD_{I1}、VD_{I2}、VD_{I3}、R_{A1}、R_{A2}、R_{A3}、R_{A4}、R_{A5}、R_{A6} 组成的三级交错式功率因数校正主电路。

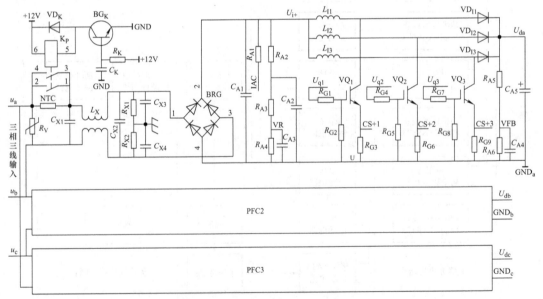

图 6-13　三相三线交流输入三个单相线电压整流与功率因数校正独立输出主电路

三个独立的单相全桥逆变电路、三个变压器功率合成、单个电能发送回路和接收回路的全桥逆变、无线电能传输和整流滤波输出充电主电路和图 6-11 相同。

6.4.2　30kW 三相三线交流输入全桥逆变无线充电主电路参数计算

1. 三个单相整流与功率因数校正电路参数计算

三个单相整流与功率因数校正电路并联输出，每个功率因数校正电路独立计算。

设计指标：三个单相线电压交流输入电压范围 311～457V，PFC 输出电压纹波 5%；交流输入电压频率 50Hz，开关频率 40kHz；标称 PFC 输出电压 $V_{PFC} = 660V$；最小 PFC 输出电压 $V_{PFC} = 606V$ 时欠电压输入交流电压 U_{acmin} 为 AC 277V；每路 PFC 输出功率 $P_0 = 10.75kW$；通电输入交流电压 AC 295V；通道数 3。

1）整流桥参数计算。

①估算输入额定功率和输出电流。

由充电输出功率 30kW 和总效率 90% 计算，得到交流输入功率为 33.33kW，按 PFC 级的效率 97% 计算，PFC 级的输出功率 P_{out} 为 32.25kW，输出电流为 $I_{out} = \dfrac{P_{out}}{U_{dc}} = 32250/660A = 48.9A$。三级交错式 PFC 每个通道的输出功率为 $P_0 = 10.75kW$，每个通道输出电流 16.3A。

②整流桥 VD_R 电压定额选择。

整流桥 VD_R 的电压定额并留有裕量为 $U_D = (1.5 \sim 2) \times 380\sqrt{2}V = 806 \sim 1075V$。

③整流桥 VD_R 电流定额选择。

输入电压最低 277V，输入电流 $I_{in} = \dfrac{10750}{277 \times 0.97}A = 40A$，整流桥 VD_R 的通态平均电流定额并留有裕量为 $I_D = (1.5 \sim 2)0.9I_{in} = 54 \sim 72A$。选择 80A/1200V 单相整流桥。

2）Boost 电路参数计算。

①开关管电压定额计算。

由图 6-13 知，开关管 VQ_1、VQ_2、VQ_3 和续流二极管 VD_{l1}、VD_{l2}、VD_{l3} 承受的最大电压为 $U_{dc} = 660V$。

开关管 VQ_1、VQ_2、VQ_3 和续流二极管 VD_{l1}、VD_{l2}、VD_{l3} 的电压定额为

$$U_{VT1} = U_{D3} = (1.3 \sim 2)U_{dc} = 858 \sim 1320V$$

②开关管电流定额计算。

由式(5-13) 计算得最小输入交流峰值电压时升压开关 VQ_1、VQ_2、VQ_3 的占空比为 $D_y = 0.4123$；由式(5-15) 计算得最小输入交流电压峰值时每个升压电感的平均电流为

$$I_{L-AVG} = \frac{\sqrt{2}P_0}{U_{acmin}\eta} = \sqrt{2} \times \frac{10750}{277 \times 0.97}A = 56.4A$$

由式(5-16) 计算得电流纹波系数取 $K_{RF} = 1$；由式(5-18) 计算得升压电感的最大电流为

$$I_{L-PK} = I_{L-AVG}\left(1 + \frac{K_{RF}}{2}\right) = 84.6A。$$

流过 VQ_1、VQ_2、VQ_3 和续流二极管 VD_{l1}、VD_{l2}、VD_{l3} 的最大电流为 $I_{VT} = I_{VD} = I_L = I_{L-PK} = 84.6A$；$VQ_1$、$VQ_2$、$VQ_3$ 和续流二极管 VD_{l1}、VD_{l2}、VD_{l3} 的电流定额为

$$I_{VT} = I_{VD} = (1.5 \sim 2)I_{L-PK} = 126.9 \sim 169.2A$$

选择 VQ_1、VQ_2、VQ_3 和续流二极管 VD_{l1}、VD_{l2}、VD_{l3} 的参数为 1200V/150A。

③PFC 电感设计。

由式(5-17) 计算得升压电感为

$$L = \frac{\sqrt{2} U_{acmin} D_y}{K_{RF} I_{L-AVG} f_S} = \sqrt{2} \times 277 \times \frac{0.4113}{56.4 \times 40 \times 10^3} \text{H} = 71.4 \mu\text{H}, \quad \text{取 } 80 \mu\text{H}_\circ$$

由式(5-20) 得滤波电容 $C_5 > \frac{I_{L-AVG}}{2\pi f_{ac} \Delta U_{dc}} = \frac{56.4}{2\pi \times 50 \times 660 \times 5\%} \text{F} = 5439 \mu\text{F}$，取 24 个 1000μF/450V 十二并联两串联，$C_{A5} = 6000 \mu\text{F}_\circ$

2. 全桥逆变器参数计算

逆变器的输入电压 $U_d = 660\text{V}$，按照逆变器效率99%，输入功率10.75kW，输出功率为 $P = 10.64\text{kW}$，由 $P = U_d i_o$ 可得负载上的电流有效值 $i_o = 16.12\text{A}_\circ$

开关管 VT_1、VT_2、VT_3、VT_4 上的电压定额为 $U_{VT} = (1.3 \sim 1.5) U_d$，将参数代入得开关管 VT_1、VT_2、VT_3、VT_4 上得电压定额为 $U_{VT} = 858 \sim 1320\text{V}_\circ$

开关管 VT_1、VT_2、VT_3、VT_4 上的电流定额为 $I_{VT} = (1.5 \sim 2)\sqrt{2} i_o = 34.2 \sim 45.6\text{A}_\circ$ 开关管 VT_1、VT_2、VT_3、VT_4 除了选择电压和电流等级外，还要根据逆变器的开关频率选择开关管的开关时间。选 VT_1、VT_2、VT_3、VT_4 为耐压 1200V、电流 50A、开关时间小于 500ns 的 MOS 开关管。

3. 功率合成变压器参数计算

每个变压器的输入电压是逆变桥的输出电压，均为 660V，三个变压器合成后的输出电压为 660V，这样每个变压器的输出电压为 1/3，变压器变比为 3∶1，变压器一次电压为 660V，一次电流为 16.12A，二次电压为 220V，二次电流为三倍的 i_o，为 48.36A。

4. 发射侧和接收侧谐振回路参数计算

额定充电功率时等效负载电阻为 600V/50A = 12Ω，接收侧的输出等效负载电阻也可以近似为 $R_L = 12\Omega$。发射侧和接收侧谐振回路参数主要包括发射线圈和接收线圈的电感 L_1、L_2，互感 M，补偿电容 C_1、C_2。

设谐振回路频率为 85kHz，谐振回路的品质因数为 $Q = 5$，得方程组为

$$\begin{cases} f = \dfrac{1}{2\pi \sqrt{L_1 C_1}} = 85 \times 10^3 \text{Hz} \\[3mm] Q = \dfrac{1}{R} \sqrt{\dfrac{L_1}{C_1}} = \dfrac{1}{12} \sqrt{\dfrac{L_1}{C_1}} = 5 \end{cases} \tag{6-3}$$

解出发射线圈需要的电感 $L_1 = 0.112\text{mH}$，补偿电容 $C_1 = 31.3\text{nF}$，接收回路取相同的参数，接收线圈需要的电感 $L_2 = 0.112\text{mH}$，补偿电容 $C_2 = 31.3\text{nF}$。

根据逆变器输出等效负载电阻为 12Ω 的要求，串-串联谐振式磁耦合器反射阻抗和逆变器输出电阻相等时传输效率最高，即

$$Z_f = \frac{\omega^2 M^2}{R_L} = \frac{(2\pi f)^2 M^2}{R_L} = \frac{(2\pi \times 85 \times 10^3 \text{Hz})^2 M^2}{12\Omega} = 12\Omega \tag{6-4}$$

由式(6-4) 解出发射线圈和接收线圈之间在额定传输功率时的互感要求为 $M = 22.5 \mu\text{H}_\circ$

5. 高频整流二极管参数计算

按照充电电压 600V，充电电流 50A 的要求，选择高频整流二极管 VD_r 的电压定额并留有裕量，即

$$U_D = (1.5 \sim 2) \times 600\text{V} = 900 \sim 1200\text{V}$$

充电电流 $I_o = 50A$，高频整流二极管 VD_r 的通态平均电流定额并留有裕量，即

$$I_D = (1.5 \sim 2) I_o = 75 \sim 100A$$

可选择耐压 1200V、电流 100A 左右的快恢复二极管组成整流桥。

6.5 具有无源滤波器的三相供电不对称半桥逆变无线充电系统设计

6.5.1 25kW 三相交流输入不对称半桥逆变无线充电系统设计

具有三相无源滤波器的 25kW 不对称半桥逆变 PWM 控制无线充电系统如图 6-14 所示。系统分成无线电能发送侧和接收侧。发送侧包括三相 LC 无源滤波与三相全桥整流、不对称半桥逆变、电能发送谐振回路、电流采样频率跟踪、不对称 PWM 控制、不对称半桥驱动、DSP 控制和无线通信等电路及辅助电源；无线电能接收侧包括电能接收谐振回路、高频整流滤波电路、充电采样与控制和无线通信电路等。

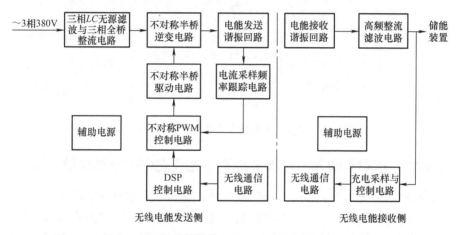

图 6-14　具有三相无源滤波器的 25kW 不对称半桥逆变无线充电系统

系统工作原理：三相输入电压通过 LC 无源滤波器与三相全桥二极管整流电路变换成直流电压，经不对称半桥逆变电路变换成正方波高频电压，通过电能发送谐振回路发送电能。电能接收谐振回路接收电能，通过高频整流滤波电路输出直流电压，对储能装置进行充电。充电采样控制电路对充电过程电压/电流进行采样和 PID 运算，通过接收侧通信电路发送 PID 控制信号，发射侧通信电路接收到 PID 控制信号，通过 DSP 控制电路输出移相 PWM 控制信号，经全桥驱动电路对全桥逆变电路进行控制，实现充电过程的闭环控制。

图 6-15 是 25kW 不对称半桥逆变无线充电主电路，主电路包括由 L_{a1}、L_{a2}、L_{a3}、C_{a1}、C_{a2}、R_a、L_{b1}、L_{b2}、L_{b3}、C_{b1}、C_{b2}、R_b、L_{c1}、L_{c2}、L_{c3}、C_{c1}、C_{c2}、R_c 组成的 LC 无源滤波器，由 VD_{R1}、VD_{R2}、VD_{R3}、VD_{R4}、VD_{R5}、VD_{R6}、L_d 组成的三相全桥二极管整流电路，由 C_{d1}、VT_1、VT_2 组成的不对称半桥逆变电路。选择 IGBT 作为逆变桥开关管，使得电路简单，容量远高于 MOSFET，并且不存在寄生二极管问题，适合大功率应用。C_1 为发射侧补偿电容，和发射线圈等效电感组成串联谐振电路，C_2 为接收侧补偿电容，和接收线圈等效电感组成接

收侧串联谐振电路，VD_{r1}、VD_{r2}、VD_{r3}、VD_{r4}、C_{o1} 组成接收侧高频整流与滤波电路，R_{o1}、R_{o2}、C_{o2} 组成输出充电电压采样分压电路，R_{oi} 为充电电流采样分流电阻，负载为蓄电池 BT。

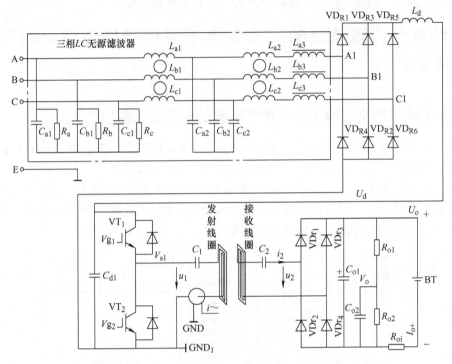

图 6-15　25kW 不对称半桥逆变无线充电主电路

6.5.2　25kW 三相交流输入不对称半桥逆变无线充电主电路参数计算

25kW 不对称半桥无线充电系统设计指标包括：输入三相交流 380V/50Hz，额定充电功率 25kW，输入侧功率因数 >0.95，额定充电电流 100A，额定充电电压 250V，额定工作效率 >90%（其中 LC 滤波器与整流为 99%，逆变为 99%，无线电能传输为 93%，高频整流为 99%），传输频率范围 40 ~60kHz。

1. 三相 LC 无源滤波器选择

关于三相 LC 无源滤波器选择，以 AC – CFI3C 三相输入滤波器系列为例，进行滤波器型号的选择。

AC – CFI3C 系列输入滤波器能有效地减小无线充电系统的电磁干扰，并且具有优良的 EMI 噪声抑制能力，能有效抑制共模和差模干扰，通常安装在无线充电电源的进线端，防止无线充电电源本身产生的电磁干扰进入电源线，同时还可防止电源线上的干扰进入无线充电系统。本系列产品可以改善 EMC 环境，提高系统可靠性。双向滤波（对电网和开关整流器相互之间的干扰信号均有很好的滤波效果），满足最大阻抗失配原则，防止无线充电电源干扰周围的其他用电设备、确保系统满足 EN55011/IEC61800 – 3 标准。

根据设计指标要求，充电输出功率为 25kW，总效率为 90%，计算出在三相交流输入端的输入功率为 $P_i = P_o/\eta = 25/0.9\text{kW} = 27.8\text{kW}$，可选型号为 AC – CFI3C065 三相 LC 交流无源滤波器，额定电流 65A，适配最大 30kW 的充电电源。

2. 三相整流桥参数计算

三相桥式二极管整流电路中二极管 $VD_{R1} \sim VD_{R6}$ 承受的最大反向电压为 $\sqrt{6}U_2 = 2.45 \times 220V = 539V$，选择二极管 $VD_{R1} \sim VD_{R6}$ 的电压定额并留有裕量，即

$$U_D = (1.5 \sim 2)\sqrt{6}U_2 = (1.5 \sim 2)2.45U_2 = 808 \sim 1078V$$

U_2 是交流单相电压有效值。按照整流输出功率 27.2kW，整流后的直流输出平均电压 500V 计算，整流后的直流输出平均电流 I_o 为 54.4A，选择二极管 $VD_{R1} \sim VD_{R6}$ 的通态平均电流定额并留有裕量，即

$$I_D = (1.5 \sim 2)I/1.57 = (1.5 \sim 2)0.368I_o = 30 \sim 40A$$

选 1200V/50A 的整流二极管 6 个组成三相整流桥或选输出直流 1200V/100A 的整流桥模块。

3. 直流滤波电容参数计算

三相全桥整流电压的脉波周期为 $T = 3.3ms$，直流输出等效负载电阻 $R = 9\Omega$，直流电压波动幅度 γ_u 取 0.1，则滤波电容按下式进行计算：

$$C > \frac{T}{R\ln\dfrac{1}{1-\gamma_u}} = 3480\mu F$$

选 8 个 400V/2200μF 电解电容两串四并，$C_{d1} = 4400\mu F$。

如果直流电压波动幅度 γ_u 取 18% ~ 28%，则可简化为

$$C > \frac{(3-5)T}{R}$$

4. 半桥逆变器参数计算

逆变器的输入电压等于滤波后的直流电压 $U_d = 500V$，按照逆变器效率 99%，输入功率 27.2kW，输出功率为 $P = 26.9kW$，半桥输出电压为 $\frac{1}{2}U_d$ 等于 250V，由 $P = \frac{1}{2}U_d i_o$，可得逆变器输出电流有效值 $i_o = 107.6A$。

开关管 VT_1、VT_2 上的电压定额为

$$U_{VT} = (1.3 \sim 1.5)U_d = 650 \sim 750V$$

开关管 VT_1、VT_2 上的电流定额为 $I_{VT} = (1.5 \sim 2)\sqrt{2}i_o = 228.2 \sim 304.3A$。

开关管 VT_1、VT_2 除了选择电压和电流等级外，还要根据逆变器的开关频率选择开关管的开关时间。选 VT_1、VT_2 为耐压 1200V、电流 300A、开关时间小于 $1\mu s$ 的 IGBT。

5. 发射侧和接收侧谐振回路参数计算

额定充电功率时等效负载电阻为 250V/100A = 2.5Ω，接收侧的输出等效负载电阻也可以近似为 $R_L = 2.5\Omega$。发射侧和接收侧谐振回路参数主要包括发射线圈和接收线圈的电感 L_1、L_2，互感 M，补偿电容 C_1、C_2。

按照传输频率 $f = 50kHz$，谐振回路品质因数 $Q = 5$，得方程组

$$\begin{cases} f = \dfrac{1}{2\pi\sqrt{L_1 C_1}} = 50 \times 10^3 \text{Hz} \\ Q = \dfrac{1}{R}\sqrt{\dfrac{L_1}{C_1}} = \dfrac{1}{2.5}\sqrt{\dfrac{L_1}{C_1}} = 5 \end{cases} \qquad (6\text{-}5)$$

由式(6-5) 解出发射线圈需要的电感 $L_1 = 39.8\mu F$，补偿电容 $C_1 = 0.255\mu F$，接收回路取相同的参数，接收线圈需要的电感 $L_2 = 39.8\mu H$，补偿电容 $C_2 = 0.255\mu F$。

根据逆变器输出等效负载电阻为 2.5Ω 的要求，反射阻抗和逆变器输出电阻相等时传输效率最高，即

$$Z_f = \frac{\omega^2 M^2}{R_L} = \frac{(2\pi f)^2 M^2}{R_L} = \frac{(2\pi \times 50 \times 10^3 Hz)^2 M^2}{2.5\Omega} = 2.5\Omega$$

解出发射线圈和接收线圈之间在额定传输功率时的互感为 $M = 7.96\mu H$。

6. 高频整流二极管参数计算

按照充电电压250V，充电电流100A的要求选择高频整流二极管。整流桥 VD_r 的电压定额并留有裕量，即

$$U_D = (1.5 \sim 2) \times 250V = 375 \sim 500V$$

充电电流 $I_o = 100A$，整流桥 VD_r 的通态平均电流定额并留有裕量，即

$$I_D = (1.5 \sim 2)I_o = 150 \sim 200A$$

可选择耐压500V、电流200A左右的快恢复二极管组成整流桥。

6.6 具有无源滤波器的三相供电全桥逆变无线充电系统设计

6.6.1 50kW 三相交流输入全桥逆变无线充电系统设计

具有三相无源滤波器的 50kW 全桥逆变移相 PWM 控制无线充电系统框图如图 6-16 所示。系统分成无线电能发射侧和无线电能接收侧。无线电能发送侧包括三相 LC 无源滤波器与三相全桥整流电路、全桥逆变电路、电能发送谐振回路、电流采样频率跟踪电路、移相 PWM 控制电路、全桥驱动电路、DSP 控制电路、无线通信电路及辅助电源；无线电能接收侧包括电能接收谐振回路、高频整流滤波电路、充电采样与控制电路、无线通信电路。

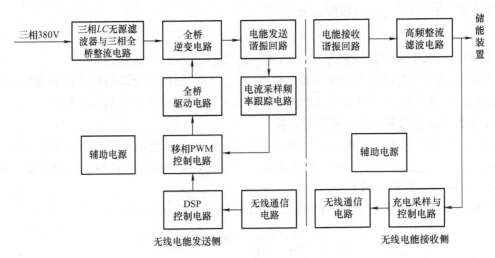

图 6-16　具有三相无源滤波器的 50kW 全桥逆变移相 PWM 控制无线充电系统框图

三相输入电压通过 LC 滤波器与三相全桥二极管整流电路变换成直流电压，和不对称半

桥逆变电路的区别是全桥逆变电路的输出为正负对称高频方波电压。

图 6-17 是 50kW 全桥逆变无线充电主电路，主电路包括由 L_{a1}、L_{a2}、L_{a3}、C_{a1}、C_{a2}、R_a、L_{b1}、L_{b2}、L_{b3}、C_{b1}、C_{b2}、R_b、L_{c1}、L_{c2}、L_{c3}、C_{c1}、C_{c2}、R_c 组成的 LC 无源滤波器，由 VD_{R1}、VD_{R2}、VD_{R3}、VD_{R4}、VD_{R5}、VD_{R6}、L_d 组成的三相全桥二极管整流电路，由 C_{d1}、VT_1、VT_2、VT_3、VT_4 组成的全桥逆变电路。C_1 为发射侧补偿电容，和发射线圈等效电感组成串联谐振电路，C_2 为接收侧补偿电容，和接收线圈等效电感组成接收侧串联谐振电路，VD_{r1}、VD_{r2}、VD_{r3}、VD_{r4}、C_{o1} 组成接收侧高频整流与滤波电路，R_{o1}、R_{o2}、C_{o2} 为输出充电电压采样分压电路，R_{oi} 为充电电流采样分流电阻，负载为蓄电池 BT。

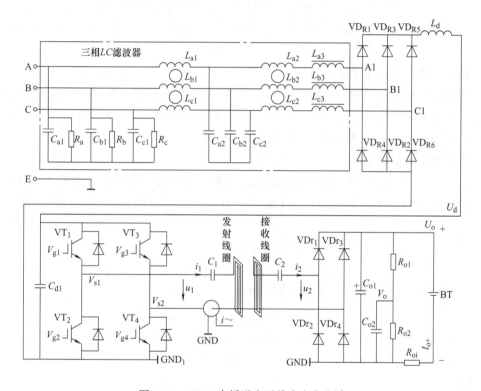

图 6-17 50kW 全桥逆变无线充电主电路

6.6.2 50kW 三相交流输入全桥逆变无线充电主电路参数计算

50kW 全桥逆变无线充电系统设计指标包括：输入三相交流 380V/50Hz，额定充电功率 50kW，输入侧功率因数 >0.95，额定充电电流 100A，额定充电电压 500V，额定工作效率 >90%（其中 LC 滤波器与整流为 99%，逆变为 99%，无线电能传输为 93%，高频整流为 99%），传输频率范围 40～60kHz。

1. 三相 LC 无源滤波器的选择

根据设计指标要求，充电输出功率 50kW，总效率 90%，计算出在三相交流输入端的输入功率为 $P_i = P_o/\eta = 50/0.9\text{kW} = 55.6\text{kW}$，可选型号为 AC－CFI3C250 三相 LC 交流无源滤波器，额定电流 250A，适配最大 110kW 的充电电源。

2. 三相整流桥参数计算

三相桥式二极管整流电路中二极管 $VD_{R1} \sim VD_{R6}$ 承受的最大反向电压为 $\sqrt{6}\,U_2 = 2.45 \times 220V = 539V$，选择二极管 $VD_{R1} \sim VD_{R6}$ 的电压定额并留有裕量，即

$$U_D = (1.5 \sim 2)\sqrt{6}\,U_2 = (1.5 \sim 2)2.45U_2 = 808 \sim 1078V$$

U_2 是交流单相电压有效值。按照整流输出功率 54.3kW，整流后的直流输出平均电压 500V 计算，整流后的直流输出平均电流 I_o 为 108.6A，选择二极管 $VD_{R1} \sim VD_{R6}$ 的通态平均电流定额并留有裕量，即

$$I_D = (1.5 \sim 2)I/1.57 = (1.5 \sim 2)0.368I_o = 60 \sim 80A$$

选 1200V/80A 的整流二极管 6 个组成三相整流桥，或选输出直流 1200V/200A 的整流桥模块。

3. 直流滤波电容参数计算

按照整流滤波后的直流输出功率 54.3kW 计算，输出直流电压为 500V 时的直流电流为 108.6A，等效负载电阻 4.6Ω，按 $T = 3.3ms$，$R = 4.6Ω$，γ_u 取 0.1，计算得 $C > 6809\mu F$，选 14 个 400V/2200μF 电解电容两串七并，$C_{d1} = 7700\mu F$。

4. 全桥逆变器参数计算

逆变器的输入电压等于滤波后的直流电压，即 $U_d = 500V$，按照逆变器效率 99%，输入功率 54.3kW，输出功率为 $P = 53.8kW$，由 $P = U_d i_o$，可得逆变器输出电流有效值 $i_o = 107.6A$。

开关管 VT_1、VT_2、VT_3、VT_4 上的电压定额为

$$U_{VT} = (1.3 \sim 1.5)U_d = 650 \sim 750V$$

开关管 VT_1、VT_2、VT_3、VT_4 上的电流定额为

$$I_{VT} = (1.5 - 2)\sqrt{2}i_o = 228.2 \sim 304.3A$$

开关管 VT_1、VT_2、VT_3、VT_4 除了选择电压和电流等级外，还要根据逆变器的开关频率选择开关管的开关时间。选 VT_1、VT_2、VT_3、VT_4 为耐压 1200V、电流 300A、开关时间小于 1μs 的 IGBT。

5. 发射侧和接收侧谐振回路参数计算

额定充电功率时等效负载电阻为 500V/100A $= 5Ω$，接收侧的输出等效负载电阻也可以近似为 $R_L = 5Ω$。发射侧和接收侧谐振回路参数主要包括发射线圈和接收线圈的电感 L_1、L_2，互感 M，补偿电容 C_1、C_2。

按照传输频率 $f = 50kHz$，谐振回路品质因数 $Q = 5$，得方程组

$$\begin{cases} f = \dfrac{1}{2\pi\sqrt{L_1 C_1}} = 50 \times 10^3 Hz \\[3mm] Q = \dfrac{1}{R}\sqrt{\dfrac{L_1}{C_1}} = \dfrac{1}{5}\sqrt{\dfrac{L_1}{C_1}} = 5 \end{cases} \qquad (6\text{-}6)$$

解出发射线圈需要的电感 $L_1 = 79.6\mu H$，补偿电容 $C_1 = 0.127\mu F$，接收回路取相同的参数，接收线圈需要的电感 $L_2 = 79.6\mu H$，补偿电容 $C_2 = 0.127\mu F$。

根据逆变器输出等效负载电阻为 12Ω 的要求，当反射阻抗和逆变器输出电阻相等时传

输效率最高，即

$$Z_f = \frac{\omega^2 M^2}{R_L} = \frac{(2\pi f)^2 M^2}{R_L} = \frac{(2\pi \times 50 \times 10^3 \mathrm{Hz})^2 M^2}{5\Omega} = 5\Omega$$

解出发射线圈和接收线圈之间在额定传输功率时的互感为 $M = 15.9\mu\mathrm{H}$。

6. 高频整流二极管参数计算

按照充电电压 500V，充电电流 100A 要求选择高频整流二极管。整流桥 VD_r 的电压定额并留有裕量，即 $U_D = (1.5 \sim 2) \times 500 = 750 \sim 1000\mathrm{V}$。充电电流 $I_o = 100\mathrm{A}$，整流桥 VD_r 的通态平均电流定额并留有裕量，即 $I_D = (1.5 \sim 2)I_o = 150 \sim 200\mathrm{A}$，可选择耐压 1200V，电流 200A 左右的快恢复二极管组成整流桥。

6.7 具有无源滤波器的三相供电倍频全桥逆变无线充电系统设计

6.7.1 50kW 三相交流输入倍频全桥逆变无线充电系统设计

采用 IGBT 开关器件适合大功率应用，如果提高无线充电系统的传输频率，会增加 IGBT 的开关损耗，尤其是拖尾电流在高频开关工作状态下引起的关断损耗很大，限制了其工作频率的提高。采用 IGBT 并联分时控制方法可以提高逆变器的开关频率。采用两组 IGBT 并联逆变器，电能发送串联谐振，采用分时控制策略，实现逆变器两倍频输出，输出频率可工作在 80 ~ 120kHz。

具有三相无源滤波器的 50kW 倍频全桥逆变移相 PWM 控制无线充电系统框图如图 6-18 所示。系统分成无线电能发送侧和无线电能接收侧。无线电能发送侧包括三相 LC 无源滤波器与三相全桥整流电路、直流斩波电路、斩波驱动电路、斩波控制电路、全桥 A 组/B 组交替工作逆变电路、电能发送谐振回路、逆变电流采样电路、直流电压采样电路、频率跟踪逆变控制电路、分时控制电路、A 组/B 组驱动电路、DSP 控制电路、无线通信电路及辅助电源；无线电能接收侧包括电能接收谐振回路、高频整流滤波电路、充电采样与控制电路、无线通信电路。

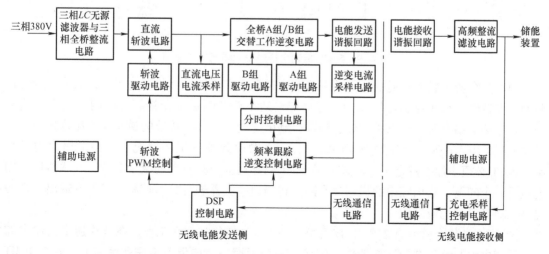

图 6-18 具有三相无源滤波器的 50kW 倍频全桥逆变移相 PWM 控制无线充电系统框图

50kW 倍频全桥逆变无线充电系统设计指标包括：输入三相交流 380V/50Hz，额定充电功率 50kW，输入侧功率因数 > 0.95，额定充电电流 100A，额定充电电压 500V，额定工作效率 $> 90\%$（其中 LC 滤波器与整流为 99%，斩波为 99%，逆变为 99%，无线电能传输为 94%，高频整流为 99%），传输频率范围 $80 \sim 120\text{kHz}$。

图 6-19 是 50kW 倍频全桥逆变无线充电主电路，主电路包括由 L_{a1}、L_{a2}、L_{a3}、C_{a1}、C_{a2}、R_a、L_{b1}、L_{b2}、L_{b3}、C_{b1}、C_{b2}、R_b、L_{c1}、L_{c2}、L_{c3}、C_{c1}、C_{c2}、R_c 组成的 LC 无源滤波器，由 VD_{R1}、VD_{R2}、VD_{R3}、VD_{R4}、VD_{R5}、VD_{R6}、L_d 组成的三相全桥二极管整流电路，由 C_{d1}、VT_0、VD_0、L_d、C_{d2} 组成的直流斩波电路，由 VT_{11}、VT_{21}、VT_{31}、VT_{41} 组成的 A 组全桥逆变电路，由 VT_{12}、VT_{22}、VT_{32}、VT_{42} 组成的 B 组全桥逆变电路。C_1 为发射侧补偿电容，和发射线圈等效电感组成串联谐振电路，C_2 为接收侧补偿电容，和接收线圈等效电感组成接收侧串联谐振电路，VD_{r1}、VD_{r2}、VD_{r3}、VD_{r4}、C_{o1} 组成接收侧高频整流与滤波电路。

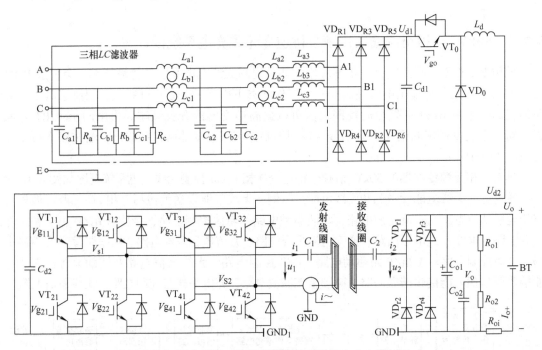

图 6-19　50kW 倍频全桥逆变无线充电主电路

前面介绍的串联谐振逆变器的功率调节通过采用逆变器的移相控制实现，但采用分时控制的逆变器时，移相控制比较复杂。可将传输功率调节和逆变器控制分成两个独立电路实现，功率调节由直流斩波电路完成，频率控制由逆变器完成。传统的逆变器工作方式是每个桥臂并联的 IGBT 在每个开关周期同时工作，在散热条件一定的情况下，为了提高输出频率，IGBT 必须增加电流定额，而且由于 IGBT 的导通电阻具有负的温度系数，并联器件的均流也是一个问题，输出频率的提高也有限。将两组逆变器进行分时控制，可实现输出频率的提高，而且没有均流问题。

图 6-19 中每个桥臂有 2 个 IGBT 并联，每个 IGBT 分时交替工作。在合成逆变器输出的一个周期内，A 组和 B 组逆变器轮流工作。一个周期中，如果不考虑死区时间，每个 IGBT 工作 1/4 时间。设负载电流以 t_1 时刻为起始点，8 个 IGBT 的工作顺序为 $VT_{11}VT_{41} \rightarrow VT_{21}$

$VT_{31} \rightarrow VT_{12} VT_{42} \rightarrow VT_{22} VT_{32}$。如果逆变器输出 120kHz，每一个 IGBT 的开关频率最高为 60kHz。逆变器分时控制工作波形如图 6-20 所示。

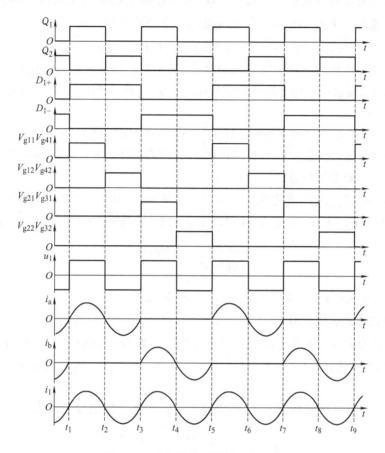

图 6-20　逆变器分时控制工作波形

图 6-20 中 V_{g11}、V_{g21}、V_{g31}、V_{g41} 为 A 组逆变器的驱动波形，V_{g12}、V_{g22}、V_{g32}、V_{g42} 为 B 组逆变器的驱动波形。u_1 为逆变器输出电压波形，i_a 为 A 组逆变器流过的负载电流，i_b 为 B 组逆变器流过的负载电流，i_1 为两组逆变器的合成输出电流。Q_1、Q_2 是逆变控制器输出的驱动波形，现在要把它分成 A、B 两组控制波形。第一步把 Q_1、Q_2 控制波形两分频，分别变成图 6-20 中的 D_{1+} 和 D_{1-}，第二步将 Q_1 和 D_{1+} 进行与逻辑运算，得到 V_{g11} 和 V_{g41}，将 Q_2 和 D_{1+} 进行与逻辑运算，得到 V_{g12} 和 V_{g42}，将 Q_1 和 D_{1-} 进行与逻辑运算，得到 V_{g21} 和 V_{g31}，将 Q_2 和 D_{1-} 进行与逻辑运算，得到 V_{g22} 和 V_{g32}。

6.7.2　50kW 三相交流输入倍频全桥逆变无线充电主电路参数计算

1. 三相 *LC* 无源滤波器选择

根据设计指标要求，充电输出功率 50kW，总效率 90%，计算出在三相交流输入端的输入功率为 $P_i = P_o/\eta = 50/0.9 \text{kW} = 55.6 \text{kW}$，可选型号为 AC – CFI3C250 三相 *LC* 交流无源滤波器，额定电流为 250A，适配最大功率为 110kW。

2. 三相整流桥参数计算

三相桥式二极管整流电路中二极管 $VD_{R1} \sim VD_{R6}$ 承受的最大反向电压为 $\sqrt{6}\, U_2 = 2.45 \times 220\text{V} = 539\text{V}$，选择二极管 $VD_{R1} \sim VD_{R6}$ 的电压定额并留有裕量，即

$$U_D = (1.5 \sim 2)\sqrt{6}\, U_2 = (1.5 \sim 2)2.45 U_2 = 808 \sim 1078\text{V}$$

U_2 是交流单相电压有效值。按照整流输出功率 54.3kW，整流后的直流输出平均电压 500V 计算，整流后的直流输出平均电流 I_o 为 108.6A，选择二极管 $VD_{R1} \sim VD_{R6}$ 的通态平均电流定额并留有裕量，即

$$I_D = (1.5 \sim 2)I/1.57 = (1.5 \sim 2)0.368 I_o = 60 \sim 80\text{A}$$

选 1200V/80A 的整流二极管 6 个组成三相整流桥，或选输出直流 1200V/200A 的整流桥模块。

3. 直流滤波电容参数计算

按照整流滤波后的直流输出功率 54.3kW 计算，输出直流电压为 500V 时直流电流为 108.6A，等效负载电阻为 4.6Ω，$T = 3.3\text{ms}$，$R = 4.6\Omega$，γ_u 取 0.1，则滤波电容按下式进行计算：

$$C > \frac{T}{R \ln \dfrac{1}{1-\gamma_u}} = 6809\mu\text{F}$$

选 14 个 400V/2200μF 电解电容两串七并，$C_{d1} = 7700\mu\text{F}$。

4. 直流斩波电路参数计算

直流斩波器的输入电压等于滤波后的直流电压，即 $U_d = 500\text{V}$，按照逆变器效率 99%，输入功率 54.3kW，输出功率为 $P = 53.8\text{kW}$，由 $P = U_d i_o$，可得斩波器输出电流平均值 $i_o = 107.6\text{A}$。

取输出滤波电感电流波动 10% 为 10.76A，流过电感 L_d 的电流最大值

$$I_{Ldmax} = \left(I_O + \frac{1}{2}\Delta i_L\right)\sqrt{2} = (107.6 + 0.5 \times 10.76)\text{A} = 113\text{A}$$

开关管 VT_0 和续流二极管 VD_0 承受的最大电压为 U_{d1}，其电压定额为

$$U_{VT0} = U_{VD0} = (1.5 \sim 2)U_{d1} = 750 \sim 1000\text{V}$$

开关管 VT_0 和续流二极管 VD_0 的电流定额为

$$I_{VT0} = I_{VD0} = (1.5 \sim 2)I_{L1max} = 169.5 \sim 226\text{A}$$

开关频率为 20kHz，由

$$\Delta i_L = \frac{U_{in} - U_o}{L}D_y T_S = \frac{U_{in}(1 - D_y)}{L}D_y T_S$$

得滤波电感量为

$$L_1 = \frac{U_{d1}(1 - D_y)D_y T_S}{\Delta i_L} = \frac{500 \times (1 - 0.5) \times 0.5 \times 50 \times 10^{-6}}{10}\text{H} = 0.625\text{mH}$$

当 $D_y = 0.5$ 时，L_d 最大。

5. 全桥逆变器参数计算

逆变器的输入电压等于滤波后的直流电压，即 $U_{d2} = 500\text{V}$，按照逆变器效率 99%，输入功率 54.3kW，输出功率为 $P = 53.8\text{kW}$，由 $P = U_d i_o$，可得逆变器输出电流有效值 $i_o = 107.6\text{A}$。

开关管 VT_{11}、VT_{21}、VT_{31}、VT_{41}、VT_{12}、VT_{22}、VT_{32}、VT_{42} 上的电压定额为

$$U_{VT} = (1.3 \sim 1.5)U_{d2} = 650 \sim 750V$$

开关管 VT_{11}、VT_{21}、VT_{31}、VT_{41}、VT_{12}、VT_{22}、VT_{32}、VT_{42} 上的电流定额为

$$I_{VT} = (1.5 \sim 2)\sqrt{2}i_o = 228.2 \sim 304.3A$$

采用分时控制后，每个开关管的工作时间减少一半，平均工作电流也减少一半，开关损耗也减少一半，但瞬时电流没有减小。

选 VT_{11}、VT_{21}、VT_{31}、VT_{41}、VT_{12}、VT_{22}、VT_{32}、VT_{42} 为耐压 1200V、电流 300A、开关时间小于 $1\mu s$ 的 IGBT 开关管。

6. 发射侧和接收侧谐振回路参数计算

额定充电功率时等效负载电阻为 500V/100A = 5Ω，接收侧的输出等效负载电阻也可以近似为 $R_L = 5\Omega$。发射侧和接收侧谐振回路参数主要包括发射线圈和接收线圈的电感 L_1、L_2，互感 M，补偿电容 C_1、C_2。

按照传输频率 $f = 80\text{kHz}$，谐振回路品质因数 $Q = 5$，得方程组

$$\begin{cases} f = \dfrac{1}{2\pi\sqrt{L_1 C_1}} = 80 \times 10^3 \text{Hz} \\ Q = \dfrac{1}{R}\sqrt{\dfrac{L_1}{C_1}} = \dfrac{1}{5}\sqrt{\dfrac{L_1}{C_1}} = 5 \end{cases} \tag{6-7}$$

解出发射线圈需要的电感 $L_1 = 79.6\mu H$，补偿电容 $C_1 = 0.127\mu F$，接收回路取相同的参数，接收线圈需要的电感 $L_2 = 79.6\mu H$，补偿电容 $C_2 = 0.127\mu F$。

根据逆变器输出等效负载电阻为 5Ω 的要求，当反射阻抗和逆变器输出电阻相等时传输效率最高，即

$$Z_f = \frac{\omega^2 M^2}{R_L} = \frac{(2\pi f)^2 M^2}{R_L} = \frac{(2\pi \times 80 \times 10^3 \text{Hz})^2 M^2}{5\Omega} = 5\Omega$$

计算得发射线圈和接收线圈之间在额定传输功率时的互感为 $M = 9.95\mu H$。

7. 高频整流二极管参数计算

按照充电电压 500V，充电电流 100A 要求选择高频整流二极管。整流桥 VD_r 的电压定额并留有裕量，即

$$U_D = (1.5 \sim 2) \times 500V = 750 \sim 1000V$$

充电电流 $I_o = 100A$，整流桥 VD_r 的通态平均电流定额并留有裕量，即

$$I_D = (1.5 \sim 2)I_o = 150 \sim 200A$$

可选择耐压 1200V、电流 200A 左右的快恢复二极管组成整流桥。

6.8 具有三相有源滤波器的三相供电无线充电系统设计

6.8.1 100kW 三相交流输入全桥逆变无线充电系统设计

具有三相有源滤波器的 100kW 全桥逆变移相 PWM 控制无线充电系统框图如图 6-21 所示。系统分成无线电能发送侧和无线电能接收侧。无线电能发送侧包括三相有源滤波器、三

相全桥整流电路、直流斩波电路、全桥逆变电路、电能发送谐振回路、电压采样、电流采样、斩波 PWM 控制电路、斩波驱动电路、移相 PWM 控制电路、全桥驱动电路、DSP 控制电路、无线通信电路；无线电能接收侧包括电能接收谐振回路、高频整流滤波电路、充电采样与控制电路、无线通信电路。

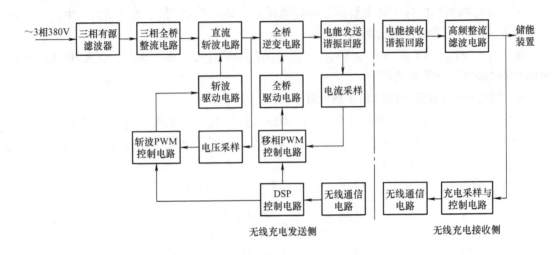

图 6-21　具有三相有源滤波器的 100kW 全桥逆变移相 PWM 控制无线充电系统框图

　　系统工作原理：三相有源滤波器通过检测各相电流谐波，实现谐波吸收和补偿，提高功率因数。三相全桥整流电路将三相交流变换为直流电压，直流斩波电路实现调压控制，经全桥逆变电路变换成高频电压，通过电能发送谐振回路发送电能。电能接收谐振回路接收电能，通过高频整流滤波电路输出直流电压，对储能装置进行充电。充电采样与控制电路对充电过程电压/电流进行采样和 PID 运算，通过接收侧通信电路发送 PID 控制信号，发射侧通信电路接收到 PID 控制信号，通过 DSP 控制电路输出移相 PWM 控制信号，经全桥驱动电路对全桥逆变电路进行控制，实现充电过程的闭环控制。

　　全桥逆变无线充电系统设计指标包括：输入三相交流 380V/50Hz，额定充电功率 100kW，输入侧功率因数 > 0.95，额定充电电流 200A，额定充电电压 500V，额定工作效率 >90%（其中有源滤波器与整流为 99%），传输频率范围 40 ~ 50kHz。

　　图 6-22 是 100kW 全桥逆变无线充电主电路，主电路包括由滤波电感 L_{a2}、L_{b2}、L_{c2}，开关管 VT_1、VT_2、VT_3、VT_4、VT_5、VT_6、VD_1、VD_2、VD_3、VD_4、VD_5、VD_6，储能电容 C_0，电压电流采样，控制器，IGBT 驱动电路等组成的有源滤波器，由 L_{a1}、L_{b1}、L_{c1}、VD_{R1}、VD_{R2}、VD_{R3}、VD_{R4}、VD_{R5}、VD_{R6}、C_{d1} 组成的三相全桥二极管整流与滤波电路，由 VT_0、VD_0、L_d、C_{d2} 组成的直流斩波电路，由 VT_{11}、VT_{12}、VT_{21}、VT_{22}、VT_{32}、VT_{31}、VT_{41}、VT_{42} 组成的全桥逆变电路，每个桥臂采用两组 IGBT 并联的方式，提高桥臂开关管的电流定额，C_1 为发射侧补偿电容，和发射线圈等效电感组成串联谐振电路，C_2 为接收侧补偿电容，和接收线圈等效电感组成接收侧串联谐振电路，VD_{r1}、VD_{r2}、VD_{r3}、VD_{r4}、C_{o1} 组成接收侧高频整流与滤波电路，R_{o1}、R_{o2}、C_{o2} 为输出充电电压采样分压电路，R_{oi} 为充电电流采样分流电阻，负载为蓄电池 BT。

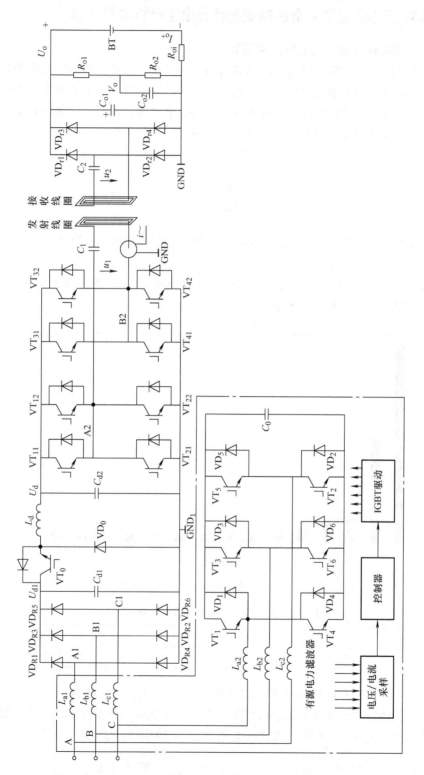

图 6-22 100kW 全桥逆变无线充电主电路

6.8.2 100kW 三相交流输入全桥逆变无线充电主电路参数计算

1. 有源电力滤波器谐波电流的估算与选型

在三相输入系统中选择有源电力滤波器需对谐波电流进行估算，考虑到设备的技术及经济性，选择有源滤波器额定谐波补偿电流应略大于系统谐波电流。由于谐波电流本身的测量与计算比较复杂，况且在设计时往往很难采集到足够的电气设备使用中的谐波数据，可以根据式(6-8) 由负载额定电流估算谐波电流来选择有源滤波器的容量。

$$I_H = I_i \times THDi$$

$$THDi = \frac{\sqrt{\sum_{n=2}^{\infty} I_n^2}}{I_1} \times 100\% \tag{6-8}$$

式中，I_H 为补偿电流；I_i 为负载电流；$THDi$ 为总谐波电流畸变率；I_1 为基波电流；I_n 为谐波电流，$n \geq 2$。

根据参考文献 [43] 对某电动汽车充电站直流充电设备实测，得到的谐波分布如图6-23所示，谐波含量百分值见表6-1。

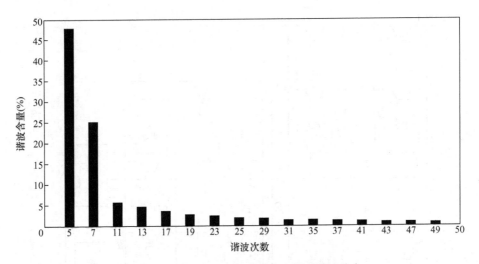

图6-23　电动汽车充电站直流充电设备谐波分布

表6-1　直流充电设备实测谐波含量

谐波次数	5	7	11	13	17	19	23	25	29	31
谐波含量（%）	47.65	24.95	7.21	6.65	3.63	2.59	1.48	1.15	1.07	0.78

参考表6-1，对于三相380V 交流输入的100kW 无线充电设备，整流后的直流侧电压按500V 计算，直流电流 I_i 按200A 计算，按照表6-1 中的谐波分布含量百分比，根据输入电流的谐波含有率 $HRI_n = I_n/I_1 \times 100\%$，和直流电流 I_i 与各次谐波的电流（包括基波电流）$I_i = \sqrt{\sum_{n=1}^{\infty} I_n^2}$，可以计算出基波电流为176A，各次谐波电流 $\sqrt{\sum_{n=2}^{\infty} I_n^2} = 96A$，总谐波电流失真系数 $THDi$ 和有源滤波器补偿电流 I_H 为

$$THDi = \frac{\sqrt{\sum_{n=2}^{\infty} I_n^2}}{I_1} \times 100\% = \frac{95\text{A}}{175\text{A}} \times 100\% = 54.38\%$$

$$I_H = I_i \times THDi = 200 \times 54.38\% \text{A} = 108.76\text{A}$$

有源电力滤波器有很多型号可供选择，有 SmartWave 系列有源电力滤波器，低压有源滤波器 NCSA，PQF 系列有源滤波器，AccuSine 有源电力滤波器，A – APF 有源电力滤波器，GEMActive 有源电力滤波器，AMAC 有源电力滤波器。这里通过参考型号为 ANAPF 有源电力滤波器的技术参数，可以选择补偿电流为 100A 或 150A 的有源滤波器。

2. 三相整流桥参数计算

三相桥式二极管整流电路中二极管 $VD_{R1} \sim VD_{R6}$ 承受的最大反向电压为 $\sqrt{6}\,U_2 = 2.45 \times 220\text{V} = 539\text{V}$，选择二极管 $VD_{R1} \sim VD_{R6}$ 的电压定额并留有裕量，即

$$U_D = (1.5 \sim 2)\sqrt{6}\,U_2 = (1.5 \sim 2)2.45 U_2 = 808 \sim 1078\text{V}$$

U_2 是交流单相电压有效值。按照整流输出功率 108.6kW，整流后的直流输出平均电压 500V 计算，整流后的直流输出平均电流 I_o 为 217.2A，选择二极管 $VD_{R1} \sim VD_{R6}$ 的通态平均电流定额并留有裕量，即

$$I_D = (1.5 \sim 2)0.368 I_o = 120 \sim 160\text{A}$$

选 1200V/150A 的整流二极管 6 个组成三相整流桥，或选输出直流 1200V/400A 的整流桥模块。

3. 直流滤波电容参数计算

按照整流滤波后的直流输出功率 108.6kW 计算，输出直流电压为 500V 时直流电流为 217.2A，等效负载电阻为 2.3Ω，$T = 3.3\text{ms}$，$R = 2.3\Omega$，γ_u 取 0.1，计算得

$$C > \frac{T}{R \ln \frac{1}{1 - \gamma_u}} = 13618 \mu\text{F}$$

选 16 个 400V/3300μF 电解电容两串八并，$C_{d1} = 13200 \mu\text{F}$。

4. 直流斩波电路参数计算

直流斩波器的输入电压等于滤波后的直流电压，即 $U_{d1} = 500\text{V}$，按照逆变器效率 99%，输入功率 108.6kW，输出功率为 $P = 107.6\text{kW}$，由 $P = U_d i_o$，可得斩波器输出电流平均值 $i_o = 215.2\text{A}$。

取输出滤波电感电流波动 10% 为 21.52A，流过电感 L_d 的电流最大值为

$$I_{L1\max} = (I_o + \frac{1}{2}\Delta i_L)\sqrt{2} = (215.2 + 0.5 \times 21.52)\text{A} = 226\text{A}$$

开关管 VT_0 和续流二极管 VD_0 承受的最大电压为 U_{d1}，其电压定额为

$$U_{VT0} = U_{VD0} = (1.5 \sim 2)U_{d1} = 750 \sim 1000\text{V}$$

开关管 VT_0 和续流二极管 VD_0 的电流定额为

$$I_{VT0} = I_{VD0} = (1.5 \sim 2)I_{L1\max} = 339 \sim 552\text{A}$$

开关频率为 20kHz，由

$$\Delta i_L = \frac{U_{in} - U_o}{L}D_y T_S = \frac{U_{in}(1 - D_y)}{L}D_y T_S$$

得滤波电感量为

$$L_d = \frac{U_{d1}(1 - D_y)D_y T_S}{\Delta i_L} = \frac{500 \times (1 - 0.5) \times 0.5 \times 50 \times 10^{-6}}{21.52}H = 0.29mH$$

当 $D_y = 0.5$ 时，L_1 最大。

5. 全桥逆变器参数计算

逆变器的输入电压等于滤波后的直流电压，即 $U_d = 500V$，按照逆变器效率为99%，输入功率为107.6kW，输出功率为 $P = 106.5kW$，由 $P = U_d i_o$，可得逆变器输出电流有效值 $i_o = 213A$。

开关管 VT_{11}、VT_{21}、VT_{31}、VT_{41}、VT_{12}、VT_{22}、VT_{32}、VT_{42} 上的电压定额为

$$U_{VT} = (1.3 \sim 1.5)U_d = 650 \sim 750V$$

开关管 VT_{11}、VT_{21}、VT_{31}、VT_{41}、VT_{12}、VT_{22}、VT_{32}、VT_{42} 上的电流定额为

$$I_{VT} = (1.5 \sim 2)\sqrt{2}i_o = 451.8 \sim 602.3A$$

每个桥臂2个IGBT并联，每个IGBT电流定额为一半，可选耐压1200V、电流300A、开关时间小于 $1\mu s$ 的IGBT开关管。

6. 发射侧和接收侧谐振回路参数计算

额定充电功率时等效负载电阻为 $500V/200A = 2.5\Omega$，接收侧的输出等效负载电阻也可以近似为 $R_L = 2.5\Omega$。发射侧和接收侧谐振回路参数主要包括发射线圈和接收线圈的电感 L_1、L_2，互感 M，补偿电容 C_1、C_2。

按照传输频率 $f = 50kHz$，谐振回路品质因数 $Q = 5$，得方程组

$$\begin{cases} f = \dfrac{1}{2\pi\sqrt{L_1 C_1}} = 50 \times 10^3 Hz \\[3mm] Q = \dfrac{1}{R}\sqrt{\dfrac{L_1}{C_1}} = \dfrac{1}{2.5}\sqrt{\dfrac{L_1}{C_1}} = 5 \end{cases} \qquad (6-9)$$

解出发射线圈需要的电感 $L_1 = 39.8\mu H$，补偿电容 $C_1 = 0.255\mu F$，接收回路取相同的参数，接收线圈需要的电感 $L_2 = 39.8\mu H$，补偿电容 $C_2 = 0.255\mu F$。

根据逆变器输出等效负载电阻为 2.5Ω 的要求，反射阻抗和逆变器输出电阻相等时传输效率最高，即

$$Z_f = \frac{\omega^2 M^2}{R_L} = \frac{(2\pi f)^2 M^2}{R_L} = \frac{(2\pi \times 50 \times 10^3 Hz)^2 M^2}{2.5\Omega} = 2.5\Omega$$

计算得发射线圈和接收线圈之间在额定传输功率时的互感为 $M = 7.95\mu H$。

7. 高频整流二极管参数计算

按照充电电压500V，充电电流200A要求选择高频整流二极管。整流桥 VD_r 的电压定额并留有裕量，即

$$U_D = (1.5 \sim 2) \times 500V = 750 \sim 1000V$$

充电电流 $I_o = 200A$，整流桥 VD_r 的通态平均电流定额并留有裕量，即

$$I_D = (1.5 \sim 2)I_o = 300 \sim 400A$$

可选择耐压1200V，电流400A左右的快恢复二极管组成整流桥。

6.8.3 100kW三相交流输入全桥倍频逆变无线充电系统设计

如果传输频率范围在 $80 \sim 90kHz$，可采用100kW全桥倍频逆变方式，逆变部分的主电路如图6-24所示。其中 VT_{11}、VT_{12} 并联，VT_{13}、VT_{14} 并联，VT_{21}、VT_{22} 并联，VT_{23}、VT_{24} 并联，VT_{31}、VT_{32} 并联，VT_{33}、VT_{34} 并联，VT_{41}、VT_{42} 并联，VT_{43}、VT_{44} 并联，驱动波形如图6-25所示。

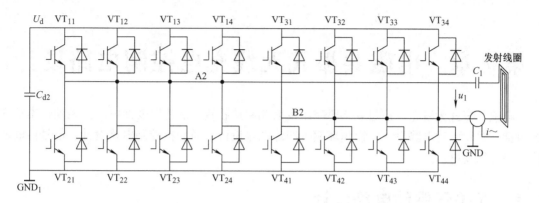

图 6-24　100kW 全桥倍频逆变部分主电路

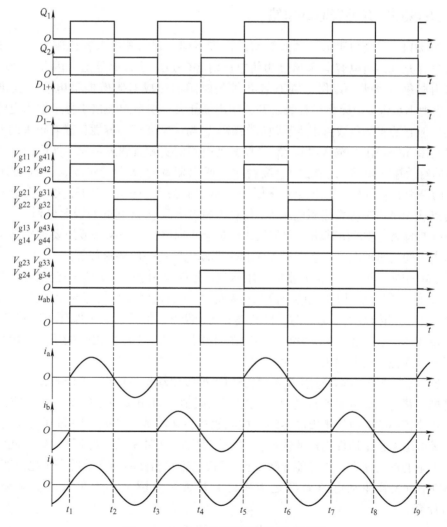

图 6-25　100kW 全桥倍频逆变驱动波形

第7章　电磁共振式无线充电控制电路设计

电磁共振式无线充电控制电路要完成发射侧和接收侧电能传输变换电路的控制。本章内容包括开关管驱动电路设计、锁相环频率跟踪电路设计、逆变桥控制电路设计、信号传输通信电路和辅助电源。

7.1　开关管驱动电路设计

7.1.1　MOSFET 开关管驱动电路

功率 MOSFET 导通电阻低，和双极型晶体管不同，它的栅极电容比较大，在导通之前要先对该电容充电，当电容电压超过阈值电压时 MOSFET 才开始导通。因此，栅极驱动器的负载能力必须足够大，以保证在系统要求的时间内完成对等效栅极电容的充电。功率 MOSFET 驱动不足将造成转换过程长、开关功率损耗大。功率 MOSFET 栅极输入电路本质上是容性的，但它的实际负载由于米勒效应的影响，与一个真正的容性负载有很大的差别，更不能仅将功率 MOSFET 的输入电容 C_{iss} 当作驱动电路的实际负载来考虑。实际上，一个功率 MOSFET 的有效输入电容 C_{ie} 要比 C_{iss} 高得多，所以驱动电路设计选型，不仅要知道功率 MOSFET 的最大有效负载，更重要的是要知道驱动电路在一次给定的开关过程中的瞬时负载。这可以从 MOSFET 参数栅源电压 U_{GS} 与总的栅极电荷 Q_G 之间的曲线上得到。

MOSFET 的触发要求给其栅极和基极之间加上正向电压，关断一般还要加负向电压，栅极电压可由不同的驱动电路产生。对 MOSFET 驱动电路的一般要求如下。

1）当 MOSFET 开通时，正向栅极电压值应该足够令 MOSFET 产生完全饱和，并使通态损耗减至最小，同时也应限制短路电流和功率应力。在任何情况下，开通时的栅极驱动电压应该在 8～12V。当栅极电压为零时，MOSFET 处于断态。但是，为了保证 MOSFET 在漏极-源极上出现 du/dt 噪声时仍保持关断，必须在栅极上施加一个反向关断偏压，采用反向偏压还减少了关断损耗。反向偏压一般为 -5V。

2）选择适当的栅极串联电阻 R_g 对 MOSFET 栅极驱动相当重要。MOSFET 的开通和关断是通过栅极电路的充放电来实现的，因此栅极电阻值将对 MOSFET 的动态特性将产生极大的影响。数值较小的电阻使栅极电容的充放电较快，从而减小开关时间和开关损耗。所以，较小的栅极电阻增强了器件工作的快速性（可避免 du/dt 带来的误导通），但与此同时，它只能承受较小的栅极噪声，并可能导致栅极-源极电容和栅极驱动导线的寄生电感产生振荡。

MOSFET 开关管驱动电路要满足 MOSFET 开关管对驱动功率的要求。驱动功率按式（7-1）计算。

$$P_{drive} = Q_G U_{GS} f \tag{7-1}$$

式中，Q_G 为 MOS 开关管的栅极电荷；U_{GS} 为 MOS 管的栅源电压，也就是驱动电压；f 为 MOS 管的工作频率。

MOSFET 开关管驱动电路有隔离型和不隔离之分，在无线充电系统中主要用于逆变桥 MOSFET 开关管的驱动，主要采用隔离型驱动电路。在隔离型驱动电路中分为光耦隔离和脉冲变压器隔离。

1. 光耦隔离型 MOSFET 开关管驱动电路

（1）光耦 TLP250 组成的驱动电路

TLP250 是一种可直接驱动小功率 MOSFET 和 IGBT 的功率型光耦，其最大驱动电流达 1.5A。选用 TLP250 光耦既保证了功率驱动电路与 PWM 脉宽调制电路的可靠隔离，又具备了直接驱动 MOSFET 的能力，使驱动电路变得特别简单。TLP250 驱动电路主要具备以下特征：输入阈值电流为 5mA（max）；电源电流为 11mA（max）；电源电压为 10～35V；输出电流为 ±0.5A（min）；开关时间 500ns；可用于 300kHz 的开关电路的驱动中。图 7-1 是 TLP250 组成的驱动电路。图中 R_0 是 TLP250 输入限流电阻，VT_1、VT_2 组成推挽输出功率放大电路，R_2、C_1、VS_1 组

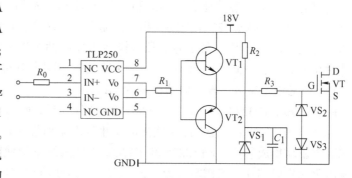

图 7-1　TLP250 驱动电路

成负偏压电路，负偏压的大小决定于稳压管 VS_1 的值，一般 VS_1 用 5V 稳压管，R_2 是 C_1 的充电电阻，R_3 是栅极驱动电阻。VS_2、VS_3 是栅极过电压保护稳压管。

类似的光耦还有 TLP350，其工作电压为 15～30V，最大驱动电流为 2.5A，开关时间为 500ns；HCPL-3120，工作电压为 15～30V，最大驱动电流为 2.5A，开关时间为 500ns；FOD-3120，其工作电压为 15～30V，最大驱动电流为 2.5A，开关时间为 500ns。

（2）光耦 TLP118 和 MIC4421 组成的驱动电路

驱动电路由光电耦合器 TLP118、驱动功率放大集成电路 MIC4421 组成，如图 7-2 所示。驱动信号 Q_1、Q_2 经晶体管 BG_1 和 BG_2 进行功率放大输入到 TLP118 的第 3 引脚，使 TLP118 的输入电流 I_F 在 10mA 左右，TLP118 输出是一个反相脉冲信号，经 MIC4421 驱动功率放大电路再反相，输出和 Q_1、Q_2 相同的 PWM 驱动信号 V_{g1} 和 V_{g2}。

TLP118 是高速光耦，工作电压为 4.5～5.5V，脉冲上升沿和下降沿都是 30ns。类似的高速光

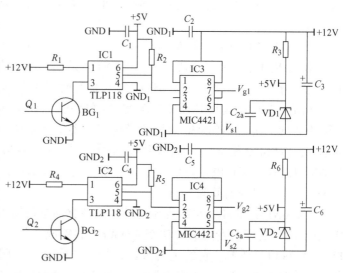

图 7-2　光耦 TLP118 和 MIC4421 组成的驱动电路

耦还有 6N137、PS9614、PS9714、PS9611、PS9715、HCPL – 2601、HCPL – 2611、HCPL – 2630（双路）、HCPL – 2631（双路）等。

MIC4421 是一个反相驱动集成芯片，而 MIC4422 是一个同相驱动集成芯片，输出峰值电流可达 9A，MIC4421/4422 的输入脉冲幅值为 2.4 ~ 5V，无外部加速电容器或电阻网络，工作电压为 18V，上升时间为 20ns，上升延时时间为 15ns，下降时间为 24ns，下降延时时间为 35ns。同系列还有双路的 MIC4423、MIC4424、MIC4425，其中 MIC4423 是两路反相输出，MIC4424 是两路同相输出，MIC4425 是一路同相一路反相输出，后缀是 WM 的每一路还可以并联两个引脚输出。

类似的驱动集成芯片还有 FAN3223 – 25 双路动器系列，TTL 或 CMOS 输入，输出峰值电流为 5A，其中 FAN3223 是两路反相输出驱动集成芯片，FAN3224 是两路同相输出驱动集成芯片，在 FAN3225 中，每个通道都有极性相反的两个输入引脚，工作电压为 4.5 ~ 18V，上升时间为 12ns，下降时间为 9ns，上升下降延时时间为 20ns。FAN3226 – 29 双路驱动器系列，TTL 或 CMOS 输入，输出峰值电流为 3A。

FAN3226/FAN3227/FAN3228/FAN3229 双路动器系列，TTL 或 CMOS 输入，输出峰值电流为 3A，其中 FAN3226 是两路带使能的反相输出驱动集成芯片，FAN3227 是两路带使能的同相输出驱动集成芯片，FAN3228 和 FAN3229 是两路不带使能具有正反两个输入引脚的同相输出驱动集成芯片，工作电压为 4.5 ~ 18V，上升时间为 20ns，下降时间为 15ns，上升延时时间为 29ns，下降延时时间为 30ns。

IXDD404 双路驱动器系列，TTL 或 CMOS 输入，输出峰值电流为 4A，两路同相驱动集成芯片，工作电压为 4.5 ~ 25V，上升时间为 12ns，下降时间为 14ns，上升延时时间为 30ns，下降延时时间为 34ns。

IXDD409/IXDI409/IXDN409 单路驱动器系列，TTL 或 CMOS 输入，输出峰值电流为 9A，其中 IXDD409 有使能控制引脚，可以通过使能引脚封锁输出，IXDI409 是反相输出驱动集成芯片，IXDN409 是同相驱动集成芯片，IXDI409 和 IXDN409 都没有使能功能，工作电压为 4.5 ~ 25V，上升时间为 10ns，下降时间为 10ns，上升延时时间为 36ns，下降延时时间为 33ns。

IXDI414/IXDN414 单路驱动器系列，TTL 或 CMOS 输入，输出峰值电流为 14A，其中 IXDI414 是反相输出驱动集成芯片，IXDN414 是同相驱动集成芯片，工作电压为 4.5 ~ 25V，上升时间为 27ns，下降时间为 25ns，上升延时时间为 33ns，下降延时时间为 34ns。

IXDD430/IXDN430/IXDI430/IXDS430 单路驱动器系列，TTL 或 CMOS 输入，输出峰值电流为 34A，其中 IXDD430 是同相带使能驱动集成芯片，IXDN430 是同相不带使能驱动集成芯片，IXDI430 是反相不带使能驱动集成芯片，IXDS430 是带使能同相和反相可控的输出驱动集成芯片，工作电压为 8.5 ~ 35V，上升时间为 27ns，下降时间为 25ns，上升延时时间为 33ns，下降延时时间为 34ns。

光耦 6N137 和 MAX4428 驱动芯片组成的驱动电路如图 7-3 所示。MAX4428 驱动电路是 MAXIM 公司生产的专用驱动功率 MOSFET 的集成芯片，可以工作在 1 ~ 3MHz，其输入与 TTL/CMOS 电平兼容。它的主要参数包括：开通延迟时间为 10ns，关断延迟时间为 25ns，电流上升时间为 20ns，电流下降时间为 20ns，峰值输出电流为 1.5A，工作电源电压为 4.5 ~ 18V。图 7-3 中，In_1 和 In_2 接来自控制回路的驱动控制信号，GND_1 接驱动控制信号的地，Out_a 和 Out_b 接被驱动功率 MOSFET 的栅极，GND_1 接被驱动功率 MOSFET 的源极。

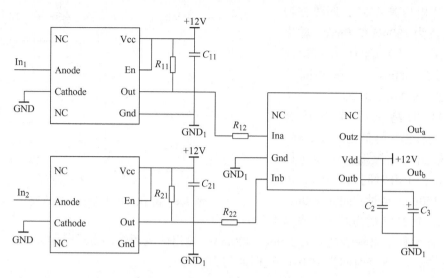

图 7-3　光耦 6N137 和 MAX4428 驱动芯片组成的驱动电路

类似的 MAX44 系列驱动电路有 MAX4420 集成驱动电路，其工作频率在 1MHz 以上，开通延迟时间为 35ns，关断延迟时间为 40ns，电流上升时间为 25ns，电流下降时间为 25ns，峰值输出电流为 6A。

（3）具有独立低端和高端输入通道的双路驱动电路

最典型的具有独立低端和高端输入通道的双路驱动电路是 IR2110。IR2110 可提供大于 1W 的驱动功率、375ns 的开关时间。美国 IR 公司生产的 IR2110 驱动器是中小功率变换装置中驱动器件的首选。IR2110 的特点包括：①具有独立的低端和高端输入通道；②悬浮电源采用自举电路，其高端工作电压可达 500V；③输出的电源端的电压范围为 10～20V；④逻辑电源的输入范围为 5～15V，可方便地与 TTL、CMOS 电平相匹配，而且逻辑电源地和功率电源地之间允许有 ±5V 的偏移量；⑤工作频率高，可达 500kHz；⑥开通、关断延迟小，分别为 120ns 和 94ns；⑦图腾柱输出峰值电流为 2A。IR2110 内部功能由三部分组成：逻辑输入、电平平移及输出保护。由于 IR2110 采用悬浮电源自举电路，高端驱动省去了一路工作电源和隔离电路，即一组电源即可实现对上下端的控制，可以为装置的设计带来许多方便。

由 IR2110 构成的驱动电路如图 7-4 所示。图中 C_H、VS_1 分别为自举电容和自举二极管，C_L 为电源滤波电容，H_{IN}、L_{IN} 为驱动控制信号。在半桥逆变器中，假定在 VT_1 关断期间 C_H 已经充到足够的电压，当 H_{IN} 为高电平时，C_H 就相当于一个电压源，从而使 VT_1 导通。由于 L_{IN} 与 H_{IN} 是一对互补输入信号，此时 L_{IN} 为低电平，由于死区时间存在，使 VT_2 在 VT_1 开通之前迅速关断。当 H_{IN} 为低电平时，这时聚集在 VT_1 栅极和源极的电荷在 IR2110 芯片内部迅速放电使 VT_1 关断，经过死区时间后 L_{IN} 为高电平，VT_2 开通。同时 +12V 工作电源经 VD、C_H 和 VT_2 形成回路，对 C_H 进行充电，迅速为 C_H 补充能量，如此循环。

IR2113 和 IR2110 的区别是 IR2110 高端工作电压是 500V，IR2113 高端工作电压是 600V，IR2110 延时时间是 10ns，IR2113 延时时间是 20ns。

同系列的还有 IR2103/IR2104，其高端工作电压是 600V，图腾柱输出峰值电流为 130mA/270mA，输出的电源端的电压范围为 10～20V，上升时间为 680ns，下降时间为 150ns，延时时间为 520ns。

IR2111 的高端工作电压是 600V，图腾柱输出峰值电流 200mA/400mA，输出的电源端的电压范围为 10～20V，上升时间为 800ns，下降时间为 150ns，延时时间为 700ns。

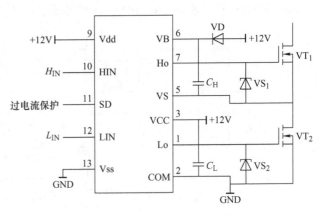

图 7-4　由 IR2110 构成的驱动电路

IR2112/IR2117 的高端工作电压是 600V，图腾柱输出峰值电流为 200mA/420mA，输出的电源端的电压范围为 10～20V，上升时间为 125ns，下降时间为 105ns，延时时间为 30ns。

由 IHD680 构成的驱动电路如图 7-5 所示。IHD680 是 CONCEPT 公司生产的驱动功率 MOSFET 的集成芯片，采用脉冲变压器隔离，具有完善的保护功能，可以在 0～1MHz 的频率范围内驱动单管或半桥的上下管两个 IGBT 或功率 MOSFET，可以提供 8A 的峰值输出电流，是高频大功率驱动模块的理想选择。其主要参数包括：开通延迟时间为 60ns，关断延迟时间为 60ns，电流上升时间为 30ns，电流下降时间为 30ns，峰值输出电流为 8A，工作电源电压为 12～16V，最高工作频率为 1MHz。

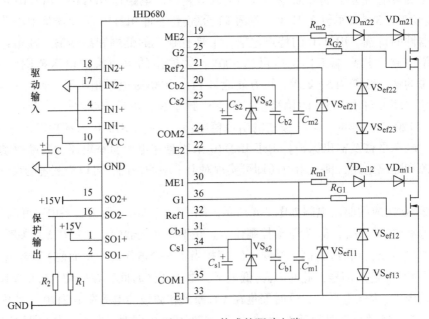

图 7-5　由 IHD680 构成的驱动电路

类似的还有隔离型具有独立低端和高端输入通道的双路驱动电路 SI8271/SI8272/SI8273/SI8274/SI8275 等集成驱动芯片。

2. 脉冲变压器隔离型 MOSFET 开关管驱动电路

（1）脉冲变压器正负波形不对称驱动电路

脉冲变压器正负波形不对称驱动电路如图 7-6 所示。驱动信号 Q_1、Q_2 通过 FAN3227 的两路放大电路进行功率放大，在脉冲变压器 T 的输入端形成交流方波，R_1、R_2 为限流电阻。脉冲变压器的输出部分增加了驱动输出方波限压电路，方波负压的幅值由稳压管 VS_1、VS_3 决定，稳压管 VS_2、VS_4 用于高电平 20V 限压。脉冲变压器的 1 引脚、5 引脚为同名端。

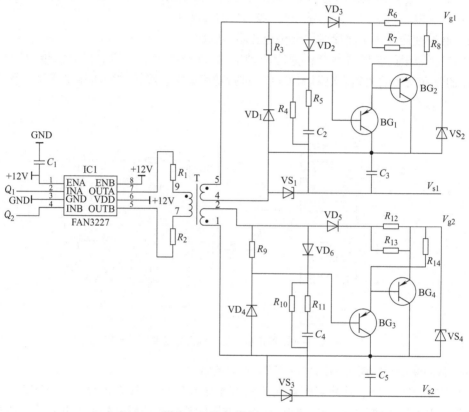

图 7-6　脉冲变压器正负波形不对称驱动电路

脉冲变压器驱动电路工作原理：当驱动信号 Q_1 为高电平，Q_2 为低电平时，脉冲变压器一次绕组输入 9 引脚为高电平 12V，7 引脚为低电平 0V。脉冲变压器二次绕组输出 5 引脚为高电平 12V，4 引脚为低电平 0V，二极管 VD_3 导通，通过限流电阻 R_6、R_7 输出 +12V 驱动脉冲 V_{g1}。同时二极管 VD_2 导通，通过 R_4、R_5、C_2 组成的 RC 网络对储能电容 C_3 充电，由于 2.4V 稳压管 VS_1 和 C_3 并联，C_3 上的电压被钳位在 2.4V，极性为下正上负，另外 VD_1 截止，BG_1、BG_2 关断；同时，脉冲变压器二次绕组输出 2 引脚为负电平 -12V，1 引脚为低电平 0V，VD_5、VD_6 截止，VD_4、BG_3、BG_4 导通，在上个周期，储能电容 C_5 上被充电到 2.4V，上负下正。C_5 上 2.4V 的储能放电回路如下：$C_5 + (V_{s2})$ →被驱动的功率 MOS 管源极→被驱动的功率 MOS 管栅极→驱动电路正端 V_{g2}→BG_3、BG_4→C_5，所以 V_{g2} 输出是 -2.4V 的负脉冲。

当驱动信号 Q_2 为高电平，Q_1 为低电平时，脉冲变压器一次绕组输入 7 引脚为高电平

12V，9 引脚为低电平 0V。脉冲变压器二次绕组输出 2 引脚为高电平 12V，1 引脚为低电平 0V，二极管 VD_5 导通，通过限流电阻 R_{12}、R_{13} 输出 12V 驱动脉冲 V_{g2}。同时二极管 VD_6 导通，通过 R_{10}、R_{11}、C_4 组成的 RC 网络对储能电容 C_5 充电，由于 2.4V 稳压管 VS_3 和 C_5 并联，C_5 上的电压被钳位在 2.4V，极性为下正上负，另外 VD_4 截止、BG_3、BG_4 关断；同时，脉冲变压器二次绕组输出 5 引脚为负电平 –12V，4 引脚为低电平 0V，VD_2、VD_3 截止，VD_1、BG_1、BG_2 导通，在上个周期，储能电容 C_3 上被充电到 2.4V，上负下正。C_3 上 2.4V 的储能放电回路如下：$C_3 + (V_{S1})$ →被驱动的功率 MOS 管源极→被驱动的功率 MOS 管栅极→驱动电路正端 V_{g1}→BG_1→BG_2→C_3。所以 V_{g1} 输出是 –2.4V 的负脉冲。

（2）脉冲变压器正负波形对称全桥逆变驱动电路

脉冲变压器正负波形对称全桥逆变驱动电路如图7-7所示，其中驱动信号 Q_1、Q_2，经 IC_1、IC_2 的驱动功率放大集成电路 MIC4422 进行功率放大，经脉冲变压器 T 隔离，输出驱动脉冲 V_{g1}、V_{g2}。

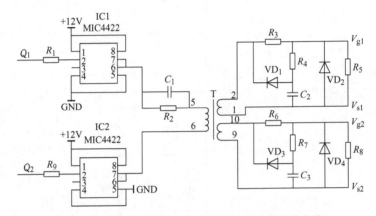

图 7-7　脉冲变压器正负波形对称全桥逆变驱动电路

（3）脉冲变压器隔离 UC3724/UC3725 驱动电路

由 UC3724/UC3725、脉冲变压器构成的基本驱动电路如图 7-8 所示。UC3724/UC3725 驱动电路采用独特的调制方法使脉冲变压器能够同时传输驱动所需的信号和功率，内部含有欠电压、过电流保护电路。依照输入 TTL 电平的高低不同，UC3724 生成不同的载波信号。UC3725 通过对隔离脉冲变压器传来的驱动信号进行功率放大。

UC3724/UC3725 功率 MOSFET 驱动电路的优点是可以在任意占空比下工作，响应速度快，输出阻抗小，实用性强，电路结构简单；缺点是载波频率的高低限制了最大的开关频率，载波频率的上限受变压器磁心参数限制，下限至少要高于信号频率的 4 倍，以确保磁心可靠复位。

7.1.2　IGBT 开关管驱动电路

IGBT 的触发和关断要求给其栅极和基极之间加上正向电压和负向电压，栅极电压可由不同的驱动电路产生。当选择这些驱动电路时，必须考虑器件关断负偏压的要求、栅极电荷的要求、快速性要求和电源的供电功率。因为 IGBT 栅极-发射极阻抗大，故可使用 MOSFET 驱动技术进行触发，不过由于 IGBT 的输入电容较 MOSFET 的大，故 IGBT 的关断负偏压应

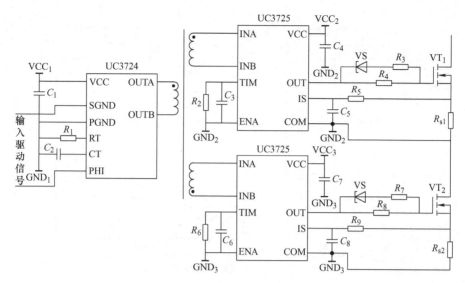

图 7-8　由 UC3724/UC3725、脉冲变压器构成的基本驱动电路

该比 MOSFET 驱动电路的高。对 IGBT 驱动电路的一般要求如下。

1）当栅极驱动电压 IGBT 开通时，正向栅极电压值应该足够令 IGBT 产生完全饱和，并使通态损耗减至最小，同时也应限制短路电流和功率应力。在任何情况下，开通时的栅极驱动电压应该在 12～20V。当栅极电压为零时，IGBT 处于断态。但是，为了保证 IGBT 在集电极-发射极电压上出现 dv/dt 噪声时仍保持关断，必须在栅极上施加一个反向关断偏压，采用反向偏压还减少了关断损耗。反向偏压应该为 -5～-15V。

2）选择适当的栅极串联电阻 R_g 对 IGBT 栅极驱动相当重要。IGBT 的开通和关断是通过栅极电路的充放电来实现的，因此栅极电阻值将对 IGBT 的动态特性将产生极大的影响。数值较小的电阻使栅极电容的充放电较快，从而减小开关时间和开关损耗。所以，较小的栅极电阻增强了器件工作的快速性（可避免 dv/dt 带来的误导通），但与此同时，它只能承受较小的栅极噪声，并可能导致栅极-发射极电容和栅极驱动导线的寄生电感产生振荡。

电源的最大峰值电流 I_{PEAK} 为

$$I_{PEAK} = \pm (U_{GS}/R_g) \tag{7-2}$$

驱动的平均功率参照式(7-1) 计算。

1. EXB841 驱动电路

EXB841 是日本富士公司生产的高速型 IGBT 专用驱动模块，其驱动信号延迟小于 1μs，最高工作频率可达 40kHz，内部采用高隔离电压光耦作为信号隔离，单相 20V 电源供电，并有内部过电流保护和过电压检测输出电路，以防止 IGBT 以正常驱动速度切断过电流时产生过高的集电极电压尖脉冲损坏 IGBT。图 7-9 为 EXB841 驱动电路。

EXB841 的主要特点如下

1）IGBT 通常只能承受 10μs 的短路电流，所以在 EXB 系列驱动器内设有过电流保护电路，实现过电流检测和延时保护功能。如果发生过电流，驱动器的低速切断电路就会慢速关断 IGBT（小于 1μs 的过电流不响应），从而保证 IGBT 不被损坏。而如果以正常速度切断过电流，集电极产生的电压尖脉冲足以破坏 IGBT。

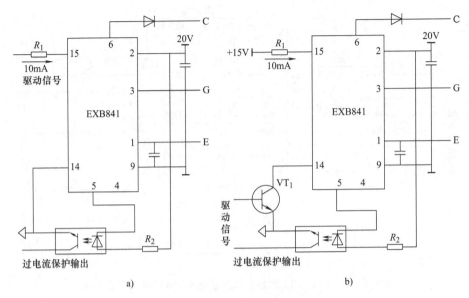

图 7-9　EXB841 驱动电路

2）IGBT 在开关过程中需要一个 +15V 的电压以获得低开启电压，还需要一个 −5V 的关断电压以防止关断时的误动作。这两种电压均可由 20V 供电的驱动器内部电路产生。

3）由于 EXB841 的 1 引脚接在 IGBT 的 E 极，IGBT 的开通和截止会造成电位很大的跳动，可能会有浪涌尖峰，这无疑对 EXB841 可靠运行不利。

2. IGBT 半桥逆变 2SC0108 驱动电路

2SC0108 是 CONCEPT 公司生产的一种高集成度低成本的超小型双通道驱动电路，输入接口信号兼容 3.3 ~ 15V 逻辑电平信号，栅极驱动电压为 +15V/ −8V，驱动电流为 8A，单通道输出功率为 1W，可以驱动 600A/1200V 或 450A/1700V 的常规 IGBT 模块。具有短路保护、过电流保护和电源电压监控等功能，延迟时间为 80ns ±4ns。

2SC0108 主要由三个功能模块构成，即逻辑驱动转化接口 LDI、电气隔离模块和智能栅极驱动 IGD。第一个功能模块是由辅助电源和信号输入两部分组成。其中信号输入部分主要将控制器的 PWM 信号进行整形放大，并根据需要进行控制，之后传递到信号变压器，同时检测从信号变压器返回的故障信号，并将故障信号处理后发送到故障输出端。辅助电源的功能是将输入的直流电压经过单端反激式变换电路，转换成两路隔离电源供给输出驱动放大器使用。第二个功能模块是电气隔离模块，由两个传递信号的脉冲变压器和传递功率的电源变压器组成，以防止功率驱动电路中大电流、高电压对一次侧信号的干扰。第三个功能模块是驱动信号输出模块，IGD 主要对信号变压器的信号进行解调和放大，对 IGBT 的短路和过电流进行检测，并进行故障存储和短路保护。

由 2SC0108 构成的驱动电路如图 7-10 所示。2SC0108 有两种工作模式：直接模式和半桥模式。在直接模式下，两个通道之间相互独立，输入信号 INA 控制通道 1，输入信号 INB 控制通道 2。在半桥模式下，输入信号 INA 为驱动信号，输入信号 INB 为使能信号。当 INB 信号为低电平时，封锁输出通道，当 INB 信号为高电平时，使能输出通道。通过模式选择端（MOD）接地或对地接一个阻值为 71 ~ 182kΩ 的电阻来选择工作模式。半桥模式下，死

区时间 T_d 可以通过 MOD 的电阻 R_{i2} 的值来确定。

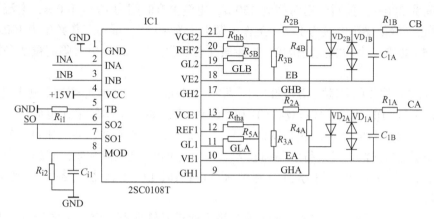

图 7-10 由 2SC0108 构成的驱动电路

故障状态输出端 SO1、SO2 实时显示 IGBT 模块和供电电源的状态，并通过故障报警信号调理电路上报控制器。因故障状态输出端 SO1、SO2 为集电极开路门电路，外部需接上拉电阻。当故障发生时，相应的 SOx 输出低电平；否则，输出高电平。

GH 和 GL 分别为栅极开启和关断端，通过开启、关断栅极限流串并网络连接到 IGBT 的栅极。栅极限流阻值对驱动信号的前后沿陡度和 IGBT 的开关特性有影响。当阻值增大时，可以抑制栅极脉冲前后沿陡度，防止寄生振荡，减小开关 di_C/dt 值，限制 IGBT 集电极尖峰电压；当阻值减小时，可能会导致 G、E 之间发生振荡以及 IGBT 集电极 di_C/dt 值增加，引起 IGBT 集电极尖峰电压，使 IGBT 损坏。该功能电路的作用是：若栅极限流电阻发生开路故障，此电阻网络的阻值会增加，可以抑制驱动信号前后沿陡度，减小开关 di_C/dt 值，可以保证即使栅极限流网络发生开路故障时，还能够触发 IGBT，从而提高栅极后级驱动电路的可靠性。

当栅极处于失控状态、主电路突加电压时，由于集电极-栅极、栅极-发射极存在寄生电容，集电极电势的突然变化就会有大小为 Cdu/dt 的电流流过寄生电容（C 为寄生电容容值），使栅极电势上升，误触发 IGBT。为防止上述情况的发生，在 GL 和 VE 之间接一电阻 R_{eg}（图 7-10 中为 R_{3A}、R_{3B}），为 IGBT 的栅极和发射极提供一个低阻抗回路，其阻值要求为 22kΩ 或更大。

REF 端内部集成有可以提供 150μA 的恒流源，参考电阻 R_{th} 的阻值通过如下公式进行计算：

$$R_{th} = U_{th}/150\mu A \tag{7-3}$$

式中，U_{th} 为关断门限值电压。2SC0108 驱动器门限值电压设置为 2.85V，通过式(7-3) 计算参考电阻 R_{th} 的阻值为 $R_{th} = U_{th}/150\mu A = 5.85V/150\mu A = 39k\Omega$。实际应用中，可以根据 IGBT 模块的过电流倍数来选取合适的关断门限值。

3. IGBT 半桥逆变 2SD315A 驱动电路

2SD315A 是 CONCEPT 公司生产的一种集成度很高的驱动器，内置短路与过电流保护电路，具有保护自恢复功能，其保护动作阈值电压可通过外接的参考电阻灵活设定。一次和二次侧采用脉冲变压器隔离，提供最高 AC 4000V 的隔离电压，可以在 0～100kHz 的频率范围内驱动单管或半桥的上下管两个 IGBT，且只需一路直流电源。它的主要参数包括：开通延迟时间为 300ns，关断延迟时间为 350ns，电流上升时间为 100～160ns，电流下降时间为 80～130ns，峰值输出电流为 15A，工作电源电压为 +15V，最高工作频率为 100kHz。

2SD315A 也有三个功能模块构成，即逻辑驱动转化接口 LDI、电气隔离模块和智能栅极驱动 IGD。

由 2SD315A 构成的驱动电路如图 7-11 所示。2SD315A 采用脉冲变压器进行电气隔离，由逻辑驱动接口 LDI、智能门极驱动 IGD 和 DC/DC 变换器三个功能单元组成，一个 LDI 驱动两个通道。LDI 对加到输入端的 PWM 信号进行编码，以便通过脉冲变压器传输；IGD 对通过脉冲变压器传来的信号进行解码和放大，并检测 IGBT 过电流和短路状态，产生响应和封锁时间，同时输出状态信号到控制单元 LDI；DC/DC 变换器为各个驱动通道提供 +15V 电源。

2SD315A 外围电路由信号输入端保护与输入通道互锁电路、驱动电源智能监控电路及状态输出与故障自复位电路组成。A、B 两通道进行互锁和信号输入端的保护电路由 VT_4、VT_5、VS_2、VS_3、R_{a1}、R_{a2}、R_{a3}、R_{a4}、R_{a5}、R_{b1}、R_{b2}、R_{b3}、R_{b4}、R_{b5} 组成，状态输出与故障自复位电路由 IC_{1A}、IC_{1B}、VT_1、VD_1、VD_2、VD_3、R_1、R_2、R_3、C_7 组成，驱动电源欠电压监控电路由 VT_2、VT_3、VS_1、R_4、R_5、R_6、R_7、R_8 组成，一旦电源 V_{DD} 输入电压低于 10～11V，它就向 2SD315A 内部发送故障信号。

2SD315A 的驱动输出 IGBT 过电流保护功能由 R_{thA}、R_{thB}、C_{1A}、C_{1B} 和 VD_{2A}、VD_{3A}、VD_{2B}、VD_{3B} 的参数决定，当取 $C_{1A} = C_{1B} = 1.5nF$ 时，R_{thA}、R_{thB} 和 VD_{2A}、VD_{3A}、VD_{2B}、VD_{3B} 的值见表 7-1。

表 7-1 2SD315A 的驱动输出 IGBT 过电流保护参数选择

R_{thA}、R_{thB} 阻值/kΩ	响应时间/μs	IGBT 导通压降 U_{ce} 保护值/V	二极管串联个数
22	4.9	2.35	1
27	5.7	3.05	1
33	6.8	3.25	2
39	7.6	4.15	2
47	9	5.35	2

按照表 7-1，当取 $C_{1A} = C_{1B} = 1.5nF$ 时，R_{thA}、R_{thB} 如果取 22kΩ，则过电流保护响应时间为 4.9μs，IGBT 导通压降 U_{ce} 保护值为 2.35V，每一输出通道串一个二极管 VD_{2A} 和 VD_{2B} 到 IGBT 的 C 极。

当取 $C_{1A} = C_{1B} = 1.5nF$ 时，R_{thA}、R_{thB} 如果取 27kΩ，则过电流保护响应时间为 5.7μs，IGBT 导通压降 U_{ce} 保护值为 3.05V，每一输出通道串一个二极管 VD_{2A}、VD_{3A} 和 VD_{2B}、VD_{3B} 到 IGBT 的 C 极。

当取 $C_{1A} = C_{1B} = 1.5nF$ 时，R_{thA}、R_{thB} 如果取 33kΩ，则过电流保护响应时间为 6.8μs，IGBT 导通压降 U_{ce} 保护值为 3.25V，每一输出通道串两个二极管 VD_{2A}、VD_{3A} 和 VD_{2B}、VD_{3B} 到 IGBT 的 C 极。

当取 $C_{1A} = C_{1B} = 1.5nF$ 时，R_{thA}、R_{thB} 如果取 39kΩ，则过电流保护响应时间为 7.6μs，IGBT 导通压降 U_{ce} 保护值为 4.15V，每一输出通道串两个二极管 VD_{2A}、VD_{3A} 和 VD_{2B}、VD_{3B}

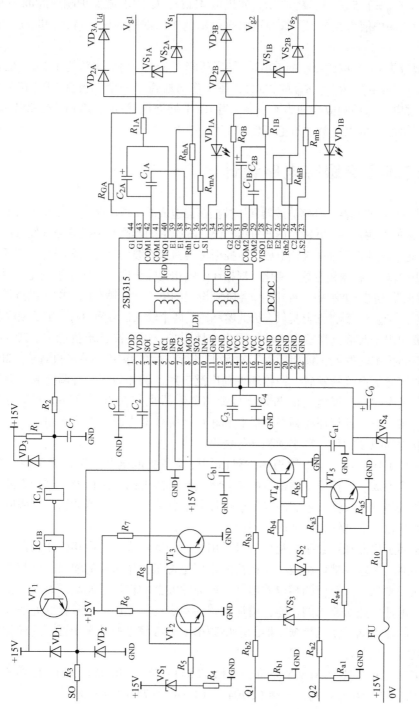

图 7-11 由 2SD315A 构成的驱动电路

243

到 IGBT 的 C 极。

当取 $C_{1A} = C_{1B} = 1.5nF$ 时，R_{thA}、R_{thB} 如果取 47kΩ，则过电流保护响应时间为 9μs，IG-BT 导通压降 U_{ce} 保护值为 5.35V，每一输出通道串两个二极管 VD_{2A}、VD_{3A} 和 VD_{2B}、VD_{3B} 到 IGBT 的 C 极。

例如，型号为 FF200R12KS4 的 IGBT，导通压降 2.35V，对应电流为 100A，也就是当选择 $C_{1A} = C_{1B} = 1.5nF$ 时，R_{thA}、R_{thB} 取 22kΩ，每一输出通道串一个二极管 VD_{2A} 和 VD_{2B} 到 IGBT 的 C 极，过电流保护响应时间为 4.9μs，当 IGBT 导通电流超过 100A 时，2SD315A 通过 SO1 或 SO2 引脚输出低电平脉冲过电流保护信号。

7.2 锁相环频率跟踪电路设计

锁相环是一种由鉴相器、环路滤波器和压控振荡器组成的集成电路。鉴相器用来鉴别输入信号与输出信号之间的相位差，并输出误差电压，误差电压中的噪声和干扰成分被低通性质的环路滤波器滤除，形成压控振荡器的控制电压，压控振荡器输出方波信号通过分频与锁相环所产生的本振信号作相位比较，根据相位差的变化，锁相环的鉴相器输出端的电压发生变化，通过环路滤波器控制压控振荡器的方波频率，直到相位差降到设定的值，达到锁频的目的。维持锁定的直流控制电压由鉴相器通过环路滤波器提供，因此鉴相器的两个输入信号间留有一定的相位差。

锁相环最初用于改善电视接收机的行同步和帧同步，以提高抗干扰能力。20 世纪 50 年代后期随着空间技术的发展，锁相环用于对宇宙飞行目标的跟踪、遥测和遥控。20 世纪 60 年代初随着数字通信系统的发展，锁相环得到广泛应用，例如为相干解调提取参考载波、建立位同步等。具有门限扩展能力的调频信号锁相鉴频器也是在 20 世纪 60 年代初发展起来的。在电子仪器方面，锁相环在频率合成器和相位计等仪器中起了重要作用。

锁相环分为模拟锁相环、数字锁相环等类型。

模拟锁相环工作原理：模拟锁相环主要由相位参考提取电路、压控振荡器、相位比较器、控制电路等组成。压控振荡器输出的是与设定频率接近的方波信号，这个方波信号和参考信号同时送入相位比较器，形成的误差通过控制电路使压控振荡器的输出频率向减小相位差的方向连续变化，实现锁相，从而达到同步。

数字锁相环工作原理：数字锁相环可以采用微处理器组成，也由相位比较器、低通滤波器和压控振荡器三个基本部件组成。鉴相器的作用是将压控振荡器的输出信号与外部给定信号做比较，从而得到一个对应的相位差信号。低通滤波器的作用是滤除误差信号中的高频成分和噪声，以保证环路所要求的性能，增加系统的稳定性。该误差信号经低通滤波器后输入到压控振荡器的输入端，使压控振荡器的输出频率向参考信号的频率接近，这样就可使相位差逐步减小到零，环路称为被锁定。

锁相环集成芯片主要有 NE56X 系列，包括 NE560 ~ 567；MC145x 系列，包括 MC145151 ~ 145158、MC145162；4046 系列，包括 CD4046、CC046 和 74HC4046 等。

7.2.1 CD4046 锁相环频率跟踪电路

采用 CD4046 锁相环集成电路的频率跟踪系统框图如图 7-12 所示。CD4046 锁相环电路频率跟踪原理是相位比较器将压控振荡器的输出频率 f_o 与负载谐振频率 f_r 比较，相位误差电压经鉴相器、低通滤波器滤波后送至压控振荡器，以逐步减小 f_o 和 f_r 之间的相位差，此时环路即被锁定。

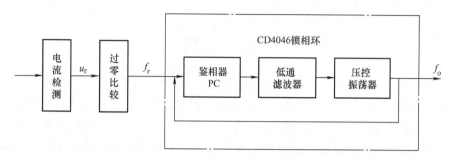

图 7-12　采用 CD4046 锁相环集成电路的频率跟踪系统框图

图 7-13 是 CD4046 频率跟踪控制逻辑结构图。CD4046 具有两个独立的鉴相器 PC1 与 PC2。PC1 是异或门鉴相器，PC2 是边沿触发型鉴相器，它由受逻辑门控制的四个边沿触发器和三态输出电路组成，它的输出为三态结构。系统一旦入锁，输出将处于高阻态，无源低通滤波器的电容 C 无放电回路，鉴相器相当于具有极高的增益，输入信号与输出信号可严格同步，其最大锁定范围与输入信号波形的占空比无关，而且使用它对环路捕捉范围与低通滤波器的 RC 时间常数无关，一般可以达到锁定范围等于捕捉范围。可见，应用 CD4046 的鉴相器 PC2，可保证锁相环输出与输入信号相位差为零。

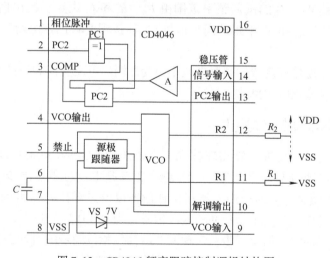

图 7-13　CD4046 频率跟踪控制逻辑结构图

CD4046 的引脚功能：1 引脚为相位输出端，环路入锁时为高电平，环路失锁时为低电平；2 引脚为相位比较器 I 的输出端；3 引脚为比较信号输入端；4 引脚为压控振荡器输出端；5 引脚为禁止端，高电平时禁止，低电平时允许压控振荡器工作；6、7 引脚外接振荡电容；8、16 引脚为电源的负端和正端；9 引脚为压控振荡器的控制端；10 引脚为解调输出端，用于 FM 解调；11、12 引脚外接振荡电阻；13 引脚为相位比较器 II 的输出端；14 引脚为信号输入端；15 引脚为内部独立的齐纳稳压管负极。

CD4046 的工作电压范围为 3 ~ 18V，最高频率为 1.2MHz（VDD = 15V），压控线性度 0.1%（VDD = 5V）~ 0.8%（VDD = 15V）。

图 7-13 中，线性压控振荡器 VCO（4 引脚）产生 1 个输出信号，其频率与 VCO 输入的电压以及连接到引出端的电容 C 值及 R_1 和 R_2 的阻值有关。并且输出频率范围 $f_{min} \sim f_{max}$ 满足以下公式：

$$f_{min} = \frac{1}{R_2(C_1 + 32pf)} \quad\quad\quad (7\text{-}4)$$

$$f_{max} = \frac{1}{R_2(C_1 + 32pf)} + f_{min} \quad\quad\quad (7\text{-}5)$$

图 7-14 是采用 CD4046 集成锁相环组成的频率跟踪电路。由发射侧电流互感器检测到的谐振电流 i～，通过电阻 R_2 变换成电压，经集成电压比较器 ICA2 组成的过零比较器，将交流信号变换为脉冲信号，通过集成单稳态触发器 ICA3 进行整形，输入 ICA5 锁相环电路 CD4046 的鉴相器 14 引脚。锁相环电路中压控振荡器 4 引脚输出的脉冲信号作为逆变器的驱动信号，在锁相环电路中用以代替逆变器输出电压的检测信号。由于实际的逆变器输出电压的检测信号和锁相环 4 引脚输出的脉冲信号有一个延迟时间，因此 4 引脚的脉冲信号必须增加一个滞后时间才能连接到 CD4046 的鉴相器 3 引脚进行鉴相。4 引脚的脉冲信号经 ICA4A、ICA4B 的单稳态电路实现脉冲延时，形成一个滞后 4 引脚的脉冲信号输入 ICA5 的 3 引脚，3 引脚和 14 引脚信号的相位在鉴相器内进行比较，从 13 引脚输出误差电压信号，再经 R_8、R_9、C_9 等组成的低通滤波器，得到一个正比于鉴相器 13 引脚输出相位差的平均电压，这个电压从 9 引脚输入改变其振荡频率，使逆变器输出电压与负载电流信号的相位差不断减小，直到两者同相。振荡器 VCO 的振荡频率范围由 R_6、R_7 和 C_7 决定，输出信号 V_o 通过 ICA6、ICA7 组成的死区电路，输出频率跟踪同步信号 SY 连接到 PWM 控制电路，控制输出驱动脉冲频率。

锁相环通过改变压控振荡器的频率来减小逆变器输出电压脉冲和正弦波负载电流之间的相位差，最终实现频率跟踪的目的。

7.2.2 数字锁相环频率跟踪电路

随着数字电子技术的发展，锁相环技术也由传统的 CD4046 模拟集成锁相环发展成由 DSP、CPLD 等来实现数字锁相环频率跟踪。频率跟踪是电流过零点同步技术在 CPLD 中的实现。CPLD 通过对负载电流的检测，经相位补偿器以及过零比较器得到的电流方波脉冲，由电流脉冲的上升沿作为产生驱动脉冲的基准信号，为 CPLD 进行频率跟踪提供判断依据。

数字锁相就是自动完成相位同步，实现两个电信号相位同步的自动控制系统，称为数字锁相环路，简称锁相环（PLL）。数字锁相环的结构框图如图 7-15 所示，它和模拟锁相环相似，也包括鉴相器 PD、低通滤波器 LPF 和压控振荡器 VCO 三个基本部件。

鉴相器 PD 的作用是将压控振荡器的输出信号 f_o 与外部给定信号 f_r 做比较，从而得到一个对应的相位差信号。低通滤波器的作用是滤除误差信号中的高频成分和噪声，以保证环路所要求的性能，增加系统的稳定性。该误差信号经低通滤波器 LPF 后输入到压控振荡器的输入端，使压控振荡器的输出频率向参考信号的频率接近，这样就可使 f_o 和 f_r 之间的频率差和相位差逐步减小到零，这时环路称为被锁定了。通常基本的 PLL 输出信号的频率与输入信号的频率相同。若在 PLL 反馈环中插入分频器，电路锁定时 VCO 输出频率 f_o 将是参考信号频率 f_r 的 N 倍（N 为分频系数）。

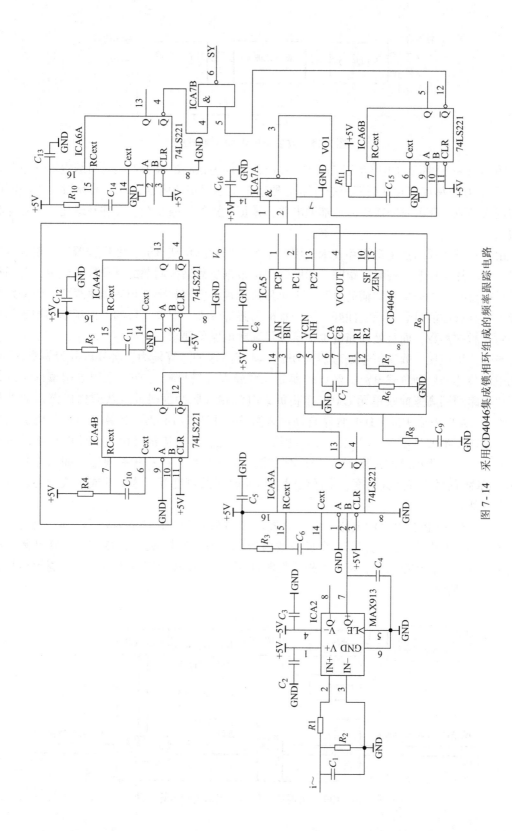

图 7-14 采用 CD4046 集成锁相环组成的频率跟踪电路

247

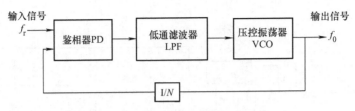

图 7-15　数字锁相环的结构框图

图7-14 的频率跟踪电路是以 CD4046 集成锁相环为核心的模拟电路对负载电流进行频率跟踪。CD4046 集成锁相环频率跟踪电路主要存在频率跟踪范围窄，不同的频段要求不同的滤波网络参数，死区时间需要另加辅助电路，模拟电路的线路复杂、元件易老化、零点漂移等缺点。

由单片机实现的数字锁相环技术利用电流互感器检测负载电流，经比较器后，变成方波信号，由单片机控制实现频率跟踪，死区时间可根据负载谐振周期的百分数来设定，并通过软件进行修改，不需要另加辅助电路。由单片机来控制实现数字锁相环频率跟踪，频率跟踪范围大，具有性能可靠、稳定性好、抗干扰能力强等优点。但单片机的工作频率和控制精度是一对矛盾的参数，而且处理速度也很难满足高频电路的要求。

与单片机相比，数字信号处理器（DSP）具有高速的运算能力，且片内外设资源丰富。利用电流传感器检测负载电流，经比较器后，变成方波信号输入 DSP 采用专用事件管理模块，该电路利用高速捕获单元 CAP3 捕获负载电流输入脉冲的时间，从而精确读入脉冲周期，然后 CAP3 产生中断，DSP 程序自动进入数字锁相环（DPLL）运算，当负载电流信号从负半波向正半波过零时，输出一路驱动脉冲；反之，当电流信号由正半波向负半波过零时，输出另一路驱动脉冲，从而实现频率跟踪。但 DSP 也存在一些局限性，如采样频率的选择、PWM 信号频率及其精度、采样延时、运算时间及精度等，这些都或多或少会影响电路控制性能。

采用 DSP + CPLD 结合的电路，由 DSP 进行 A/D 转换和 PID 调节运算等功能，利用电流互感器检测负载电流，经比较器后变成方波信号输入 CPLD 电路，CPLD 实现锁相环频率跟踪逻辑运算和移相控制运算，可大大提高控制性能。CPLD 实现锁相环频率跟踪逻辑运算框图如图 7-16 所示。

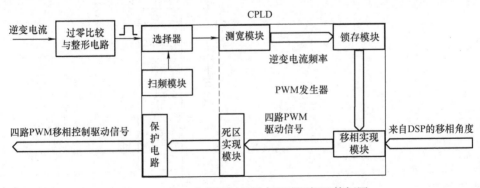

图 7-16　CPLD 实现锁相环频率跟踪逻辑运算框图

CPLD 实现锁相环频率跟踪逻辑运算由电流检测电路检测电流信号，经过零比较器得到方波信号送给选择器，选择器决定将扫频模块或过零比较器的信号送给 PWM 发生器模块。工作过程中先启动扫频电路模块进行软启动，这时加在 PWM 发生器上的频率从高开始逐渐向下扫描，在某个频率下正好和电路的谐振频率相等，则电流必然会比较大，只要电流大到一定的值，则认为软启动成功，这时通过选择器将扫频模块的信号断开，负载的电流信号立即进入 PWM 发生器，开始正常的频率跟踪工作流程。

扫频电路的设计其实就是一个任意偶数（奇数）分频器，开始的分频数值比较小，然后利用分频后的信号作为一个通用计数器的计数脉冲，计到一定的值以后改变分频数的值，从而使得频率的值不断发生改变。PWM 发生器模块由测宽模块、锁存模块、死区实现模块及移相实现模块组成。其工作过程为测宽模块测得选择器信号的频率，将该测得值放于锁存模块中进行储存，在一定的时刻送给死区实现及移相实现模块。死区实现及移相实现模块将由 DSP 产生的移相角度、锁存器的频率、负载电流的方波脉冲信号进行运算处理后得到死区的四路 PWM 驱动信号，再通过保护电路，输出四路 PWM 移相控制驱动信号，实现对系统频率的跟踪和移相控制。

7.3 逆变桥控制电路设计

7.3.1 CD4046 调频功率控制电路

CD4046 的第 9 引脚是压控振荡器的输入端，改变其输入电压就可以改变输出频率。电压控制 PI 调节器组合电路如图 7-17 所示。

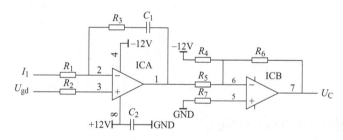

图 7-17　电压控制 PI 调节器组合电路

图 7-17 中运算放大器 ICA、R_1、R_2、R_3、C_1 组成 PI 调节器，U_{gd} 为给定值，I_1 为电流反馈，PI 调节器输出为正值。由于 CD4046 的电压控制输入电压和输出频率是正比关系，即控制电压越大输出频率越高，而对于逆变主电路的逆变频率，在功率控制范围内，频率越高输出电流越小，与 PI 调节器输出的变化方向相反。图 7-17 中的运算放大器 ICB、R_4、R_5、R_6、R_7 组成反向变化电路，将 PI 调节的输出值由小变大，变成由大变小的控制电压 U_c。当给定值为零时，PI 调节的输出为零，运放 ICB 输出最大正值，对应的 CD4046 输出频率最高，当给定值最大时，PI 调节的输出最大，运放 ICB 输出最小正值，对应的 CD4046 输出频率最低。

由 CD4046 组成的电压控制频率调节电路如图 7-18 所示，其中包括锁相环电路 IC1（CD4046）、死区形成电路 IC2（单稳态电路 74LS221）和逻辑电路 IC3A、IC3B 和 IC3D。

CD4046 的第 6、7 引脚电容 C_1 和第 11、12 引脚电阻 R_1、R_2 决定 CD4046 中压控振荡器的输出频率范围，第 9 引脚的输入电压 U_c 决定 CD4046 输出的频率。74LS221 的第 6、7 和第 14、15 引脚外接的电阻和电容决定脉宽对应的死区时间。Q_1、Q_2 分别连接到驱动电路的输入。

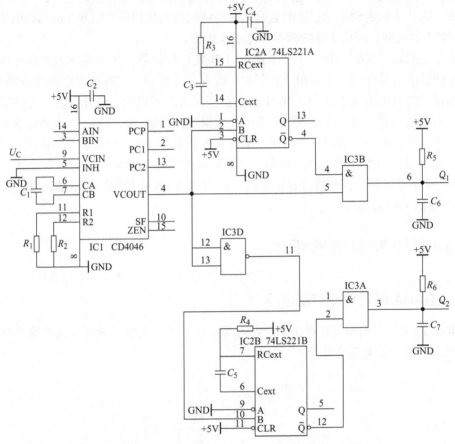

图 7-18　由 CD4046 组成的电压控制频率调节电路

7.3.2　对称半桥 DSP 调频控制电路

TMS320F28020 是 TI 公司推出的 32 位 piccolo 系列的数字信号处理器 DSP，它可以产生 8 路所需的 PWM 信号，具有小型化、价格低，且便于移植、维护和扩展等优势。

主要的资源配置如下。

1）CPU 内核：包括 32 位 C28x Ⅲ 内核，40MHz 主频，哈佛总线结构，16 位 ×16 位和 32 位 ×32 位的乘法累加操作，可以较快响应、处理中断，代码转换速度较快，统一寻址模式，可以用 C/C++ 语言、汇编语言等进行编程。

2）丰富的片内存储器：提供了 Flash 存储器、OTP 型只读存储器、单口随机存储器、根只读存储器。

3）内部设置了振荡电路及 PLL 电路。看门狗/中断模块，两个内部振荡电路，8 个增强型脉冲宽度调制器 EPWM，每个 EPWM 模块都有独立的 16 位定时器和模拟比较器，可以直接发送并控制 PWM 输出。

4）22 个独立可编程复用的通用 I/O 引脚（GPIO）；12 位的模/数转换模块，单个模/数转换模块转换时间 500ns；串行通信模块，包括一个串行外设接口（SPI）、一个 UART 接口模块（SCI）、一个集成电路（12C）总线；功能强大的外部中断扩展模块（PIE），支持所有的外设中断；内置上电和欠电压复位电路。

采用 TMS320F28020 数字信号处理器控制电路如图 7-19 所示。DSP 主要完成的任务一是两个采样，即逆变交流电流信号经二极管 VD_1 整流、R_1 变换成电压，通过 R_2 输入采样信号 I_1 到 8 引脚进行 A/D 转换，逆变器输入直流电压经分压得到的采样信号 V_d，通过 R_5 输入采样信号 V_{d1} 到 10 引脚，进行 A/D 转换；二是接收从无线通信电路 nRF24L01 发送来的充电控制信号，并进行调频控制运算，无线通信电路 nRF24L01 和 TMS320F28020 的引脚连接分别是 37 引脚 CE、38 引脚 SCK、39 引脚 MISO、40 引脚 IRQ、41 引脚 MOSI、42 引脚 CSN；三是分别从 28 引脚和 29 引脚输出调频控制驱动信号 Q_1、Q_2，分别连接到驱动电路的输入；四是指示灯显示输出，分别通过 24 引脚输出故障指示、25 引脚输出充电满指示、26 引脚输出运行指示和 27 引脚输出控制电源正常指示。

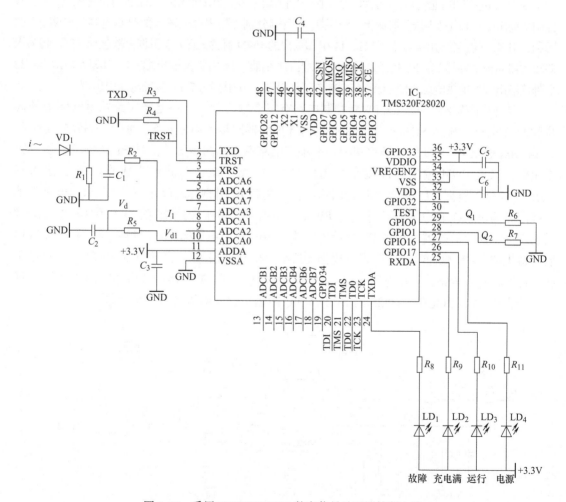

图 7-19　采用 TMS320F28020 数字信号处理器控制电路

7.3.3 不对称半桥 PWM 控制电路

不对称半桥 PWM 功率控制采用 SG3525 专用集成电路，如图 7-20 所示。

SG3525 是美国通用电气公司推出的第二代集成电路脉冲宽度调制器，是由双极型工艺制成的模拟与数字混合式集成电路，内部包含了双端输出开关电源所必需的各种基本电路，由于它简单、可靠及使用方便灵活，大大简化了脉宽调制器的设计及调试。

SG3525 的主要电气特性包括：8 ~ 35V 工作电压，内部软起动，5.1V 参考电压，微调至 ±1%，逐个脉冲封锁，100Hz ~ 500kHz 振荡器频率范围，带滞后的输入欠电压锁定，分离的振荡器同步端，锁存脉冲宽度调制器（PWM）为防止多脉冲，可调整的死区时间控制，双路推挽输出驱动器。

SG3525 的输出级采用了图腾柱输出电路，它能使输出管更快地关断。图腾柱输出电路由达林顿管组成，最大驱动能力为 100mA，最大吸收电流为 50mA。SG3525 保持系统故障的关闭功能，过电流保护环节检测到故障信号后关闭 PWM 输出信号。

SG3525 的引脚功能包括：1 引脚、2 引脚分别为误差放大器的反相输入端和同相输入端；3 引脚为同步输出端；4 引脚为振荡器输出；5 引脚、6 引脚分别外接内部振荡器的时基电容和电阻；7 引脚和 5 引脚之间接放电电阻，决定 11、14 引脚输出的 PWM 脉冲死区；8 引脚为软起动；9 引脚为误差放大器的频率补偿端；10 引脚为封锁控制端；11 引脚、14 引脚为输出端；12 引脚为接地端；13 引脚接输出管集电极电源；15 引脚接 SG3525 工作电源；16 引脚为 5.1V 基准电压引出端。

图 7-20 不称半桥 SG3525 PWM 控制电路有三个输入信号，一是频率跟踪电路输出的同步脉冲信号 SY，输入 SG3525 的第 3 引脚内部振荡器同步脉冲输入端，使得 SG3525 11 引脚和 14 引脚输出的 PWM 脉冲频率跟随频率跟踪电路输出的同步脉冲信号 SY 的频率，实现频率跟踪；二是 PWM 输出脉冲宽度控制信号 U_C 经 R_1、R_2、C_1 滤波变成直流电压输入到 SG3525 的第 2 引脚，U_C 由单片机电路输出；三是第 10 引脚起动停止信号 RNF0，也是由单片机电路输出。Q_1 和 Q_2 是两个不对称 PWM 输出信号，由于 SG3525 的 11 引脚和 14 引脚输出的信号是两个相位差 180° 的 PWM 脉冲，为了得到两个不对称 PWM 脉冲，将 11 引脚和 14 引脚输出的 PWM 脉冲经或非逻辑门电路 IC2A 后得到输出 Q_2，再通过 IC2B 反相得到输出 Q_1。IC2 是 TTL 电路，工作电压 +5V，从 SG3525 的 11 引脚和 14 引脚输出的 PWM 脉冲幅值不能大于 5V，因此在 SG3525 的 13 引脚 VC 的输出脉冲幅值电压用 5V 供电。

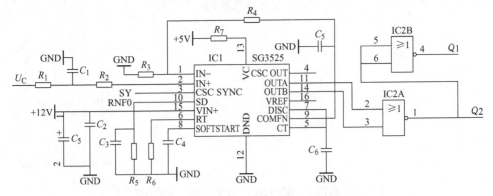

图 7-20　不对称半桥 SG3525PWM 控制电路

7.3.4 全桥移相 PWM 控制电路

全桥移相控制电路采用 UC3875 专用集成电路，如图 7-21 所示。图中有 3 个输入信号 UK、SY、RNF0，UK 是移相相位控制信号，0～5V 控制电压，由单片机控制电路输出的控制信号 U_C 经 IC2 运放 LM258 组成的电压跟随器进行滤波分压得到；SY 是同步频率脉冲信号，由频率跟踪电路提供，使得输出信号 Q_1、Q_2、Q_3、Q_4 的频率和频率跟踪电路的频率同步；RNF0 是启动控制信号，低电平时启动 UC3875 输出，输出 PWM 脉冲，高电平时 UC3875 停止输出。

图 7-21 中有 4 个输出信号 Q_1、Q_2、Q_3、Q_4，其中 Q_1、Q_2 控制全桥逆变器的一个桥臂，一般称为超前桥臂，Q_3、Q_4 控制全桥逆变器的另一个桥臂，一般称为滞后桥臂，超前桥臂和滞后桥臂之间的相位由误差放大器的输出决定，当 UC3875 误差放大器接成电压跟踪器形式，4 引脚 UK 控制电压从 0V 逐渐增加到 5V，其输出控制的逆变器两个桥臂之间的相位从 90°减少到 0°。

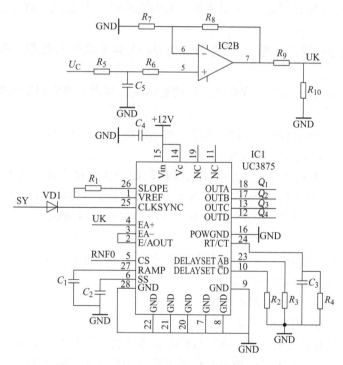

图 7-21 UC3875 全桥移相 PWM 控制电路

UC3875 芯片是美国 UNITRODE 公司生产的移相式准谐振变换器控制集成电路，可实现 0～100%占空比控制；开关频率可达 2MHz；欠电压锁定（UVLO）；软起动控制；适用于电压拓扑和电流拓扑；10MHz 误差放大器；在欠电压锁定期间输出自动变为低电平；起动电流只有 150μA；5V 基准电压可微调。

UC3875 的核心是相位调制器，其 B 输出信号与 A 输出信号反相，D 输出信号与 C 输出信号反相，A、C 输出信号的移相相同，B、D 输出信号移相类似。由于采用了恒频脉宽调制、谐振和零电压开关等技术，因此在高频工作状态下，可以获得很高频率。为了实现快速故障保护，该电路还具有独立的过电流保护电路。每个输出级导通前都有一个死区，而且死区时间可以调整。因此，每对输出级（A/B，C/D）的谐振开关作用时间可以单独控制。振荡器的频率可超过2MHz，在实际应用中，开关频率可达1MHz，高频荡振器除了做标准的自由振荡器外，还可与时钟/同步引脚（17）引入的外部时钟信号保持同步。UC3875具有欠电压封锁功能。发生欠电压封锁时，所有输出端均为低电平，一直保持到电源电压达到10.75V门限值。为了提高欠电压封锁的可靠性，通常欠电压封锁门限值滞后1.5V，即当电源电压下降到9.25V时，欠电压封锁电路仍工作。该器件还具有过电流保护功能，过电流故障发生后70ns内，全部输出级都能转入判断状态。过电流故障消除后，器件能重新开始工作。当引脚2端输出信号高到一定值时，由内部RS触发器及门电路作用使C输出与A输出反相，即A、C输出信号移相180°；同样，当引脚2输出信号低于1V时，通过内部RS触发器及门电路作用使C输出与A输出同相，即A、C输出信号移相0°。可见通过控制引脚2端的输出可以控制A、C间相位在0～180°变化。B、D的工作原理与A、C相似。

UC3875引脚定义和功能如下。UC3875外形既有标准双列直插式的20引脚封装，也有小型双列贴面28引脚封装和方形28引脚塑料封装等多种封装形式。这里仅以20引脚为例进行介绍。

1引脚 VREF：5V门槛电压，电压基准。有60mA容量供外围电路，并具内部短路电流限制。

2引脚 E/AOUT：（COMP）。误差放大器的输出端，当误差放大器输出电压低于1V时为0°移相。

3引脚 EA-：输出的反馈电压的输入端，与基准电压进行比较。

4引脚 EA+：基准电压的输入端。

5引脚 CS+：电流取样输入，是电流故障比较器的同相输入端，反相输入端为内设固定基准电压2.5V，当C/S超过2.5V时，设置电流故障锁定，70ns内输出强迫关断。

6引脚 S-ST：软起动开关。当V_{IN}低于UVLO门限时，封锁输出，当V_{IN}正常时，开启输出。

7引脚 DE C-D：OUTC、OUTD死区设置引脚，为输出延迟控制端。对两个半桥提供各自的延迟来适应电容充电电流的差别。

8引脚 OUTD：驱动信号的方波D输出端。

9引脚 OUTC：驱动信号的方波C输出端。

10引脚 VC：输出级电源电压，将供给输出驱动器及有关的偏置电路，VC接3V以上稳压源，最好是12V，VC采用ESR和ESL低的电容直接旁路到PWRGND。

11引脚 VIN：电源电压，供电给集成电路上的逻辑和模拟电路，与输出驱动极不直接相连，VIN应大于12V，以保证得到稳定的芯片功能，当VIN低于最高欠电压锁定门限（UCLO）时，封锁输出，当VIN超过UVLO时，电源电流将从100μA上升到20mA。

12引脚 PWRGND：功率地，从VC到地用瓷片电容旁路，功率地与信号地可以单点接地，使噪声抑制最佳，并使直流电压降尽可能小。

13引脚 OUTB：驱动信号的方波B输出端。

14引脚 OUTA：驱动信号的方波A输出端。

15引脚 DE A-B：OUTA、OUTB死区设置引脚，为输出延迟控制端。对两个半桥提供各自的延迟来适应电容充电电流的差别。

16 引脚 FREGSET：振荡器频率设定端子，选择 16 引脚到地电阻和电容，可以调整振荡器输出频率 f。

17 引脚 CLOCKSYNC：时钟/同步端子，作为输出，该端子可以提供时钟信号，作为输入可被外部信号同步，也可将多个器件的 CLOCKSYNC 端连接在一起，按最高频率同步使用。

18 引脚 SLOPE：斜坡补偿端，从 SLOPE 到 VC 连接电阻 R_{SLOPE}，可调整斜坡电流，产生适当的斜坡提供电压前馈。

19 引脚 RAMP：斜坡产生端子，接斜坡电容 C，适当选择 C 和 R_{SLOPE}，可实现占空比的错位。

20 引脚 GND：信号地，所有电压都是对 GND 而言的，定时电容接在 FREGSET 端子上，端子 VREF、VIN 与 GND 之间接旁路电容，斜坡电容接 RAMP 端子与 GND 附近的信号地。

UC3875 死区时间设置如下。为了防止同一桥臂的两个开关管同时导通，当同时给开关管提供软开关时间时，两个开关管的驱动信号之间应该设置一个死区时间。在 A – B 死区设置引脚 DELAY SET A – B（15 引脚）和 C – D 死区设置引脚 DELAY SET C – D（7 引脚）与信号地之间并联不同的电阻 R，就可以设置不同的死区时间。死区时间 T 的计算公式如下：

$$T = \frac{62.5 \times 10^{-12}}{I_{DELAY}} \tag{7-6}$$

式中，当 $I_{DELAY} = 2.4V/R$，死区时间 T 取 $0.5\mu s$ 时，$I_{DELAY} = 2.4V/R = 135\mu A$，电阻 R 为 $17.8k\Omega$，其中 $2.4V$ 为延迟设置电压。

UC3875 工作频率计算如下。当 UC3875 同步端的时钟频率高于其固有频率时，UC3875 的工作频率等于外加到同步端的时钟频率；当 UC3875 同步端的时钟频率低于其固有频率时，UC3875 的工作频率是其本身的固有频率。计算公式为

$$f = \frac{4}{R_F C_F} \tag{7-7}$$

式中，R_F、C_F 对应图 7-21 中的 R_4、C_3。

软起动设置：如在软起动功能引脚与信号地之间接一电容 C_S，那么，当软起动正常工作时，芯片将用一个 $9\mu A$ 的电流给 C_S 充电，最后达到 $4.8V$。这一特性决定了输出移相角将从零逐渐增加，直到最后稳定工作。而在电流故障情况下，软起动端将降为 $0V$。电容 C_S 的值通常设计为 $0.1\mu F$，C_S 对应图 7-21 中的 C_2。

7.3.5 DSP + CPLD 控制电路

DSP + CPLD 控制电路采用 DSP 芯片 TMS320F28035 和 CPLD 芯片 5M160ZM64C5N。

TMS320F28035 拥有最新的架构和功能更强的增强外设，将一个高性能的 32 位定点 C28X 内核与一个支持浮点运算的 CLA（控制率加速器）以及其他丰富的功能外设集成在一个芯片上，是一个定点型处理器，对于定点型的 DSP 只能处理整数无法识别小数，但由于采用了 IQ 格式技术，将浮点型的数据放大转变成整数来处理，虽然和浮点型的处理器比起来，运算速度和精度会有所降低，但它的体积相对浮点型的 DSP 要小很多，而且功耗很低。

TMS320F28035 的主要技术参数如下。主频为 60MHz，哈佛总线架构，控制律加速协处

理器（CLA）是一个独立的、可编程的 32 位浮点协处理器，可独立于主 CPU 执行的代码。丰富的多功能复用 GPIO 口，内部多达 45 个多功能复用的 GPIO 引脚，同时 GPIO 带输入滤波功能。支持 5 种 I/O 操作（读/写/置位/清零/反转），丰富的片上存储器，片上的 Flash高达 64KB，SARAM 达 10KB，OTP 达 1KB，BootROM 达 8KB。可多选择的通信端口，一个串行通信接口（SCI）模块，兼容传统的 UART，两个串行外围接口（SPI）模块，一个内部集成的互联 IC 总线（I2C）模块，一个本地互联局域网控制器（LIN）模块，一个增强型的控制器局域网总线（eCAN）模块。丰富的增强型控制外设，增强型脉宽调制器（ePWM），高精度 PWM（HRPWM），增强型捕获接口（eCAP），增强型正交编码器接口（eQEP），两组 16 路多通道 12 位高速 ADC，支持内部和外部基准源，采样速率高达 4.6MHz。

可编程逻辑 CPLD 芯片 5M160ZM64C5N 是 MAXV 系列的产品。MAXV 器件提供应用程序的可编程解决方案，如 I/O 扩展、总线和协议桥接、功率监控、FPGA 配置和模拟集成电路接口，具有片上闪存、内部振荡器和存储器功能，可降低高达 50% 的总功率，只需要一个电源，可满足低功耗设计要求。5M160ZM64C5N 逻辑数组块（LAB）16 个，逻辑元件 160个，I/O 口 54 个，工作频率 152MHz，延迟时间 7.5ns，工作电源电压 1.8V，工作电源电流25μA，总内存 8192bit，用户闪存 8192bit，存储类型 Flash。

7.4 信号传输通信电路

无线数据传送采用无线通信方式实现。nRF24L01 是挪威 Nordic 公司推出的单片 2.4GHz无线收发一体芯片，适用于超低功耗无线应用。它将射频、微处理器、9 通道 12 位 ADC、外围元件、电感和滤波器全部集成到单芯片中。nRF24L01 无线收发一体芯片和蓝牙一样，都工作在 2.4GHz 自由频段，能够在全球无线市场畅通无阻，nRF24L01 支持多点间通信，最高传输速率超过 1Mbit/s，而且比蓝牙具有更高的传输速度。它采用 SOC 方法设计，只需少量外围元件便可组成射频收发电路。与蓝牙不同的是，nRF24L01 没有复杂的通信协议，它完全对用户透明，同种产品之间可以自由通信。更重要的是，nRF24L01 比蓝牙产品更便宜。

nRF24L01 的主要特点如下：①采用全球开放的 2.4G 频段，有 125 个频道，可满足多频及跳频需要；②速率高于蓝牙，且具有高数据吞吐量；③外围元件极少，只需一个晶振和一个电阻即可设计射频电路；④发射功率和工作频率等所有工作参数可全部通过软件设置；⑤电源电压范围为 1.9~3.6V，功耗很低。

nRF24L01 的引脚功能如下。

1 引脚 CE：数字输入芯片启用激活 RX 或 TX 模式。

2 引脚 CSN：数字输入 SPI 芯片选择。

3 引脚 SPI：时钟 SCK 数字输入。

4 引脚 MOSI：数字输入 SPI 从机的数据输入。

5 引脚 MISO：数字输出 SPI，三态选项。

6 引脚 IRQ：数字输出可屏蔽中断引脚。

7 引脚 VDD：电源供电（1.9±3.6V 直流）。

8 引脚 VSS：电源接地（0V）。

9 引脚 XC2：模拟输出晶体引脚 2。

10 引脚 XC1：模拟输入晶体引脚 1。

11 引脚 VDD_PA：内部功率放大器输出电压（±1.8V），通过电感连接到 ANT1 和 ANT2。

12 引脚 ANT1：射频天线接口 1。

13 引脚 ANT2：射频天线接口 2。

14 引脚 VSS：电源接地（0V）。

15 引脚 VDD：电源供电（1.9±3.6V 直流）。

16 引脚 IREF：模拟输入参考电流。连接 22kΩ 电阻到地。

17 引脚 VSS：电源接地（0V）。

18 引脚 VDD：电源供电（1.9±3.6V 直流）。

19 引脚 DVDD：功率输出内部数字电源输出。

20 引脚 VSS：电源接地（0V）。

采用 nRF24L01 的电路原理图如图 7-22 所示，其中 1～6 引脚 CE、CSN、SCK、MOSI、MISO、IRQ 和单片机控制电路相连接，VDD 引脚接 3.3V，VSS 引脚接地。

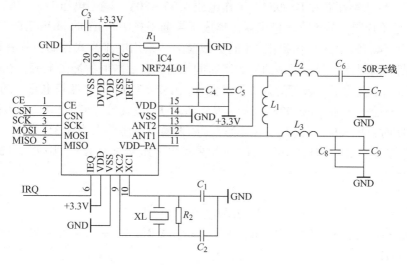

图 7-22　采用 nRF24L01 的电路原理图

工作原理：50Ω 天线接收充电参数通过引脚 ANT1、ANT2 输入到 nRF24L01 内部储存器，通过软件处理后经第 4 引脚 MOSI 输出到单片机进行处理。当单片机发送参数时，通过第 5 引脚 MISO 输入 nRF24L01 内部储存器，经软件处理后通过引脚 ANT1、ANT2 经 50Ω 天线发送。

7.5　辅助电源

辅助电源主要提供控制电路和驱动电路工作电源。辅助电源的输入电源有两种选择，一是通过交流 220V 输入，需要一个输出 12V 的开关电源，二是通过 PFC 输出 380V 输入，需要一个 380V/12V 的 DC–DC 变换电源。

1. DC - DC 变换电源模块

DC - DC 变换电源模块有很多型号,其中包括:NH05、NH10、NH20 系列 5~25W 单路输出超宽电压输入 DC - DC 电源模块,直流宽输入电压 DC 100~1000V,输出电压等级有 5V、12V、24V;PI 系列 0.5~1W 单路输出超宽电压输入 DC - DC 电源模块,直流输入电压 20~380V,输出电压等级有 3.3V、5V;PE 系列 1.8W 单路输出超宽电压输入 DC - DC 电源模块,直流输入电压 20~380V,输出电压 12V。

PE - 12 - B4 的特性:超宽输入工作电压范围 DC 15~380V,适应各种电网环境的应用;输出电压 12V;超低功耗,典型待机功耗小于 6mW(带载 100uA 时),满足对功耗极其严格产品的需要;大输出电流 150mA,可满足低功耗大电流产品应用要求,电源效率 > 65%。图 7-23 是 PE - 12 - B4 DC - DC 变换电路。

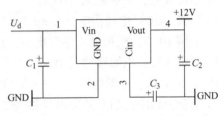

图 7-23 PE - 12 - B4 DC - DC 变换电路

GS 系列单片同步整流稳压 DC - DC 电源模块,800mA 降压型同步整流芯片 GS5808,工作电压 2.5~6.0V,输出电压 0.6~5.0V;3000mA 降压型同步整流芯片 GS2953,工作电压 4.75~20V,输出电压 1.2~18V。

GS2953 是单片同步整流降压稳压器,集成了导通阻抗 130mΩ 的 MOSFET,可在很宽的输入电压范围(4.75~23V)内提供 3A 的负载能力。采用电流模式控制,具有很好的瞬态响应和单周期内的限流功能。可调的软起动时间能避免开启瞬间的冲击电流,在待机模式下输入电流小于 1μA。可最大限度地减少外围元件。GS2953 DC - DC 变换电路如图 7-24 所示。输出电压的计算公式为 $U_{out} = 0.925 \times (R_1 + R_2)/R_2$,$R_2$ 最大可以到 100K,典型值取 10kΩ,当 R_2 为 10kΩ 时,$R_1 = 10.8 \times (U_{out} - 0.925)$,如果输出电压要求为 3.3V,则 $R_1 = 26.1kΩ$;如果输出电压要求为 5V,则 $R_1 = 44.2kΩ$;如果输出电压要求为 12V,则 $R_1 = 121kΩ$。电感 L_V 的选择公式为

$$L_V = \frac{U_{out}}{f_S \Delta I_{Load}} \left(1 - \frac{U_{out}}{U_{in}}\right) \tag{7-8}$$

当 $U_{in} = 12V$,$U_{out} = 3.3V$,$f_S = 450kHz$,$\Delta I_{Load} = 0.5A$ 时,$L_V = (1 - 3.3/12) \times 3.3/(450 \times 0.5)H = 10.6\mu H$。

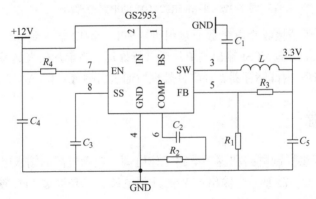

图 7-24 GS2953 DC - DC 变换电路

2. SHB12W 专用模块化小型开关电源

SHB12W 是 AC/DC 专用模块化小型开关电源，额定功率12W，输出电压 DC 12V，输出电流 DC 1000MA，输入电压 AC 85 ~ 264V，工作效率80% ~ 85%，纹波电压小于1%，工作频率，50 ~ 150kHz。图 7-25 是输入 ~ 220V，输出一路 ±12V，两路 +12V 的电路原理图。

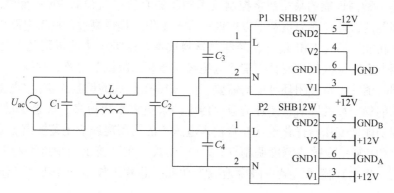

图 7-25　SHB12W 专用模块化小型开关电源

3. iw1691 集成芯片组成的开关电源

图 7-26 是以 iw1691 为核心的集成芯片组成的开关电源，输入直流 300V，输出一路 12V，还有一路 15V。

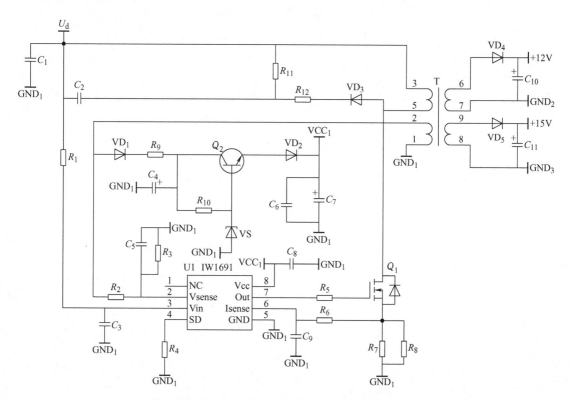

图 7-26　以 iw1691 为核心的集成芯片组成的开关电源

iw1691 引脚功能：引脚 2—Vsense，电压反馈输入；引脚 3—VIN，直流电压采样信号输入；引脚4—SD，外部停机控制；引脚5—GND；引脚6—ISENSE，一次侧电流检测，用于峰值电流控制；引脚7—输出，用于外部 MOSFET 开关的栅极驱动；引脚8—VCC，工作电源，当 VCC 达到12V（典型）时，控制器将启动，当 VCC 电压低于6V（典型）时控制器将关闭。

iw1691 是一种高性能的采用数字控制技术构建的峰值电流模式 PWM 反激式交流/直流开关电源控制芯片，器件在大负载下以准谐振方式工作。提供高效的内置电路以尽量减少外部组件的保护功能，简化 EMI 设计，降低总材料成本。iw1691 去除需要的变压器二次侧反馈电路，使用专有的一次侧控制技术消除电绝缘反馈和二次调节电路，在变压器一次侧实现负载调节，同时消除了负载闭环补偿的需要。由 iw1691 组成的反激式交流/直流开关电源在保持所有操作的稳定性的同时，闭环响应比传统的解决方案快得多，改善了动态负载响应。内置电流限制功能使变压器优化设计在宽输入电压下的通用离线应用范围内。采用临界断续的传导模式（CDCM）或脉冲宽度调制（PWM）模式，在高输出功率电平和在轻负载下的脉冲频率调制（PFM）模式，最大限度地减少功耗。芯片工作电压16V，工作电流20mA，工作频率130kHz。

类似的芯片还有 iw1699、iw1671、iw1706、iw1710、iw1770、iw1780 等。

参 考 文 献

[1] 张宗明. 非接触电能传输系统电磁机构研究 [D]. 重庆：重庆大学，2007.

[2] 邓国健. 基于非接触电磁耦合电能传输功率变换器研究 [D]. 长沙：湖南大学，2013.

[3] 范兴明，莫小勇，张鑫. 无线电能传输技术的研究现状与应用 [J]. 中国电机工程学报，2015，35（10）：2584 - 2600.

[4] 刘响，陈阳. 无线传能技术原理及展望 [J]. 才智，2013(11)：273.

[5] 宋显锦，韩如成，宋晓鹏. 无线电能传输的发展历史与应用现状 [J]. 山西财经大学学报，2010，13（1）：104 - 105.

[6] 陈雪礼，陆志恒，刘玉颖. 特斯拉线圈及其发明人 [J]. 物理通报，2015(1)：116 - 118.

[7] 刘豪民，朱云成. 基于特斯拉线圈的 LC 谐振电路能量传递探析 [J]. 实验教学与仪器，2011(S1)：116 - 117.

[8] 张泽然，陈希有，周宇翔，等. 单线电能传输的实验研究 [J]. 电工电能新技术，2016，35(10)：70 - 74.

[9] 牟春阳，李世中，梁国强. 基于特斯拉线圈的无线电力传输系统 [J]. 科学技术与工程，2015，15(13)：77 - 81，86.

[10] KURS A, KARALIS A, MOFFATT R, et. al. Wireless Power Transfer via Strongly Coupled Magnetic Resonances [J]. Science, 2007, 317(5834)：83 - 86.

[11] 赵争鸣，张艺明，陈凯楠. 磁耦合谐振式无线电能传输技术新进展 [J]. 中国电机工程学报，2013，33(3)：1 - 13.

[12] 蔡涛. 电磁共振无线电能传输系统功率控制研究 [D]. 无锡：江南大学，2015.

[13] 韩彬. 新能源汽车充电技术的现状与发展 [J]. 汽车工程师，2017(4)：11 - 13.

[14] 申景超，穆晓鹏. 立体车库充电解决方案解析 [J]. 城市停车，2018(1)：112 - 115.

[15] 陈月. 大功率串并联式磁共振无线电能传输系统研究 [D]. 无锡：江南大学，2015.

[16] 闫鹏旭. 基于共享通道的 ICPT 系统能量信号并行传输技术研究 [D]. 重庆：重庆大学，2016.

[17] 何炎新，白仲文，黎卓康. 短距离无线数据传输应用 [J]. 科技经济导刊，2016(14)：26.

[18] 李超. 基于电磁谐振耦合无线能量传输系统分析与设计 [D]. 成都：电子科技大学，2014.

[19] 靳志芳. 磁耦合谐振式无线电能传输系统线圈的电磁分析与优化设计 [D]. 北京：北京交通大学，2017.

[20] 翟渊，孙跃，戴欣，等. 磁共振模式无线电能传输系统建模与分析 [J]. 中国电机工程学报，2012，32(12)：155 - 160.

[21] 黄学良，王维，谭林林. 磁耦合谐振式无线电能传输技术研究动态与应用展望 [J]. 电力系统自动化，2017，41(2)：2 - 14.

[22] 徐天昊. 非接触电能传输系统电容补偿机理研究 [J]. 电源技术与应用，2013，39(5)：58 - 60.

[23] 陈凯楠，赵争鸣，刘方，等. 电动汽车双向无线充电系统谐振拓扑分析 [J]. 电力系统自动化，2017，41(2)：66 - 72.

[24] 刘言伟，卢闻州，陈海英. 大功率谐振式无线电能传输线圈仿真优化研究 [J]. 中国科技论文，2017，12(23)：2678 - 2682.

[25] 冯慈璋. 电磁场 [M]. 北京：人民教育出版社，1979.

[26] KURS A, JOANNOPOULOS J D, SOLJAČIĆ M. Efficient Wireless Nonradiative Mid-range Energy Transfer [J]. Annals of Physics, 2008, 323：34 - 48.

［27］ CHOI H J, LEE S. Optimization of Geometric Parameters for Circular Loop Antenna in Magnetic Coupled Wireless Power Transfer ［C］. Wireless Power Transfer Conference（WPTC）, Jeju Island, 2014：280 – 283.

［28］ KURS A, KARALIS A, MOFFATT R, et al. Wireless Power Transfer via Strongly Coupled Magnetic Resonances ［J］. Science, 2007, 317(5834)：83 – 86.

［29］ STAVROS V, OLUTOLA J. Optimized Wireless Power Transfer to RFID Sensors via Magnetic Resonance ［C］. Antennas and Propagation, Spokane, 2011：1421 – 1424.

［30］ 郭尧, 朱春波, 宋凯, 等. 平板磁芯磁耦合谐振式无线电能传输技术 ［J］. 哈尔滨工业大学学报, 2014, 46(5)：23 – 27.

［31］ 张志文, 范威, 伍莎莎, 等. 基于磁共振无线电能传输系统中三种结构线圈空间磁场分布研究 ［J］. 计算机应用与软件, 2016, 33(12)：75 – 79.

［32］ 张奇, 张怡良, 朱艳. 电动汽车无线充电线圈结构研究进展 ［J］. 电路与系统, 2018, 7(2)：9 – 16.

［33］ ADEEL Z, HAO H, GRANT A C, et al. Investigation of Multiple Decoupled Coil Primary Pad Topologies in Lumped IPT Systems for Interoperable Electric Vehicle Charging ［J］. IEEE Transactions on Power Electronics, 2015, 30(4)：1937 – 1955.

［34］ Society of Automotive Engineers. Wireless Power Transfer for Light-Duty Plug-In/Electric Vehicles and Alignment Methodology ［S］. SAE International, 2017.

［35］ 卢闻州, 沈锦飞, 方楚良. 磁耦合谐振式无线电能传输电动汽车充电系统研究 ［J］. 电机与控制学报, 2016, 20(9)：46 – 53.

［36］ 丁建群. 基于 DSP 的多相并联同步整流电路研究 ［C］. 淮南：安徽理工大学, 2014.

［37］ 沈锦飞, 赵慧, 杨磊. 软斩波功率控制 IGBT 四倍频 300kHz/50kW 焊接电源 ［J］. 焊接学报, 2012, 33(12)：89 – 92.

［38］ 何秋生, 徐磊, 吴雪. 锂电池充电技术综述 ［J］. 电源技术, 2013, 37(8)：1464 – 1466.

［39］ 陈亚爱, 邱欢, 周京华, 等. 铅酸蓄电池充电控制策略 ［J］. 电源技术, 2017, 41(4)：654 – 657.

［40］ 那凯鹏, 刘国忠, 杨宇飞. 超级电容充电方法研究 ［J］. 电子设计工程, 2014, 22(22)：91 – 93.

［41］ 胡寿松. 自动控制原理 ［M］. 3 版. 北京：国防工业出版社, 1994.

［42］ 尔桂花, 窦日轩. 运动控制系统 ［M］. 北京：清华大学出版社, 2002.

［43］ 许琼. 用电负荷谐波特性及仿真技术研究 ［D］. 无锡：江南大学, 2014.

［44］ 徐攀. 单相 PFC 多重化的研究 ［D］. 北京：北京交通大学, 2013.

［45］ 杨荣德. 交错并联功率因数校正电路及其数字控制研究 ［D］. 武汉：武汉理工大学, 2014.

［46］ 仙童半导体（Fairchild）. FAN9673 控制器交错式 PFC 设计指南. 2014.

［47］ 沈锦飞. 电源变换应用技术 ［M］. 北京：机械工业出版社, 2007.

［48］ 王兆安, 等. 谐波抑制和无功功率补偿 ［M］. 北京：机械工业出版社, 1998.

［49］ 吴刚. 基于单周控制的有源电力滤波器的研究 ［D］. 无锡：江南大学, 2009.

［50］ 沈锦飞, 惠晶, 吴雷, 等. 倍频分时控制 IGBT 180kHz 50kW 高频感应焊接电源 ［J］. 焊接学报, 2009, 30(9)：1 – 4.